Genética Odontológica

Nota: Assim como a medicina, a odontologia é uma ciência em constante evolução. À medida que novas pesquisas e a própria experiência clínica ampliam o nosso conhecimento, são necessárias modificações na terapêutica, onde também se insere o uso de medicamentos. Os autores desta obra consultaram as fontes consideradas confiáveis, num esforço para oferecer informações completas e, geralmente, de acordo com os padrões aceitos à época da publicação. Entretanto, tendo em vista a possibilidade de falha humana ou de alterações nas ciências médicas, os leitores devem confirmar estas informações com outras fontes. Por exemplo, e em particular, os leitores são aconselhados a conferir a bula completa de qualquer medicamento que pretendam administrar, para se certificar de que a informação contida neste livro está correta e de que não houve alteração na dose recomendada nem nas precauções e contraindicações para o seu uso. Essa recomendação é particularmente importante em relação a medicamentos introduzidos recentemente no mercado farmacêutico ou raramente utilizados.

G328 Genética odontológica / organizadores, Léo Kriger, Samuel Jorge Moysés, Simone Tetu Moysés ; coordenadora, Maria Celeste Morita ; autores, Paula Cristina Trevilatto, Renata Iani Werneck. – São Paulo : Artes Médicas, 2014.
159 p. : il. color. ; 28 cm. – (ABENO : Odontologia Essencial : parte básica)

ISBN 978-85-367-0219-3

1. Odontologia. 2. Genética. I. Kriger, Léo. II. Moysés, Samuel Jorge. III. Moysés, Simone Tetu. IV. Morita, Maria Celeste. V. Trevilatto, Paula Cristina. VI. Werneck, Renata Iani.

CDU 616.314:575

Catalogação na publicação: Ana Paula M. Magnus – CRB 10/2052

organizadores da série
Léo Kriger
Samuel Jorge Moysés
Simone Tetu Moysés

coordenadora da série
Maria Celeste Morita

Odontologia Essencial
Parte Básica

Genética Odontológica

Paula Cristina Trevilatto
Renata Iani Werneck

© Editora Artes Médicas Ltda., 2014

Diretor editorial: *Milton Hecht*
Gerente editorial: *Letícia Bispo de Lima*

Colaboraram nesta edição:
Editora: *Mirian Raquel Fachinetto Cunha*
Assistente editorial: *Adriana Lehmann Haubert*
Capa e projeto gráfico: *Paola Manica*
Processamento pedagógico e preparação de originais: *Maria Edith Amorim Pacheco*
Leitura final: *Samanta Sá Canfield*
Ilustrações: *Vagner Coelho dos Santos*
Editoração: *Know-How Editorial*

Reservados todos os direitos de publicação à
EDITORA ARTES MÉDICAS LTDA., uma empresa do GRUPO A EDUCAÇÃO S.A.

Editora Artes Médicas Ltda.
Rua Dr. Cesário Mota Jr., 63 – Vila Buarque
CEP 01221-020 – São Paulo – SP
Tel.: 11.3221.9033 – Fax: 11.3223.6635

É proibida a duplicação ou reprodução deste volume, no todo ou em parte, sob quaisquer formas ou por quaisquer meios (eletrônico, mecânico, gravação, fotocópia, distribuição na Web e outros), sem permissão expressa da Editora.

Unidade São Paulo
Av. Embaixador Macedo Soares, 10.735 – Pavilhão 5 – Cond. Espace Center
Vila Anastácio – 05095-035 – São Paulo – SP
Fone: (11) 3665-1100 Fax: (11) 3667-1333

SAC 0800 703-3444 – www.grupoa.com.br

IMPRESSO NO BRASIL
PRINTED IN BRAZIL

Autores

Paula Cristina Trevilatto Bióloga e cirurgiã-dentista. Professora titular do Programa de Pós-Graduação em Ciências da Saúde e do Programa de Pós-Graduação em Odontologia da Pontifícia Universidade Católica do Paraná (PUCPR). Diretora de Pesquisa da Pró-Reitoria de Pesquisa e Pós-Graduação da PUCPR. Mestre em Biologia e Patologia Bucodental pela Faculdade de Odontologia de Piracicaba, da Universidade Estadual de Campinas (FOP/Unicamp). Doutora em Biologia Bucodental pela FOP/Unicamp.

Renata Iani Werneck Cirurgiã-dentista. Professora assistente do Programa de Pós-Graduação em Odontologia: Saúde Coletiva da PUCPR. Professora assistente de Saúde Coletiva da PUCPR. Mestre em Saúde Coletiva pela University of Toronto (UofT). Doutora em Ciências da Saúde: Aspectos Celulares e Moleculares em Patogênese pela PUCPR.

Aline Cristiane Planello Fisioterapeuta. Mestre em Biologia Bucodental pela FOP/Unicamp.

Aline Teixeira da Costa Médica pediatra e geneticista. Mestre em Ciências pelo Instituto Fernandes Figueira da Fundação Oswaldo Cruz (Fiocruz).

Ana Paula de Souza Pardo Professora Doutora da área de Histologia e Embriologia da FOP/Unicamp. Mestre em Biologia e Patologia Bucodental pela FOP/Unicamp. Doutora em Biologia Bucodental pela FOP/Unicamp.

Ana Paula Favaro Trombone Farmacêutica-bioquímica. Mestre e Doutora em Imunologia Básica e Aplicada pela Faculdade de Medicina de Ribeirão Preto da Universidade de São Paulo (FMRP/USP). Pós-Doutora pelo Departamento de Bioquímica e Imunologia da FMRP/USP.

Carlos Eduardo Repeke Cirurgião-dentista. Doutor em Ciências Odontológicas Aplicadas: Biologia Oral pela Faculdade de Odontologia de Bauru, da Universidade de São Paulo (FOB/USP).

Claudia Cristina Kaiser Alvim-Pereira Farmacêutica-bioquímica. Professora adjunta do Núcleo de Medicina da Universidade Federal de Sergipe (UFS). Especialista em Genética Humana pela PUCPR. Doutora em Ciências da Saúde pela PUCPR. Pós-Doutora em Genética Molecular Humana: Doenças Multifatoriais pela PUCPR.

Cleber Machado de Souza Professor assistente da disciplina de Biologia Celular do Curso de Medicina da PUCPR. Doutor em Ciências da Saúde: Medicina e áreas afins pela PUCPR.

Denise Carleto Andia Cirurgiã-dentista. Pesquisadora colaboradora do Departamento de Morfologia da FOP/Unicamp. Mestre em Periodontia pela Faculdade de Odontologia de Araraquara da Universidade Estadual Paulista "Júlio de Mesquita Filho" (FOAr/UNESP). Doutora em Biologia Bucodental: Histologia e Embriologia pela FOP/Unicamp. Pós-Doutora pela FOP/Unicamp.

Enio Moura Médico veterinário. Professor responsável pelo Serviço de Genética Médica do Curso de Medicina Veterinária da PUCPR. Professor de Genética da Escola de Saúde e Biociências da PUCPR. Mestre em Genética pela Universidade Federal do Paraná (UFPR).

Fabiano Alvim-Pereira Cirurgião-dentista. Professor adjunto e coordenador do Curso de Graduação em Odontologia da UFS, Campus Lagarto. Pesquisador e professor permanente do Programa de Pós-Graduação em Odontologia (Prodonto) da UFS. Especialista em Periodontia e Implantodontia pela Associação Odontológica Norte do Paraná (AONP). Doutor em Ciências da Saúde pela PUCPR. Pós-Doutor em Genética Molecular Humana: Doenças Multifatoriais pela PUCPR.

Fabio Daumas Nunes Cirurgião-dentista. Professor titular do Departamento de Estomatologia da Faculdade de Odontologia da USP. Doutor em Patologia Bucal pela Faculdade de Odontologia da USP. Pós-Doutor em Biologia Celular e em Biologia Molecular e do Desenvolvimento pelo National Institutes of Health, Bethesda, MD, USA.

Fabio Rueda Faucz Professor titular da Escola de Saúde e Biociências da PUCPR. Mestre em Biologia pela UFPR. Doutor em Genética pela UFPR/Institut de Recerca Oncologica, Barcelona, Espanha. Pós-Doutor em Genética do Câncer pelo Instituto Eunice Kennedy Shriver – National Institute of Child Health & Human Development (NICHD) – National Institutes of Health (NIH), Bethesda, USA.

Gustavo Pompermaier Garlet Cirurgião-dentista. Professor associado do Departamento de Ciências Biológicas da FOB/USP. Mestre e Doutor em Imunologia Básica e Aplicada pela FMRP/USP. Pós-Doutor pelo Departamento de Bioquímica e Imunologia da FMRP/USP e no Department of Oral Biology, School of Dental Medicine, University of Pittsburgh.

Josiane de Souza Médica geneticista do Centro de Atendimento Integral ao Fissurado Lábio Palatal (CAIF) de Curitiba. Especialista em Genética Médica pela FMRP/USP. Mestre em Ciências da Saúde pela PUCPR.

Marcelo Távora Mira Pesquisador. Professor titular do Programa de Pós-Graduação em Ciências da Saúde da PUCPR. PhD em Ciências: Genética Molecular e Genômica Humana pela McGill University de Montreal, Canadá.

Maria Fernanda Setúbal Destro Rodrigues Mestre em Patologia Bucal pela FOP/Unicamp. Doutora em Patologia Bucal pela Faculdade de Odontologia da USP (FOUSP). Pós-Doutor em Patologia Molecular pela FOUSP.

Mariana Martins Ribeiro Bióloga. Mestre em Biologia Bucodental pela FOP/Unicamp. Doutoranda em Biologia Bucodental da FOP/Unicamp.

Mario Taba Jr. Cirurgião-dentista. Professor associado de Periodontia da Faculdade de Odontologia de Ribeirão Preto (FORP) da USP. Pesquisador Produtividade do CNPq. Especialista em Estatística Aplicada pela Universidade Estadual de Maringá. Mestre e Doutor em Periodontia pela FOB/USP. Livre-Docente pela FORP/USP. Pós-Doutor em Biomarcadores Diagnósticos e Terapia Gênica pelo Department of Periodontics & Oral Medicine da University of Michigan.

Raquel Mantuaneli Scarel-Caminaga Bióloga. Professora adjunta (livre-docente) da disciplina de Genética Humana da FOAr/UNESP. Mestre e Doutora em Biologia Bucodental pela FOP/Unicamp.

Renata Helena Monteiro Sindeaux Farmacêutica-bioquímica. Professora assistente das disciplinas de Genética e Biologia Molecular dos cursos de Farmácia e Medicina da PUCPR. Coordenadora do Curso de Especialização em Genética e Genômica da PUCPR. Doutora em Ciências da Saúde: Aspectos Celulares e Moleculares em Patogênese com ênfase em Genética Funcional Humana pala PUCPR.

Rodrigo B. de Alexandre Pesquisador associado do Laboratório de Genética Humana da PUCPR e do Laboratório NICHD - NIH (EUA). Doutor em Ciências da Saúde: Saúde Coletiva pela PUCPR.

Rui Barbosa de Brito Junior Cirurgião-dentista. Professor da Faculdade São Leopoldo Mandic. Especialista e Mestre em Patologia Bucodental pela FOP/Unicamp. Doutor em Biologia Bucodental pela FOP/Unicamp.

Salmo Raskin Médico pediatra e geneticista. Professor titular de Genética da PUCPR. Professor de Genética da Faculdade Evangélica do Paraná (Fepar) e da Universidade Positivo. Diretor do Centro de Aconselhamento e Laboratório Genetika. Doutor em Genética pela UFPR.

Sergio Roberto Peres Line Cirurgião-dentista. Professor titular (livre-docente) do Departamento de Morfologia da FOP/Unicamp. Doutor em Patologia Experimental e Comparada pela USP. Pós-Doutor em Genética: Genética Molecular e de Microorganismos pelo National Institute of Health, EUA.

Organizadores da Série Abeno

Léo Kriger Professor de Saúde Coletiva da Pontifícia Universidade Católica do Paraná (PUCPR). Mestre em Odontologia em Saúde Coletiva pela Universidade Federal do Rio Grande do Sul (UFRGS).

Samuel Jorge Moysés Professor titular da Escola de Saúde e Biociências da PUCPR. Professor adjunto do Departamento de Saúde Comunitária da Universidade Federal do Paraná (UFPR). Coordenador do Comitê de Ética em Pesquisa da Secretaria Municipal da Saúde de Curitiba, PR. Doutor em Epidemiologia e Saúde Pública pela University of London.

Simone Tetu Moysés Professora titular da PUCPR. Coordenadora da área de Saúde Coletiva (mestrado e doutorado) do Programa de Pós-Graduação em Odontologia da PUCPR. Doutora em Epidemiologia e Saúde Pública pela University of London.

Coordenadora da Série Abeno

Maria Celeste Morita Presidente da Abeno. Professora associada da Universidade Estadual de Londrina (UEL). Doutora em Saúde Pública pela Université de Paris 6, França.

Conselho editorial da Série Abeno Odontologia Essencial

Maria Celeste Morita, Léo Kriger, Samuel Jorge Moysés, Simone Tetu Moysés, José Ranali, Adair Luiz Stefanello Busato.

Prefácio

A Genética estuda as leis da transmissão dos caracteres hereditários e abrange aspectos desde a química do material genético observado em nossos cromossomos até o controle da suscetibilidade a doenças. A era da genética molecular teve início em 1944, com a demonstração de que o DNA é o material genético, e, em 1953, James Watson e Francis Crick trabalharam no entendimento da estrutura molecular do DNA. Desde 1972, cientistas vêm clonando inúmeros genes, mas apenas em 1997 o primeiro mamífero foi clonado – a ovelha Dolly. No início do século XXI, o Projeto Genoma Humano, um empreendimento internacional para determinar a sequência completa do genoma humano, foi praticamente concluído, possibilitando a identificação da maioria dos genes. A partir daí, tem sido possível observar as variações neste genoma em diferentes populações e também como essas variações contribuem para a saúde e o desenvolvimento de doenças.

Não diferente do que acontece com as doenças conhecidas como sistêmicas, as doenças bucodentais são complexas e multifatoriais. Apenas 1% delas são resultado de mutação em um único gene; as demais 99% são denominadas complexas ou multifatoriais. Ou seja, tanto fatores relacionados ao ambiente ou ao comportamento podem contribuir para um determinado fenótipo ou condição clínica como o *background* genético. Com relação a fatores genéticos, essas doenças são poligênicas, isto é, há contribuição de vários genes, com pesos relativos pequenos, em um percentual razoavelmente significativo da doença. É importante ressaltar que **todas** as doenças, inclusive as infecciosas (como hanseníase, cárie ou periodontite), apresentam um componente genético que explica uma parte da variação do fenótipo. O problema principal é que, para a grande maioria das doenças ou condições complexas, inclusive as bucodentais (como a cárie, as periodontites, a reabsorção radicular apical externa, as desordens de ATM e a perda de implantes dentais osseointegráveis), ainda estão por serem desvendados todos os genes envolvidos no controle de sua predisposição.

Este livro é dedicado aos geneticistas, que, genuína e incansavelmente, trabalham para conhecer as bases moleculares etiopatológicas do controle da suscetibilidade a condições complexas, na tentativa de contribuir para seu diagnóstico precoce, minimizar os danos e, uma vez que tenham sido instaladas, melhorar prognósticos e estabelecer estratégias preventivas.

Paula Cristina Trevilatto
Renata Iani Werneck

Sumário

1 | **Introdução ao estudo da genética** — 11
Renata Iani Werneck
Renata Helena Monteiro Sindeaux
Cleber Machado de Souza
Rui Barbosa de Brito Junior
Rodrigo B. de Alexandre
Fabio Rueda Faucz
Paula Cristina Trevilatto

2 | **Regulação epigenética** — 38
Ana Paula de Souza Pardo
Aline Cristiane Planello
Denise Carleto Andia

3 | **Leis de Mendel e padrões de herança das doenças genéticas** — 45
Enio Moura

4 | **Fatores genéticos relacionados à evolução, ao desenvolvimento e à gênese das anomalias da face e da dentição** — 64
Sergio Roberto Peres Line
Raquel Mantuaneli Scarel-Caminaga
Mariana Martins Ribeiro

5 | **Síndromes genéticas relacionadas à odontologia** — 80
Salmo Raskin
Aline Teixeira da Costa

6 | **Câncer bucal e genética** — 91
Fabio Daumas Nunes
Maria Fernanda Setúbal Destro Rodrigues

7 | **Imunogenética** — 99
Carlos Eduardo Repeke
Ana Paula Favaro Trombone
Gustavo Pompermaier Garlet

8 | **Genética da cárie** — 116
Renata Iani Werneck
Marcelo Távora Mira
Paula Cristina Trevilatto

9 | **Genética das periodontites** — 123
Raquel Mantuaneli Scarel-Caminaga
Mario Taba Jr.

10 | **Genética da perda de implante** — 136
Claudia Cristina Kaiser Alvim-Pereira
Fabiano Alvim-Pereira
Paula Cristina Trevilatto

11 | **Genética das fissuras labiopalatinas** — 144
Salmo Raskin
Josiane de Souza

Referências — 153

Recursos pedagógicos que facilitam a leitura e o aprendizado!

OBJETIVOS DE APRENDIZAGEM	Informam a que o estudante deve estar apto após a leitura do capítulo.
Conceito	Define um termo ou expressão constante do texto.
LEMBRETE	Destaca uma curiosidade ou informação importante sobre o assunto tratado.
PARA PENSAR	Propõe uma reflexão a partir de informação destacada do texto.
SAIBA MAIS	Acrescenta informação ou referência ao assunto abordado, levando o estudante a ir além em seus estudos.
ATENÇÃO	Chama a atenção para informações, dicas e precauções que não podem passar despercebidas ao leitor.
RESUMINDO	Sintetiza os últimos assuntos vistos.
🔍	Ícone que ressalta uma informação relevante no texto.
⚡	Ícone que aponta elemento de perigo em conceito ou terapêutica abordada.
PALAVRAS REALÇADAS	Apresentam em destaque situações da prática clínica, tais como prevenção, posologia, tratamento, diagnóstico etc.

Introdução ao estudo da genética

RENATA IANI WERNECK
RENATA HELENA MONTEIRO SINDEAUX
CLEBER MACHADO DE SOUZA
RUI BARBOSA DE BRITO JUNIOR
RODRIGO B. DE ALEXANDRE
FABIO RUEDA FAUCZ
PAULA CRISTINA TREVILATTO

A genética é a parte da biologia que estuda a transmissão de características hereditárias nos indivíduos e a maneira como esse aspecto é organizado e assegurado pelo organismo. A genética também é definida como o estudo da herança, desde a distribuição das doenças humanas nas famílias até a compreensão do material genético observado em nossos cromossomos.

A herança causa a semelhança entre indivíduos, entre irmãos, pais e filhos. No entanto, também pode ser conceituada como o estudo da variação, sendo a causa da diferença entre os indivíduos. Dessa maneira, a genética discute e explica as razões e os mecanismos que interferem tanto nas semelhanças quanto nas diferenças entre indivíduos aparentados e não aparentados.

Neste capítulo, será discutida a genética, mas com um enfoque voltado para os alunos de graduação em odontologia, dando ênfase à relação entre essas duas grandes áreas do conhecimento. Será feita uma breve revisão da história da genética e uma apresentação da relação entre a genética e a medicina, principalmente com a odontologia. Para a construção dessa relação, serão descritas as bases moleculares dos ácidos nucleicos e as principais técnicas de análise de DNA desenvolvidas durante a história da genética.

OBJETIVOS DE APRENDIZAGEM:

- Conhecer os principais fatos da história da genética e a relação dessa ciência com a medicina e com a odontologia
- Compreender como se dão os processos de mitose e meiose, com suas fases específicas
- Entender de que maneira se organiza o DNA, o RNA e o genoma humano, além dos processos de mutação e reparação do DNA, transcrição, tradução e controle pós-traducional
- Conhecer as técnicas básicas de análise do DNA

GENE MENCIONADO NO CAPÍTULO:

PARK2

HISTÓRIA DA GENÉTICA

No Quadro 1.1, a seguir, estão organizados os principais acontecimentos na genética por ordem temporal, com seus principais pesquisadores.

QUADRO 1.1 – Marcos históricos da genética

Época	Pesquisadores	Acontecimento
1665	Robert Hook	Descoberta da célula
1680	Anton van Leeuwenhock	Invenção do microscópio óptico
1833	Robert Brown	Descoberta do núcleo celular
1835-1839	Hugo von Mohl	Descrição da mitose de uma célula
1842	Walther Flemming	Descrição da estrutura dos cromossomos
1858	Rudolf Wirchow	Queda da teoria da "geração espontânea" – carne putrefata não gera germes espontaneamente
1859	Charles Darwin	Publicação do livro *A origem das espécies*, sobre a teoria da evolução
1865	Gregor Mendel	Publicação do livro *Experimentos em hibridação de plantas*, sobre cruzamentos com ervilhas. Seu estudo permaneceu ignorado pela comunidade científica até 1900, com a redescoberta dos trabalhos por Hugo de Vries, Carl Corens e Erich von Tschermak
1876	Oscar Hertwig	Compreensão da importância do núcleo da célula na herança cromossômica Descoberta de que a fertilização ocorre após a penetração de um espermatozoide no óvulo
1880	Theodor Boveri, Carl Rabl e Edouard van Breden	Hipótese de que os cromossomos são estruturas individuais, passadas de uma geração para a próxima
1885	August Weismann	Discussão sobre hereditariedade e núcleo
1887	August Weismann	Divisão reducional da célula para a formação dos gametas, chamada de meiose
1890	Oscar Hertwig e Theodor Heinrich Boveri	Descrição em detalhes do processo de meiose
1905	Willian Bateson	Criação da palavra "genética", ciência que procura explicar a hereditariedade
Entre 1900 e 1944, a genética moderna teve um crescimento no sentido do desenvolvimento da teoria cromossômica, a qual mostrava que os cromossomos eram constituídos por genes		
1903	Walter Sutton	Descrição do comportamento dos cromossomos durante a meiose Descoberta de que os genes estão localizados nos cromossomos Identificação de que, em células sexuais, os cromossomos não aparecem aos pares
1907	Thomas Hunt Morgan	Projeto com moscas-da-fruta, a *Drosophila melanogaster*, na Universidade de Columbia Descoberta dos genes "mutantes", ou alguma variação aleatória surgida na população, como os olhos brancos Descoberta do *crossing over*
1913	Alfred Sturtevant	Criação do primeiro mapa gênico durante estudos com drosófilas
1927	Lewis Stadler e Herman Muller	Descoberta de que os genes podem ser artificialmente mutados pelos raios X
1930 e 1932	Ronald Fisher, Sewall Wright e John Burdon Sanderson Haldane	Desenvolvimento dos fundamentos algébricos que ajudaram no entendimento do processo de evolução

continua

continuação

Época	Pesquisadores	Acontecimento
Em 1944, teve início a era da genética molecular, desde a demonstração do ácido desoxirribonucleico (DNA) como material genético até o trabalho com o DNA recombinante		
1944	Oswald Avery, Colin MacLeod e Maclyn McCarty	Compreensão de que o DNA é o material genético
1953	Rosalind Franklin e Ray Gosling	Evidência da natureza helicoidal dos ácidos nucleicos
1953	James Watson e Francis Crick	Entendimento da estrutura molecular do DNA
1968 a 1973	Werner Arber, Hamilton Smith e Daniel Nathans e colaboradores	Descrição das endonucleases de restrição: enzimas que abriram as portas para a manipulação do DNA e contribuem atualmente na tecnologia do DNA recombinante
1972	Paul Berg	Criação da primeira molécula de DNA recombinante
1977	Allan Maxam e Walter Gilbert	Desenvolvimento de dois métodos para determinar a sequência de nucleotídeos do DNA, tornando possível examinar a estrutura dos genes diretamente pelo sequenciamento de nucleotídeos
Desde 1972, ocorre a clonagem de inúmeros genes. Hoje em dia, cientistas têm a capacidade de criar organismos transgênicos, que podem apresentar genes de qualquer outro ser vivo inseridos em seu código genético. Um exemplo de alimento transgênico é o mamão papaia, desenvolvido pela Embrapa Mandioca e Fruticultura. O mamão permaneceu com o mesmo sabor e aparência, mas se mantém imune a um vírus que destrói grandes plantações. Apenas em 1997, o primeiro mamífero foi clonado, a ovelha nomeada Dolly		
1983	Kary Banks Mullis	Desenvolvimento da técnica de reação em cadeia da polimerase (PCR)
No final da década de 1980 e início da década de 1990, foram iniciados os projetos para sequenciar completamente os genomas de inúmeros organismos		
1990		Início do sequenciamento do genoma humano
1995		Finalização do primeiro sequenciamento completo do genoma de um organismo – *Haemophilus influenzae*

> **SAIBA MAIS**
>
> Os artigos originais sobre as descobertas relacionadas com DNA na era da genética molecular podem ser consultados no *site* de Nature.[1]

Crossing over

Fenômeno responsável pela recombinação do material genético.

GENÉTICA E MEDICINA

No início do século XXI, o Projeto Genoma Humano, um empreendimento internacional para determinar a sequência completa do genoma humano, foi praticamente concluído. De acordo com James Dewey Watson,[2] em seu livro intitulado *DNA: o segredo da vida*, o Projeto Genoma Humano foi um rito de passagem da biologia molecular para a maioridade. A quantidade de informações extraídas do sequenciamento humano de 23 pares de cromossomos foi enorme, como também foi um marco na noção do que significa o ser humano.

Genoma

Informação genética total carregada por uma célula ou organismo; especificamente, o DNA, que carrega essa informação. É o conjunto de cromossomos.

Cromossomo

O material genético descondensado (cromatina) é ativo, pois pode ser transcrito (lido) mais facilmente nesse estado. Ao se tornar condensado (cromossomo), a transcrição é dificultada, mas, por outro lado, a divisão celular ocorre com maior precisão.

Gene

Sequência de DNA que contém o código para a síntese de uma cadeia polipeptídica.

LEMBRETE

O Projeto Genoma Humano foi um empreendimento internacional para determinar a sequência completa de todos os genes do ser humano, o que gerou subsídios para o estudo de alterações gênicas associadas a doenças, inclusive as doenças bucodentais.

Com o desenvolvimento do Projeto Genoma Humano, hoje é possível estudar o genoma humano integralmente, e não apenas um só gene de cada vez. Como conhecemos a sequência completa do DNA humano, tornou-se possível identificar a maioria dos genes. Além disso, tornou-se possível observar as variações do genoma em diferentes populações e de que maneira tais variações contribuem para a saúde e para as doenças.

O Projeto Genoma Humano revolucionou a genética humana, fornecendo uma nova compreensão do funcionamento de muitas doenças e promovendo o desenvolvimento de melhores ferramentas de diagnóstico, medidas preventivas e métodos terapêuticos.

Desde o Projeto Genoma Humano, muitas doenças vêm sendo investigadas em relação à genética. As doenças são classificadas de acordo com sua base genética da seguinte maneira:

- **Doenças monogênicas**, causadas apenas por um gene, como a hemofilia;
- **Doenças multifatoriais ou complexas**, resultado da interação entre fatores genéticos e ambientais, como os diversos tipos de câncer;
- **Doenças cromossômicas**, causadas por perdas ou ganhos de cromossomos ou partes deles, como a síndrome de Down.

GENÉTICA E ODONTOLOGIA

Doença periodontal

Doença infecciosa de natureza inflamatória crônica, que pode progredir com a destruição tecidual ao redor do dente, podendo levar à perda dentária.

SAIBA MAIS

Você sabia que várias condições e doenças bucodentais apresentam comprovado componente genético? Observações em famílias e estudos com gêmeos conferiram uma base sólida para estudos matemáticos que quantificaram esse componente genético para a cárie, para a doença periodontal e para traços complexos, como a reabsorção apical externa com o uso de aparelhos ortodônticos. No entanto, uma ampla lacuna existe sobre quantos e quais genes estão envolvidos no processo de etiologia e progressão dessas condições.

Conhecer a relação entre as doenças bucais e a genética já faz parte da odontologia moderna. Muitos estudos vêm mostrando a relação direta da genética com diversas doenças comuns dessa área. Estudos clínicos vêm ajudando no entendimento das várias doenças bucais, mas, em muitas situações, percebe-se claramente que não apenas fatores clínicos e ambientais explicam por completo todas elas.

A genética molecular vem tentando proporcionar um melhor entendimento da base biológica dessas doenças, contribuindo no diagnóstico precoce de doenças comuns da odontologia, como a cárie dentária, a doença periodontal e o câncer bucal.

A compreensão da exata natureza do componente genético controlando o complexo mecanismo de suscetibilidade às diversas doenças bucais pode gerar um melhor entendimento das bases fisiopatológicas dessas doenças com caráter complexo, crônico, multifatorial e comum. Além disso, tais doenças ainda são de grande preocupação para a saúde pública, podendo assim ter impacto mundial em estratégias preventivas e nos sistemas de saúde.

Uma das estratégias para auxiliar no processo de diagnóstico e prevenção das doenças bucais é a partir da saliva. Ela contém células epiteliais em processo natural de descamação, que apresentam um núcleo contendo o genoma completo. A partir da simples coleta dessas células, por um bochecho ou raspagem da mucosa bucal, o DNA pode ser obtido, permitindo a análise de genes candidatos à suscetibilidade ou resistência a determinada doença, ajudando no diagnóstico genético de doenças bucais ou sistêmicas.

PARA PENSAR

Qual a contribuição clínica dos estudos genéticos para as doenças bucais?

O CICLO CELULAR: UM ENFOQUE NA MITOSE E NA MEIOSE

As células passam por um ciclo que compreende dois períodos fundamentais: a interfase e a divisão celular. Esta última ocorre por mitose ou meiose.

A interfase se subdivide em três fases, chamadas G1, S e G2. A fase G1 (o G vem do inglês *gap*, que significa "intervalo") vem logo depois da mitose, sendo o período mais variável do ciclo celular. Nela ocorre a síntese de ácido ribonucleico (RNA) e de proteínas, além da recuperação do volume da célula, que foi reduzido à metade na mitose.

Nos tecidos de renovação rápida, a fase G1 é curta. As células dos tecidos que não se renovam saem do ciclo celular na fase G1 e entram na chamada fase G0. Durante a fase S (de síntese do DNA), ocorre a duplicação do DNA e dos centríolos. Na fase G2, as células acumulam energia para ser usada durante a mitose e sintetizam tubulina para formar os microtúbulos do fuso mitótico (Fig. 1.1).

Mitose

Processo de divisão celular que ocorre em quatro fases: prófase, metáfase, anáfase e telófase. Neste processo, cada célula origina duas células-filhas com a mesma quantidade de material genético da célula-mãe. Assim, as células têm as mesmas características da célula original.

Meiose

Divisão celular reducional, exclusiva em organismos com reprodução sexuada. Ocorre para que haja a formação de células reprodutivas. As células formadas têm metade do material genético da célula original.

Centríolos

Estrutura (organela) em forma de dois cilindros perpendiculares entre si, formados por microtúbulos, encontrada nas células eucariontes.

Tubulina

Família de proteínas globulares que integra os monômeros formadores dos microtúbulos.

Microtúbulo

Componente do citoesqueleto celular formado pela polimerização de dímeros de tubulina.

Fuso mitótico

Microtúbulos formados a partir dos centríolos durante o processo da divisão celular.

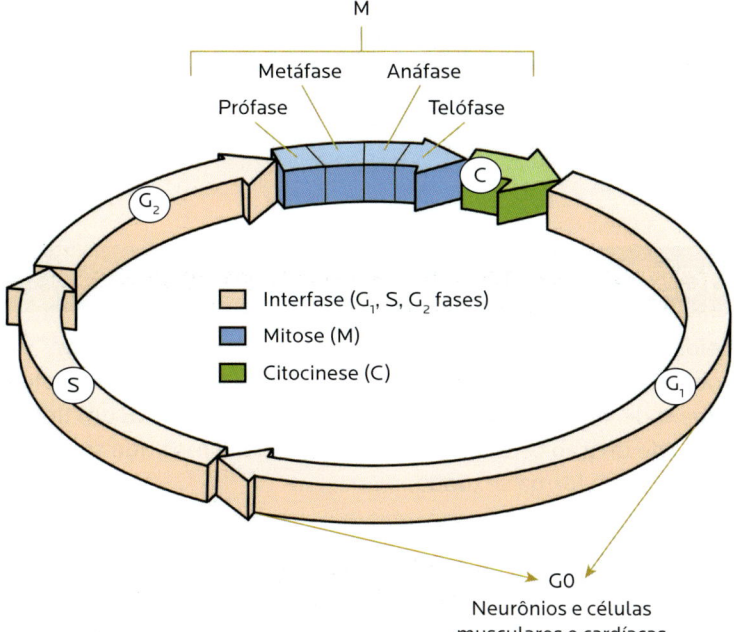

Figura 1.1 – Esquema do ciclo celular.

MITOSE

Cromátides-irmãs
Fitas de DNA duplicado que são mantidas unidas pelo centrômero.

Nucléolo
Organela nuclear responsável pela produção dos ribossomos.

A mitose é o processo de divisão celular no qual uma célula somática origina duas células-filhas, cromossômica e geneticamente idênticas. A mitose se inicia com uma célula diploide (2n), ou seja, com o número total de cromossomos da espécie (no caso da espécie humana, são 46).

A mitose costuma ser subdividida em quatro fases: prófase, metáfase, anáfase e telófase (Quadro 1.2).

QUADRO 1.2 – Fases da mitose

Fases	Descrição	Ilustração das fases
Prófase	A cromatina inicia sua espiralização, transformando-se em cromossomos. O nucléolo desaparece, a membrana nuclear se rompe (carioteca), e os centríolos (duplicados na fase S) migram para os polos opostos da célula	
Metáfase	Ocorre a espiralização máxima, e os cromossomos encontram-se no centro da célula (plano equatorial), presos às fibras do fuso mitótico	
Anáfase	As cromátides-irmãs migram para os polos opostos das células devido ao encurtamento das fibras do fuso mitótico	
Telófase	Ocorre a formação de duas células-filhas idênticas à célula-mãe (que originou todo o processo). Termina o processo de cariocinese (divisão do núcleo) e inicia a citocinese (divisão do citoplasma). A carioteca reaparece, e os nucléolos e os cromossomos voltam a se desespiralizar	

Fonte das imagens: shutterstock.com

MEIOSE

LEMBRETE
A meiose é o processo responsável pela formação e pela manutenção dos diversos tecidos dos organismos multicelulares.

A meiose é um processo de divisão celular no qual uma célula diploide (2n) origina quatro células haploides (n), reduzindo à metade o número de cromossomos constante de uma espécie. É um tipo especial de divisão celular, exclusiva dos organismos que se reproduzem de forma sexuada.

A meiose é subdividida em duas etapas: a primeira divisão meiótica (meiose I) e a segunda divisão meiótica (meiose II). Na primeira etapa, também denominada reducional, ocorre a diminuição no número de cromossomos. Na segunda, denominada equacional, o número de cromossomos das células que se dividem é mantido igual ao das células que se formam (Quadro 1.3).

QUADRO 1.3 – Fases da meiose

	Fases	Subfases	Descrição	Ilustração das fases
MEIOSE I – Reducional	Prófase I	Leptóteno	Início da individualização dos cromossomos, estabelecendo a condensação	
		Zigóteno	Aproximação dos cromossomos homólogos	
		Paquíteno	Os braços curtos e longos ficam mais evidentes e definidos. Dois desses braços se ligam, formando estruturas denominadas tétrades. Ocorre o *crossing over*, isto é, a troca de segmentos entre cromossomos homólogos	
		Diplóteno	Começo da separação dos homólogos, formando o quiasma (ponto de interseção existente entre os braços entrecruzados)	
		Diacinese	Finalização da prófase I, com separação definitiva dos homólogos. O envoltório nuclear desaparece temporariamente	
	Metáfase I		Os cromossomos se encontram em seu grau máximo de condensação e se localizam na região equatorial da célula, associados às fibras do fuso mitótico	
	Anáfase I		Encurtamento das fibras do fuso, deslocando os cromossomos homólogos para os polos da célula	
	Telófase I		Desespiralização dos cromossomos, havendo também o reaparecimento do nucléolo e do envoltório nuclear e a divisão do citoplasma (citocinese), originando duas células haploides	
MEIOSE II – Equacional	Prófase II Metáfase II Anáfase II Telófase II		Etapas semelhantes às da mitose, envolvendo células haploides	

A ORGANIZAÇÃO DO DNA HUMANO

ESTRUTURA E ORGANIZAÇÃO DOS ÁCIDOS NUCLEICOS

A UNIDADE BÁSICA

Nucleotídeo

Monômero que forma o DNA e o RNA, cada um constituído pelas seguintes estruturas: uma base nitrogenada, uma pentose e um grupo fosfato.

O núcleo de uma célula eucariótica ocupa aproximadamente 10% do seu volume total. Dentro do núcleo, podem-se encontrar cadeias de moléculas denominadas ácido desoxirribonucleico (DNA). A princípio, o DNA foi chamado de nucleína, quando isolado por Johannes Friedrich Miescher, em 1869; mais tarde, foi chamado de ácido nucleico.

Em 1920, o bioquímico Phoebus Aaron Theodore Levene revelou que o DNA era composto por:

- quatro tipos de bases nitrogenadas, classificadas em dois grupos: purinas (**adenina** e **guanina** – A e G) e pirimidinas (**timina** e **citosina** – T e C);
- uma molécula de açúcar do tipo **desoxirribose**; e
- um grupamento de **fosfato**.

Por meio da descoberta dos componentes do DNA, chegou-se à estrutura da unidade básica ou monômero do DNA, denominado **nucleotídeo** (Figs. 1.2 e 1.3).

O açúcar que compõe o DNA é um anel de cinco carbonos (pentose) e não possui um radical OH no carbono 2' (desoxirribose), como o açúcar ribose presente nos nucleotídeos de RNA (Fig. 1.4). Os nucleotídeos, na sua forma ativa e livre, possuem três fosfatos (trifosfato) e passam a ter apenas um único fosfato quando incorporados à cadeia de DNA.

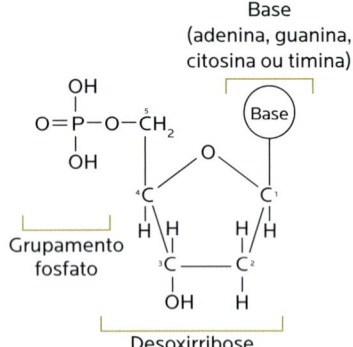

Figura 1.2 – Composição de um nucleotídeo por três itens básicos: uma base nitrogenada, um açúcar (desoxirribose) e um grupo fosfato.

Base	Adenina (A)	Guanina (G)	Timina (T)	Citosina (C)
Purina / Pirimidina	Purina	Purina	Pirimidina	Pirimidina
Estrutura química	(estrutura)	(estrutura)	(estrutura)	(estrutura)
Representação simplificada	(hexágono duplo rosa)	(hexágono duplo laranja)	(hexágono amarelo)	(hexágono azul)

Figura 1.3 – Bases nitrogenadas do DNA e diferenças entre purinas e pirimidinas. Cada base nitrogenada é distinta, e a principal diferença entre as purinas e as pirimidinas é o número de anéis carbônicos presentes.

ESTRUTURA E FUNÇÃO DO DNA

Hoje se sabe que o DNA coordena o desenvolvimento e o funcionamento de todos os seres vivos. Esse mecanismo funciona como uma sequência em forma de código capaz de armazenar todas as informações necessárias para a construção de RNAs e proteínas.

O DNA também é responsável pela transmissão das características hereditárias. Durante o processo de meiose, o DNA passa por um processo de replicação (também visto na mitose, mas com um propósito diferente), no qual são realizadas cópias da molécula com o objetivo de serem transmitidas para o progênito.

Em 1953, o biólogo molecular James Dewey Watson e o biofísico Francis Harry Compton Crick[3] revelaram ao mundo a essência da estrutura do DNA. A estrutura proposta era inicialmente considerada muito complicada e complexa, mas, ao mesmo tempo, revelava-se de uma simplicidade absoluta: a molécula do DNA seria composta de duas fitas mantidas unidas por pontes de hidrogênio, por meio do pareamento de bases nitrogenadas complementares. Cada fita seria formada por uma cadeia de nucleotídeos, também chamada de cadeia polinucleotídica.

A constituição da molécula de DNA com seu conjunto de nucleotídeos assume uma conformação secundária de fitas duplas antiparalelas. Isso ocorre devido à **ligação fosfodiéster** que envolve a ligação do carbono 5' de um nucleotídeo com o carbono 3' do próximo nucleotídeo, criando uma direção conhecida como **5' → 3'** (Fig. 1.5). Além dessa ligação, existe também a ligação entre uma base purina e uma base pirimidina das fitas opostas, chamada **ponte de hidrogênio**. Essa ligação deve ser sempre entre A e T (contendo duas pontes) e entre G e C (contendo três pontes).

Figura 1.4 – Alteração do radical de OH. A sua falta faz com que um açúcar do tipo desoxirribose passe a ser um açúcar do tipo ribose, encontrado na molécula de RNA.

Ponte de hidrogênio

Tipo de interação molecular relativamente fraca que ocorre entre elementos químicos.

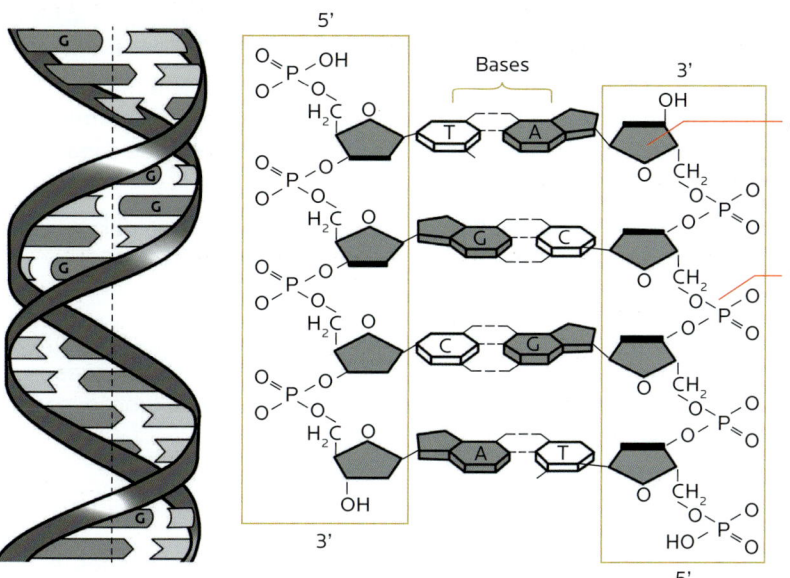

Figura 1.5 – Estrutura da fita dupla e suas interações moleculares. Sentido 5' → 3' da fita do DNA originada pela ligação de fosfato nos carbonos 5' e 3', respectivamente. Observa-se a ligação de duas pontes de hidrogênio entre a timina e a adenina, e uma ligação de três pontes entre a citosina e a guanina.

ESTRUTURA E FUNÇÃO DO RNA

A principal diferença em relação ao DNA que dá origem à estrutura biológica chamada ácido ribonucleico (RNA) é a presença do radical OH no carbono 2' do açúcar. Esse radical faz com que o açúcar, em vez de se chamar desoxirribose, denomine-se ribose (ver Fig. 1.4). O RNA possui uma estrutura parecida com a do DNA, mas se apresenta como uma única fita; além disso, em vez da timina, o RNA apresenta, em sua constituição molecular, a base **uracila (U)**, exclusiva dessa estrutura.

 A fita de RNA surge a partir do processo de transcrição, que utiliza uma das duas fitas de DNA como molde, e é uma cópia fiel de regiões específicas do DNA, conhecidas como genes. Ao contrário da molécula de DNA, o RNA tem vida curta; ele é criado com um propósito e logo depois é degradado. O RNA não possui caráter hereditário.

Hoje se sabe da existência de algumas classes diferentes de RNA. Os RNAs mais conhecidos e estudados, que são chamados de clássicos, são:

- RNA mensageiro (RNAm)
- RNA transportador (RNAt)
- RNA ribossômico ou ribossomal (RNAr)

Além desses, vários outros tipos de RNA vêm sendo descritos. Muitos deles têm apresentado funções muito importantes no que tange ao processo de regulação da expressão gênica. Entre esses novos tipos mais recentemente descritos de RNAs não codificadores, destacam-se:

- RNA de interferência (RNAi)
- microRNA (miRNA)
- RNA pequeno nuclear (snRNA)

Com relação aos RNAs envolvidos no processo de síntese de proteínas (RNAm, RNAr e o RNAt), existem algumas características básicas envolvidas em suas funções. O RNAm é o RNA transcrito com a função de determinar a sequência de aminoácidos das proteínas codificadas, por meio de seus códons, ou seja, cada três bases nitrogenadas codificadoras.

O RNAr é um RNA específico capaz de se associar a proteínas estruturais, formando duas estruturas conhecidas como subunidades ribossomais que, quando unidas, são fundamentais no processo de tradução, ou seja, na produção de proteínas. O RNAt é o responsável por transportar os aminoácidos para o RNAr para que ocorra a síntese proteica.

O GENOMA

A molécula de DNA, quando organizada em uma sequência específica de nucleotídeos contendo a informação genética capaz de ser transformada em uma cadeia polipeptídica ou proteína, é denominada **gene**. Dentro das sequências dos genes estão contidas informações de quando, quanto e onde cada proteína (ou cadeia polipeptídica) será expressa.

 O gene é a unidade fundamental da hereditariedade. É transmitido de uma geração para a outra com a reprodução, juntamente com as demais informações genéticas não codificadoras de proteína ou de RNA – conhecidas, erroneamente, como "DNA lixo".

Embora a importância da "sobra" do DNA não tenha sido totalmente desvendada, sabe-se, por exemplo, que possui um grande valor estrutural e está envolvida com a regulação do restante das informações genéticas. Todo o conjunto de DNA contido em um organismo, independentemente da sua função, se for capaz de ser transmitido para as gerações futuras, é denominado **genoma**.

ORGANIZAÇÃO CITOGENÉTICA DO GENOMA HUMANO

O genoma é organizado em **cromossomos**. Dentro dos cromossomos, estão organizados os genes, e estes são dispostos de uma maneira específica em cada organismo.

 Em uma célula somática humana, encontram-se dois genomas compostos por 23 pares de cromossomos homólogos (cada par de cromossomos homólogos é composto por um cromossomo que veio do pai e um que veio da mãe). Desses, 22 pares são de cromossomos autossômicos, e um par é de cromossomos sexuais, totalizando 46 cromossomos (Fig. 1.6).

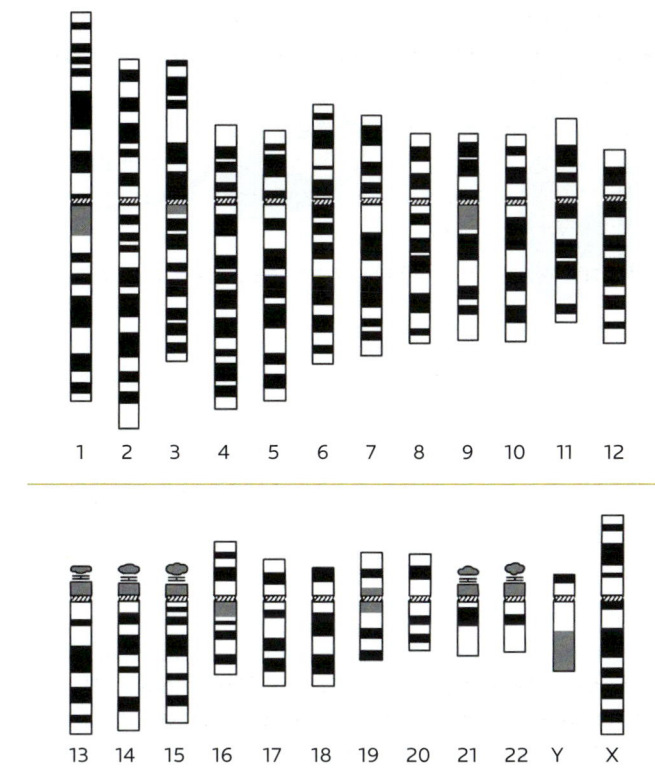
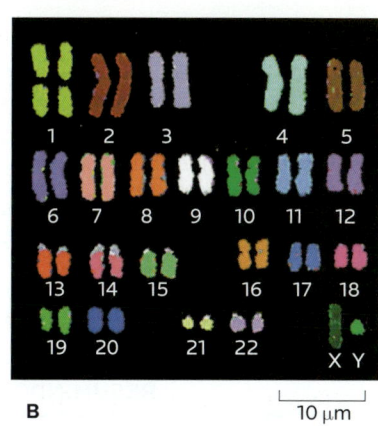

Figura 1.6 – (A) Cariótipo humano, com aproximadamente 3,2 x 109 pares de nucleotídeos distribuídos nos diferentes cromossomos humanos (46 cromossomos). Estes estão numerados por ordem decrescente de tamanho e morfologia (posição do centrômero). (B) Ordem artificial dos cromossomos de acordo com sua numeração.

Os cromossomos sexuais são o cromossomo Y, que pode ser herdado unicamente por parte paterna, e o cromossomo X, que, dependendo do sexo do progênito, pode ser herdado de qualquer um dos progenitores.

COMPACTAÇÃO DO DNA

O núcleo de uma célula eucariótica mede, em média, de 20 a 50 μm de diâmetro. Em uma célula humana, se o DNA de cada um dos cromossomos fosse estendido (de 1,7 a 8,5 cm de comprimento), totalizaria quase 2 metros de DNA dentro de um único núcleo. Isso tornaria a organização e o armazenamento da informação do DNA bastante complexa.

Para que o DNA "caiba" no núcleo, ele passa por um processo de compactação, de 500 vezes (durante a interfase) até cerca de 10 mil vezes (durante a mitose). Essa compressão é feita por proteínas que enrolam a fita de DNA de uma forma que ela possa ser acessada, de forma teórica, igualmente em todas as partes.

As proteínas responsáveis pela organização e pelo armazenamento dos ácidos nucleicos são divididas em duas categorias: as histonas e não histonas.

A unidade básica dessa compactação do DNA é chamada de nucleossomo, que consiste em 147 pares de bases do DNA, enrolados 1,65 vez em um complexo octâmero, formado por dois pares de histonas heterodímeras – H2A/H2B e H3/H4 (Fig. 1.7). Um conjunto dessa unidade básica contendo as duas classes de proteínas (histonas e não histonas) adquire um formato de fibras, sendo então chamado de cromatina.

Na maior parte das células de eucariotos superiores, 10% das fibras de cromatina são transcricionalmente inativas, ou seja, na sua forma mais condensada, chamada heterocromatina; as restantes, não tão condensadas, são chamadas eucromatinas. Desses 90% de eucromatinas, apenas 10% são transcricionalmente ativas.

Citogenética

Campo da genética que estuda os cromossomos, sua estrutura, composição e papel na evolução e no desenvolvimento de doenças.

Cromatina

DNA associado a proteínas histonas.

SAIBA MAIS

A forma como o DNA é guardado dentro da célula também é um fator herdado dos pais para os filhos, sendo um dos responsáveis por diferenciar as funções dentro das células. A partir das descobertas de Watson e Crick,[3] a ciência genética evoluiu exponencialmente.

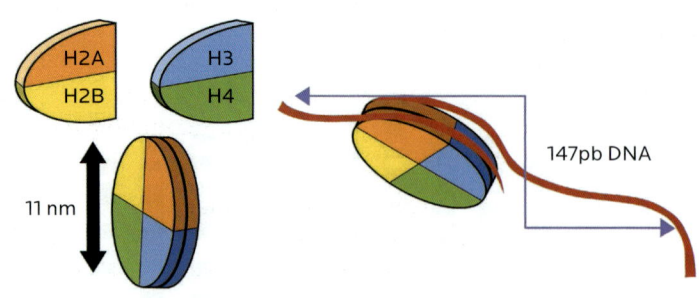

Figura 1.7 – Organização de um nucleossomo. A junção de dois pares de histonas heterodímeras H2A/H2B e H3/H4 forma um cerne octamérico de histonas de 11 nm, capaz de enrolar 147 bases do DNA (1,65 vez), formando um nucleossomo.

RESUMINDO

O DNA é composto por nucleotídeos; cada nucleotídeo é formado por uma base nitrogenada, um açúcar e um grupamento fosfato. O DNA é guardado dentro do núcleo celular, e a unidade mais básica de sua compactação é o nucleossomo. A sua compactação final forma os cromossomos; os humanos têm 23 pares de cromossomos homólogos.

Mutação

Variação na sequência de DNA rara em uma população (menos de 1%).

Polimorfismo

Variação na sequência do DNA com frequência maior do que 1% em determinada população.

SAIBA MAIS

Os polimorfismos, mesmo tendo uma frequência relativamente alta entre os indivíduos de uma população, também podem apresentar os mesmos efeitos que uma mutação (neutro, protetor ou danoso) ao organismo, na maior parte das vezes, sendo o efeito relativamente pequeno.

Em adição ao seu papel de compactação do DNA, os nucleossomos também fazem parte de um mecanismo de regulação capaz de influenciar a expressão de genes. Hoje, desvendar como os nucleossomos são posicionados e como influenciam a atividade dos genes e da evolução é uma das questões centrais da biologia. Porém, os princípios gerais de como o posicionamento dos nucleossomos e a organização nucleossomal afetam os processos de DNA já estão começando a ser definidos.

Sabe-se que a disposição das fibras de cromatina dentro das células também pode ser transmitida diretamente para as células subsequentes durante as divisões celulares de organismos eucarióticos, como um tipo de memória celular chamada de herança epigenética.

MUTAÇÕES GENÉTICAS E REPARO NO DNA

Do ponto de vista da genética médica molecular, seria possível, grosso modo, chamar de mutação toda alteração do código genético que tem uma doença como consequência final. No entanto, esse conceito não é aceito pelas comunidades científicas nos dias atuais.

Mutações são quaisquer alterações da sequência de nucleotídeos em um organismo que possuam frequência inferior a 1%. Essas alterações podem ser causadas por erros de cópia do material durante a divisão celular no próprio indivíduo ou podem até ter sido transmitidas pelos ancestrais.

Toda alteração na sequência de DNA encontrada na população geral com uma frequência superior a 1%, e que não causa manifestações clínicas drásticas no fenótipo (características clínicas ou metabólicas do indivíduo), passa a ser chamada de polimorfismo.

A palavra "mutação" é, de forma geral, assimilada como fator genético responsável por originar doenças. Nos dias atuais, sabe-se que nem todas as mutações causam danos aos organismos. Algumas podem ser consideradas neutras, por não acarretarem alteração alguma; outras podem até causar um efeito protetor, em vez de originarem uma doença.

Em organismos multicelulares, as alterações na sequência original das bases podem ser classificadas de acordo com a sua origem.

- **Alterações de origem germinativa** – ocorrem em uma célula germinativa, provocando a formação de um óvulo ou de um espermatozoide com informação genética alterada. Se essa informação for transmitida para o zigoto, consequentemente afetará todas as células do futuro indivíduo, tornando-se passível

de ser passada aos descendentes futuros, sendo geralmente associada a doenças com herdabilidade genética.
- **Alterações de origem somática** (*soma* = "corpo") – não são transmitidas aos descendentes; provavelmente, são transmitidas somente para as células-filhas daquela população celular, gerando, por exemplo, o desenvolvimento de um tumor ou uma lesão de pele localizada. Comumente são associadas a doenças esporádicas.

Os principais tipos de alterações genéticas podem ser divididos em mutação pontual e *indels*. As **mutações pontuais** são os menores tipos de alterações que podem ocorrer, por envolverem um único par de bases nitrogenadas. Estas podem ser subdivididas da seguinte maneira:

- *missense* **ou não sinônimas**, quando alteram a sequência de aminoácidos;
- *nonsense* **ou de *stop codon***, quando a mudança gera um dos três códons de "parada" durante a tradução do RNAm;
- **silenciosas ou sinônimas**, que não acarretam alteração da estrutura da sequência de aminoácidos;
- **de emenda (*splicing*)** do RNAm, que afetam as bases necessárias no sítio aceptor (limite íntron-éxon) ou no sítio doador (limite éxon-íntron) da emenda, interferindo na sequência normal daquele éxon e, em alguns casos, até abolindo-o.

Variações comuns de nucleotídeos pontuais são conhecidas como polimorfismos de base única (SNPs, do inglês *single nucleotide polymorphisms*), cuja abreviação é muito utilizada para caracterizar estudos de associação entre doenças e alteração na sequência genética.

Na categoria de alterações conhecida como **indels**, cujo nome vem da abreviação de "inserção e deleção", encontramos esses dois tipos de alteração de um ou mais pares de bases na sequência do DNA.

As frequências das mutações variam significativamente ao longo da sequência de nucleotídeos, mas existem posições em que as mutações se concentram. Essas regiões são denominadas *hot spots* (ou "sítios quentes") para mutação. Os *hot spots* podem apresentar certas sequências com maior suscetibilidade à interação com mutagênicos ou maior resistência à ação dos mecanismos de reparo do DNA.

Sabe-se que menos de uma em mil alterações genéticas – dentre as milhares que ocorrem de forma aleatória e diariamente dentro das células, por fatores tanto externos quanto internos – tornam-se permanentes. Os mecanismos de proteção do organismo contra danos no DNA ocorrem normalmente na fase G2, na qual ocorrem reparos no DNA.

 Existem duas vias mais comuns de reparo no DNA: reparo por excisão de bases e reparo por excisão de nucleotídeo. Ambas dependem da retirada da área com informação danificada e utilizam a fita complementar do DNA não danificada como molde para restabelecer a sequência original da cadeia. A correção pode ser feita imediatamente após a adição da base nitrogenada pelas próprias DNA-polimerases durante o processo de replicação ou por mecanismos que reconhecem o DNA fragmentado.

Um gene que apresenta uma mutação pode variar a sua expressão em termos de qualidade de uma proteína gerada – por exemplo, com função comprometida – ou em termos quantitativos, com níveis diminuídos ou aumentados da proteína codificada.

Um fato não raro, também, é a presença de uma mutação deletéria em determinado indivíduo sem proporcionar alteração do fenótipo. Esse fato é explicado por um mecanismo genético denominado **penetrância incompleta**. Ou seja, nem sempre um indivíduo que apresenta um alelo mutado (mutação em uma cópia do gene que veio do pai ou da mãe em um dos dois cromossomos homólogos) manifestará a doença determinada por ele.

Também ocorre de um indivíduo com um alelo mutado apresentar determinado quadro clínico, ao passo que outro indivíduo afetado da mesma família, com o mesmo genótipo, possui um quadro

Genótipo

Conjunto dos dois alelos (um herdado do pai e outro da mãe, em cromossomos homólogos) de um mesmo gene. O indivíduo pode ser homozigoto para um alelo ou heterozigoto (quando as cópias forem diferentes, por vezes em uma única base).

RESUMINDO

As principais alterações genéticas podem ser divididas em mutação pontual e *indel*. Essas alterações podem ser de origem germinativa ou somática. A principal diferença entre uma mutação e uma alteração genética é a frequência com que esses fenômenos ocorrem em uma população. Ambos os tipos podem ter um efeito neutro, protetor ou danoso.

clínico distinto, com intensidade diferente de manifestação dos sinais ou sintomas. Esse mecanismo genético é denominado **expressividade variável**.

Dependendo da localização do gene em um determinado cromossomo, as doenças hereditárias podem ser transmitidas pelas gerações, seguindo determinados padrões (autossômico ou ligado ao sexo, recessivo ou dominante).

DUPLICAÇÃO E REPLICAÇÃO DO DNA

 O DNA é replicado por desenrolamento das fitas, por ruptura das pontes de hidrogênio entre as cadeias complementares e síntese de duas novas fitas por emparelhamento de bases complementares. A replicação começa em sítios específicos (origem de replicação) e tem sentido bidirecional a partir dessas origens (sempre 5'→ 3').

Para iniciar a replicação, enzimas de desenrolamento e abertura da fita dupla, chamadas helicases, fazem com que as duas cadeias de DNA-mãe se desnaturem, formando duas forquilhas de replicação (Fig. 1.8). Essas forquilhas são o local real de cópia do DNA. Enzimas chamadas topoisomerases aliviam o estresse na molécula helicoidal durante a replicação. Enzimas chamadas DNA-polimerases adicionam e ligam os nucleotídeos a partir de uma curta sequência de RNA, denominada *primer* de RNA, previamente sintetizada por uma enzima primase, formando as fitas-filhas por meio de novas ligações fosfodiéster.

SAIBA MAIS

A perda da região telomérica está envolvida no processo de envelhecimento celular.

PARA PENSAR

Se a replicação se dá sempre no sentido de 5' para 3' e ocorre simultaneamente para ambas as fitas na forquilha de replicação, como esse problema é resolvido?

Cada fita-mãe serve como modelo para sintetizar uma cópia complementar de si mesma, resultando na formação de duas moléculas de DNA idênticas. A fita com sentido de 5' para 3' fará, pela ação da DNA-polimerase, a incorporação de maneira descontínua, gerando fragmentos de 100 a 200 nucleotídeos (fragmentos de Okazaki), que posteriormente são unidos pelas enzimas ligases.

Os extremos dos cromossomos normais são constituídos por estruturas denominadas telômeros, que desempenham um importante papel em seu comportamento, como impedir a união de cromossomos. Os telômeros compõem-se de sequências curtas de nucleotídeos. Nos cromossomos humanos, a sequência é 5'-TTAGGG-3', formando um segmento de DNA de aproximadamente 10 kb no extremo do cromossomo.

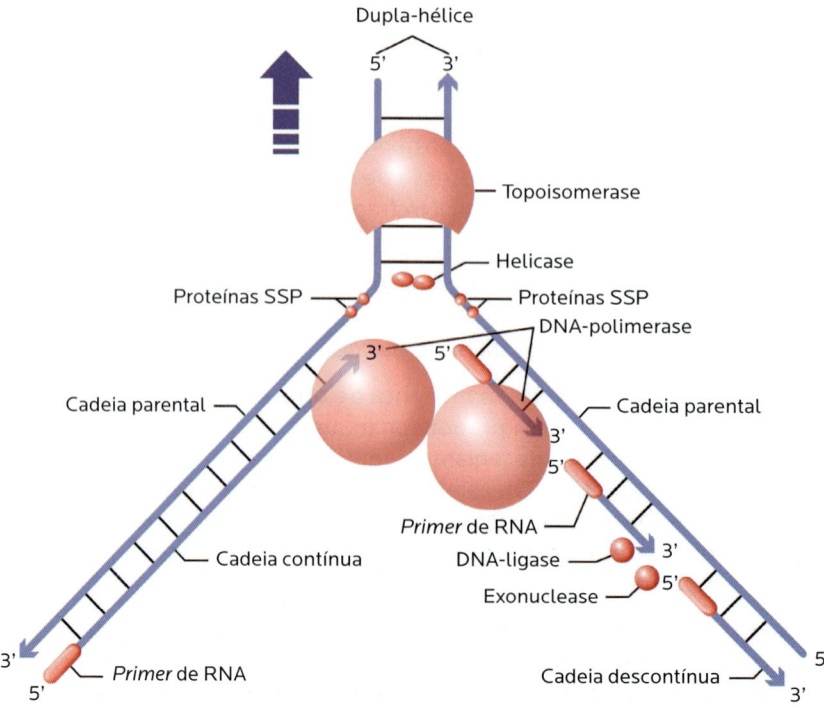

Figura 1.8 – Esquema da região em que ocorre a forquilha de replicação.

A enzima chamada telomerase sana o problema da replicação dos telômeros. Essa enzima reconhece a parte da fita de DNA rica em G da sequência telomérica repetitiva, alongando-se na direção de 5' para 3'. A enzima, então, sintetiza uma nova cópia da repetição utilizando um molde de RNA que contém a informação utilizada na manutenção das sequências teloméricas características, impedindo sua perda e, portanto, o envelhecimento celular.

ARMAZENAMENTO E TRANSFERÊNCIA DE INFORMAÇÕES HEREDITÁRIAS PELOS ÁCIDOS NUCLEICOS

Mesmo com a definitiva confirmação, por Watson e Crick, de que o DNA era o componente central do material genético, havia a dúvida de como o DNA poderia transformar a informação genética nele contida em um produto proteico.

 O DNA e o RNA são reservatórios moleculares da informação genética. O DNA contém todas as informações genéticas de cada indivíduo e tem a capacidade de transmiti-las à sua descendência. Descobriu-se que o material genético, presente em cada célula, possui um conjunto de informações responsáveis pela produção de um dos elementos mais importantes na constituição celular: as proteínas.

O DNA contém segmentos de informação – os genes – que proporcionam, ao final de uma sequência de eventos específica, a produção de uma cadeia polipeptídica. A sequência de DNA codificante, portanto, permite a confecção de uma sequência de RNA, a qual determina uma sequência de aminoácidos, dando origem a uma proteína (ou cadeia polipeptídica) com sua função biológica (Fig. 1.9).

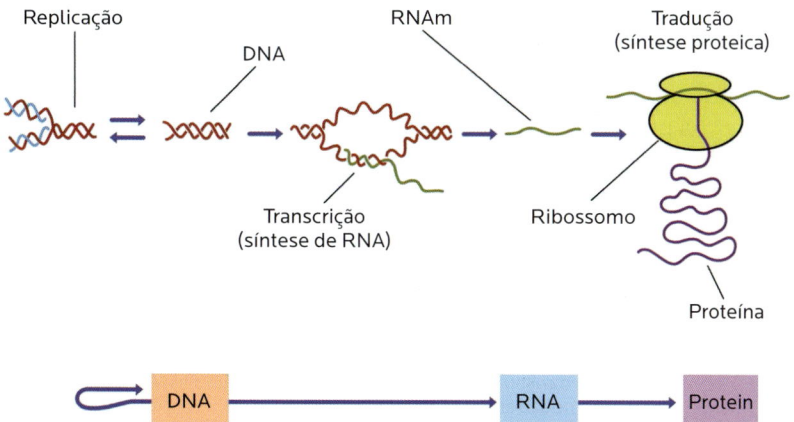

Figura 1.9 – Esquema representativo da síntese proteica.

TRANSCRIÇÃO, TRADUÇÃO E CONTROLE PÓS-TRADUCIONAL

TRANSCRIÇÃO: DA MOLÉCULA DO DNA AO RNAm

 O primeiro obstáculo encontrado na etapa inicial do processo de transcrição é a diferença de localização entre a informação genética e toda a maquinaria de produção proteica. O DNA, que contém a instrução nas bases nitrogenadas, encontra-se no núcleo; o aparato para a produção da sequência de aminoácidos (cadeia polipeptídica) encontra-se no citoplasma. Está bem estabelecido que o DNA transmite sua informação para uma molécula intermediária, o RNAm, pelo processo chamado transcrição.

Após a desespiralização da molécula do DNA, ocorre quebra das ligações entre as bases nitrogenadas e separação das duas fitas. Com a abertura das fitas do DNA, uma das cadeias, denominada molde, expõe suas bases nitrogenadas e permite o pareamento sequencial com nucleotídeos livres. O pareamento ocorre de forma complementar entre a adenina e a uracila e entre a citosina e a guanina.

Quando um correto pareamento é estabelecido, o nucleotídeo a ser incorporado é ligado de forma covalente à fita crescente transcrita, no sentido de 5' para 3'. A ligação das bases ocorre mediada pela RNA-polimerase do tipo III, que age na formação das ligações fosfodiéster. O transcrito resultante é liberado da fita-molde de DNA sob a forma de uma fita simples, o RNAm.

Para o entendimento da fase subsequente à transcrição, é necessário o conhecimento da estrutura física de um gene. Cada gene possui determinadas regiões, que podem ser entendidas como "blocos" (promotor, éxon e íntron). A região promotora contém sequências regulatórias. Os éxons guardam a informação codificante (os códons) do DNA, e as regiões dos íntrons, de maneira geral, não codificam polipeptídeos (Fig. 1.10A).

Após o processo de transcrição, ocorrem alterações no RNAm. Três enzimas adicionam uma guanina modificada na extremidade 5', formando um "capuz". Na sequência, os íntrons são removidos por processamento (*splicing*). Um ponto importante a ser observado é que pode ocorrer, durante o *splicing*, uma recombinação dos éxons de diversas maneiras, possibilitando que um mesmo gene produza diferentes isômeros da mesma proteína.

Um exemplo claro da influência do *splicing* é o que ocorre a partir da transcrição do gene da alfa-tropomiosina, que pode formar pelo menos quatro tipos de RNAm, utilizados na síntese de proteínas no músculo estriado, no músculo liso, nos fibroblastos e no cérebro (Fig. 1.10B).

Na extremidade 3' ocorre a última parte do processamento da molécula do RNAm. Nesse local são adicionados, um de cada vez, por ação enzimática, aproximadamente 200 nucleotídeos de adenina, formando uma estrutura conhecida por **cauda poli-A**. A formação do "capuz" na ponta 5' e a poliadenilação na ponta 3' são modificações que visam à estabilização do RNAm, protegendo-o de degradação e tornando-o muito mais estável.

Isômeros

Compostos com funções diferentes, mas com a mesma fórmula molecular.

RESUMINDO

O processamento ou *splicing* possibilita a combinação dos éxons de diversas maneiras, permitindo que um mesmo gene produza diversos isômeros da mesma proteína e os utilize em diversas regiões do corpo, dependendo da demanda funcional específica.

SAIBA MAIS

A molécula resultante do RNA é menor e, portanto, mais flexível do que a molécula de DNA. Dessa forma, o RNA pode assumir várias configurações moleculares tridimensionais complexas.

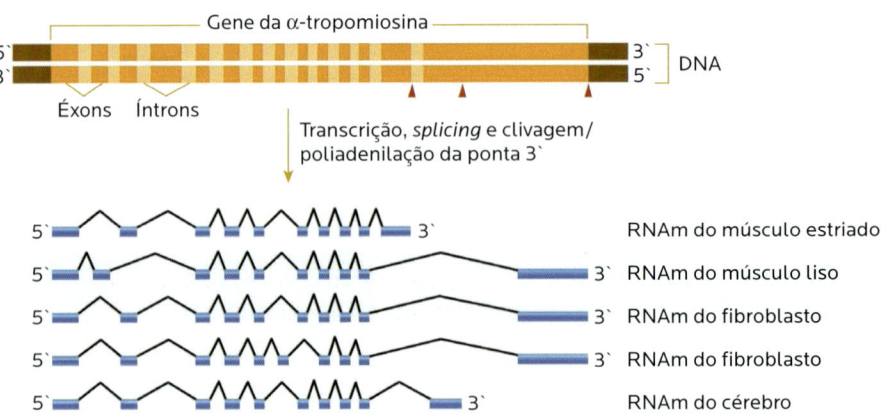

Figura 1.10 – Estrutura de um gene.

O CÓDIGO GENÉTICO

Existia um grande "furo científico" quando se procurava entender o modelo proposto para explicar o processo de tradução do RNAm em uma cadeia de aminoácidos. Já era conhecido que existiam apenas 20 aminoácidos, os quais eram codificados por sequências de três das quatro bases nitrogenadas existentes no DNA (A, T, C, G). Então, desse arranjo disponível (4^3), seria razoável concluir que haveria 64 possíveis sequências diferentes, geradas para codificar apenas 20 aminoácidos. No entanto, os números de aminoácidos disponíveis e de sequências possíveis formadas não eram coerentes.

Matthaei e colaboradores,[4] em 1962, propuseram que haveria um código com característica de redundância, ou seja, alguns aminoácidos seriam determinados por mais de uma trinca de nucleotídeos. No RNAm, cada três nucleotídeos sucessivos (códon) correspondem a uma trinca de nucleotídeos (anticódon) localizados no RNAt. Cada códon especifica um aminoácido ou também pode ser interpretado como a finalização do processo de tradução (Quadro 1.4).

No quadro do código genético, somente 61 códons codificam aminoácidos, e os três códons restantes (UAA, UAG e UGA) são responsáveis pelo término da síntese de proteínas (recebem o nome de códons de terminação).

QUADRO 1.4 – O código genético

		Segunda base				
		U	C	A	G	
Primeira base	U	Phe UUU Phe UUC Leu UUA Leu UUG	Ser UCU Ser UCC Ser UCA Ser UCG	Tyr UAU Tyr UAC **Stop UAA** **Stop UAG**	Cys UGU Cys UGC **Stop UGA** Trp UGG	U C A G	Terceira base
	C	Leu CUU Leu CUC Leu CUA Leu CUG	Pro CCU Pro CCC Pro CCA Pro CCG	His CAU His CAC Gln CAA Gln CAG	Arg CGU Arg CGC Arg CGA Arg CGG	U C A G	
	A	Ile AUU Ile AUC Ile AUA **Met AUG**	Thr ACU Thr ACC Thr ACA Thr ACG	Asn AAU Asn AAC Lys AAA Lys AAG	Ser AGU Ser AGC Arg AGA Arg AGG	U C A G	
	G	Val GUU Val GUC Val GUA Val GUG	Ala GCU Ala GCC Ala GCA Ala GCG	Asp GAU Asp GAC Glu GAA Glu GAG	Gly GGU Gly GGC Gly GGA Gly GGG	U C A G	

O PROCESSO DE TRADUÇÃO

 O processo de tradução envolve uma organela citoplasmática chamada ribossomo. Os ribossomos são formados por duas subunidades (maior e menor) de moléculas de RNAr associadas com proteínas (proteínas ribossômicas).

A atividade de descodificação do RNAm é realizada pela subunidade menor, onde ocorrerá a ligação do RNAm. A subunidade maior realiza a atividade enzimática essencial para a formação da cadeia peptídica (peptidiltransferase). Dois RNAt serão ligados na subunidade maior do ribossomo, aproximando os seus aminoácidos, para que possam ser realizadas as ligações peptídicas entre eles. Posteriormente, o ribossomo se desloca, realizando assim a extensão da cadeia polipeptídica.

A tradução no RNAm inicia-se com um códon específico (AUG). Também existe um códon específico de terminação para a finalização do processo. Nenhuma das trincas (UAA, UAG e UGA) será reconhecida por qualquer tipo de RNAt existente, sendo então a função dos códons de terminação informar ao ribossomo a necessidade de encerrar o processo de tradução.

RESUMINDO

O código genético é redundante ou degenerado, já que alguns aminoácidos são determinados por mais de uma trinca de nucleotídeos. A tradução no RNAm inicia-se com um códon específico, o AUG, e termina com um dos três códons de terminação (UAA, UAG ou UGA).

ETAPAS COMPLEMENTARES DE MODIFICAÇÃO DA CADEIA PROTEICA

Finalizado o processo de tradução, inicia-se uma fase que incide diretamente na cadeia polipeptídica. Essa cadeia deve ser dobrada para adquirir uma conformação tridimensional característica, o que permite o correto desempenho de sua função biológica.

A evolução selecionou a sequência de aminoácidos que mais facilmente adotaria a dobra necessária para realizar a sua função. É essa sequência de aminoácidos, pelas suas características físico-químicas (afinidade com a água, natureza ácida ou básica, carga elétrica, etc.), a responsável pela determinação das dobras da proteína formada.

Quando esses dobramentos não ocorrem durante a tradução, uma série de proteínas, denominadas chaperonas, atua. As chaperonas, ou proteínas de choque térmico (HSP – *heat shock protein*), das quais a HSP60 e a HSP70 são as mais importantes nos eucariotos e agem por ciclos. Elas realizam a hidrólise de trifosfato de adenosina (ATP) e, com isso, ao mudarem de conformação, induzem a proteína a sofrer um dobramento.

Alterações genéticas no DNA, bem como erros no processo de transcrição e tradução, podem levar a uma incorreta dobradura de uma cadeia polipeptídica. Dessa forma, a proteína não poderá exercer sua função e, assim, necessitará ser removida. Para isso, existe um controle de qualidade que é realizado por uma maquinaria proteolítica chamada proteossomo. Esse sistema possui a função de destruição de cadeias polipeptídicas mal dobradas.

Uma série de doenças humanas – por exemplo, a anemia falciforme e a deficiência de α-1-antitripsina – é reflexo de cadeias peptídicas mal dobradas. Assim, a maquinaria de controle de qualidade proteica adquire grande importância ao evitar o desencadeamento de alterações em determinados processos regulados por essas proteínas mal dobradas.

RESUMINDO

Proteínas chaperonas ou proteínas de choque térmico (HSP) são importantes auxiliares no processo de dobradura das proteínas. O erro no processamento da proteína recém-sintetizada pode acarretar processos patológicos.

TÉCNICAS BÁSICAS DE ANÁLISE DO DNA

Como foi visto no decorrer deste capítulo, o DNA está sujeito a sofrer variações em qualquer local. Quando a variação ocorre em determinado gene, pode, consequentemente, estar associada a uma doença. Então, a proteína codificada por tal gene pode não funcionar adequadamente ou mesmo não ser gerada.

Como essas alterações genéticas são detectadas? Existem várias técnicas da genética molecular utilizadas em uma ampla variedade de estudos, como genética clínica, genética de populações, estudos sobre evolução ou filogenia, mapeamento genético e análises de expressão gênica. É difícil cobrir as técnicas exatas em cada uma das áreas de estudo, mas essas técnicas se desenvolveram a partir de métodos básicos, baseados na observação aguçada e na adaptação das reações químicas e processos biológicos que ocorrem naturalmente em todas as células.

Os resultados de pesquisa básica tornaram-se fundamentais para a compreensão da função das células humanas e têm levado a importantes aplicações práticas, como identificação humana pelos testes de paternidade, identificação de variações genéticas associadas a doenças e diagnóstico de doenças infecciosas.

VISUALIZANDO OS CROMOSSOMOS HUMANOS

O conjunto dos cromossomos presentes dentro do núcleo das células somáticas forma o **cariótipo**. Com a descoberta dos 46 cromossomos humanos presentes em uma célula humana somática, surgiu a **citogenética**, em 1956. Mais tarde, na década de 1970, além de poder distiguir os cromossomos homólogos por tamanho e morfologia (posição do centrômero), tornou-se possível distingui-los por padrões de bandas (Fig. 1.11), por meio de técnicas de coloração apropriadas e com o auxílio de microscópios adequados.

Atualmente, técnicas mais modernas, como a hibridização *in situ* por fluorescência (FISH, de *fluorescent in situ hybridization*), utilizam corantes fluorescentes distintos, permitindo uma identificação mais precisa dos diferentes cromossomos (Fig. 1.12).

Por meio da análise de cariótipo, é possível detectar anormalidades hereditárias, como alterações no número e na integridade dos cromossomos.

Cariótipo

Cariograma representando o número e a morfologia dos cromossomos de um indivíduo. Caracterização do genoma em relação ao número, ao tamanho e à forma dos cromossomos.

Centrômero

Região de constrição de um cromossomo duplicado, na qual se prendem as fibras (microtúbulos) do fuso mitótico.

Hibridização

Combinação de duas sequências de DNA complementares.

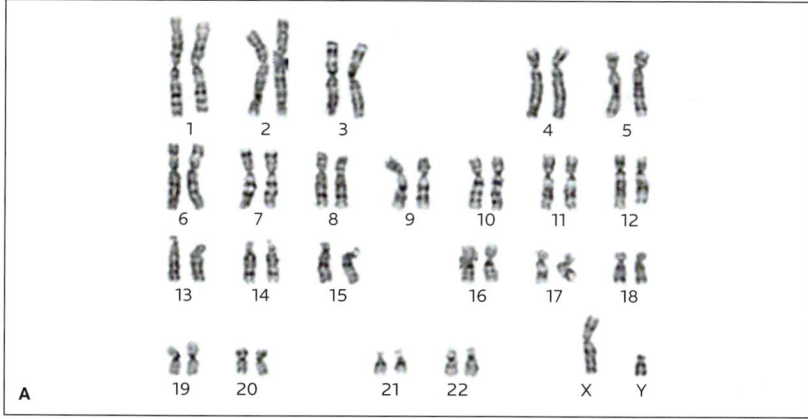

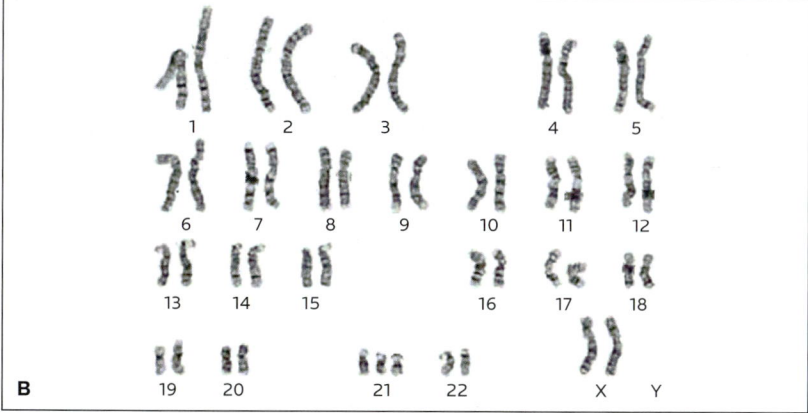

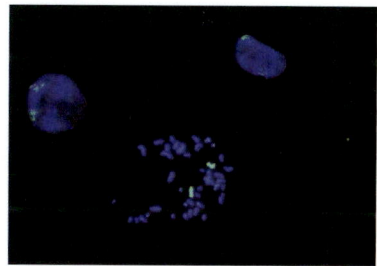

Figura 1.12 – Representação de cariótipo humano obtido pela técnica de FISH. Observa-se metáfase (centro) e núcleos interfásicos mostrando a presença de dois cromossomos 7 (em verde). Sonda 7 whole painting (Cytocell).

Fonte: Células-tronco mesenquimais cultivadas no laboratório do Núcleo de Tecnologia Celular da PUCPR.

Figura 1.11 – Representação de cariótipos humanos obtidos pela técnica de bandeamento G. (A) Cariótipo de indivíduo normal do sexo masculino. (B) Cariótipo de um indivíduo do sexo feminino apresentando trissomia do cromossomo 21, característico de síndrome de Down.

Fonte: Imagem cedida por Ilan Goldenstein do laboratório Citogene.

PRINCÍPIOS DA MANIPULAÇÃO E DA ANÁLISE DO DNA

Com a descoberta da estrutura molecular do DNA, houve um entusiasmo no mundo científico no sentido de desenvolver métodos de laboratório que permitiriam manipular o material genético com maior precisão e descrever suas funções. Porém, estudar um gene de maneira isolada era uma tarefa praticamente impossível até a década de 1970, quando surgiu a tecnologia de DNA recombinante para clonagem gênica e, um pouco mais tarde, na década de 1980, com a técnica da reação em cadeia da polimerase (PCR, de *polymerase chain reaction*).

Reação em cadeia da polimerase (PCR)

Técnica capaz de gerar milhões ou bilhões de cópias de uma determinada sequência de DNA.

NUCLEASES DE RESTRIÇÃO: AS "TESOURAS MOLECULARES"

O isolamento de genes, por meio de técnicas de clonagem gênica, apenas é possível após a clivagem precisa do DNA previamente purificado. Na década de 1950, já era sabido que diversas bactérias são capazes de expressar enzimas que "cortam" o DNA estranho originado de organismos invasores, como bacteriófagos, por meio do fenômeno de restrição controlada (Fig. 1.13).

Nuclease de restrição

Também chamada de enzima de restrição, reconhece e corta fitas duplas de DNA em sequências específicas.

Tais enzimas, conhecidas como "tesouras moleculares", são nucleases de restrição, as quais se tornaram fundamentais no desenvolvimento da engenharia genética, em meados da década de 1970, graças aos trabalhos coordenados pelos pesquisadores Werner Arber, Hamilton Smith e Daniel Nathans.

Atualmente, já foram isoladas e caracterizadas mais de 3.900 nucleases de restrição, originadas de diferentes espécies de bactérias; mais de 640 destas estão disponíveis para comercialização. A nomenclatura é codificada segundo o organismo de origem e a ordem de isolamento da enzima (Fig. 1.14).

SAIBA MAIS

Na língua portuguesa, um exemplo bastante conhecido de palíndromo é a frase "Socorram-me, subi no ônibus em Marrocos".

Cada nuclease de restrição reconhece e cliva uma sequência específica, denominada sítio de restrição, na molécula de DNA de fita dupla, caracterizada por conter normalmente de 4 a 8 pares de nucleotídeos ordenados na forma de palíndromos (Fig. 1.15), ou seja, a sequência lida da esquerda para direita (de 5' para 3' em uma fita) é idêntica àquela lida da direita para esquerda (de 5' para 3' na fita complementar).

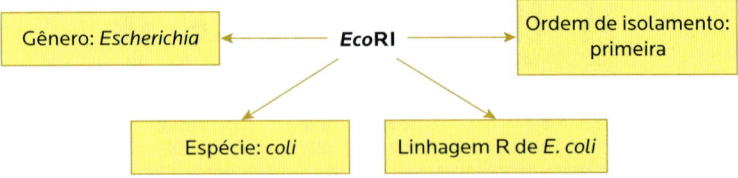

Figura 1.14 – Nomenclatura das nucleases de restrição, de acordo com o organismo de origem. No exemplo, encontra-se a enzima EcoRI, a primeira nuclease de restrição isolada e caracterizada para a linhagem R de Escherichia coli.

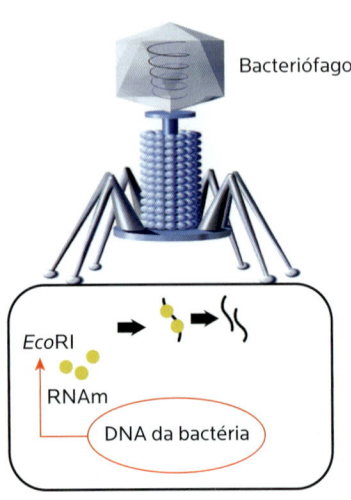

Figura 1.13 – Origem das nucleases de restrição. A ilustração representa a bactéria Escherichia coli expressando a nuclease EcoRI como mecanismo de proteção contra o DNA viral invasor. Mediante a ação da nuclease, a bactéria restringe o desenvolvimento dos bacteriófagos.

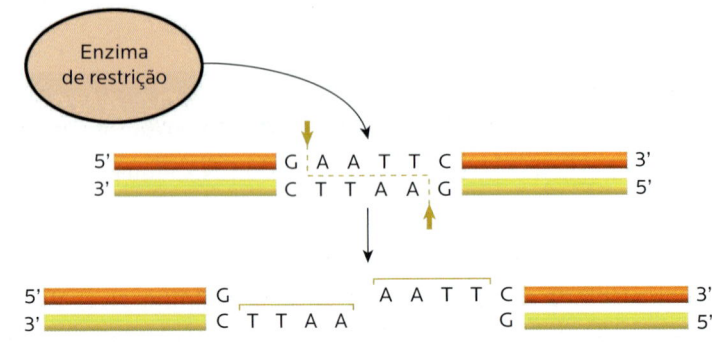

Figura 1.15 – Clivagem por enzima de restrição. Quando uma amostra de DNA é tratada com uma nuclease de restrição, onde encontrar o seu sítio de restrição específico, ocorrerá a hidrólise das ligações fosfodiéster de ambas as fitas.

Genética odontológica

 A maneira como cada enzima de restrição cliva o DNA pode gerar fragmentos com extremidades coesivas ou extremidades cegas. Ao passo que as extremidades cegas são originadas de um corte no centro do sítio ativo, as extremidades coesivas apresentam nucleotídeos não pareados com sua base nitrogenada complementar devido à assimetria no eixo de corte provocado pela enzima (Fig. 1.16).

Além de suas aplicações na engenharia genética, discutida mais adiante, as nucleases de restrição podem ser utilizadas na detecção de variações genéticas decorrentes de trocas de nucleotídeos, como, por exemplo, os polimorfismos de comprimento de fragmentos de restrição (RFLP, de *restriction fragment length polymorphisms*) (Fig. 1.17).

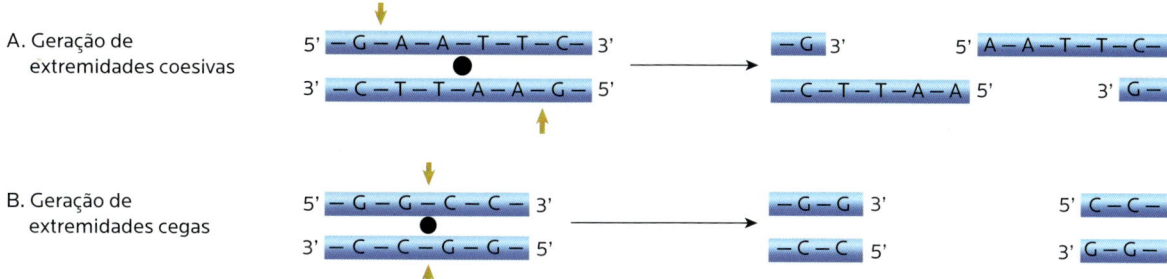

Figura 1.16 – Tipos de clivagem realizados pelas nucleases de restrição. (A) Exemplo do sítio de restrição reconhecido pela enzima EcoRI, que cliva o DNA fora do eixo de simetria, gerando extremidades coesivas. (B) Exemplo do sítio de restrição reconhecido pela enzima HaeIII, que cliva o DNA no eixo de simetria, gerando extremidades cegas. As setas vermelhas indicam os pontos de clivagem; os círculos indicam os pontos de simetria dos sítios de restrição.

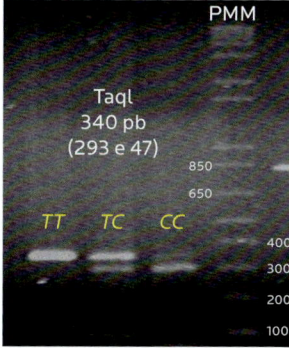

Figura 1.17 – Discriminação alélica por RFLP. Resultado de uma análise genotípica para uma variação localizada no gene VDR humano de três amostras diferentes de DNA (sequências com 340 pares de bases) por eletroforese em gel de agarose. A enzima Taql reconhece e corta o sítio de restrição T↓CGA, gerando dois fragmentos (um com 293 e outro com 47 pares de bases). Caso o indivíduo carregue a sequência TTGA, a enzima não cliva o DNA, aparecendo apenas o fragmento inteiro com 340 pares de bases. Aqui, observa-se um indivíduo homozigoto para o genótipo TT para a variação (única banda com 340 pares de bases), um indivíduo heterozigoto com genótipo TC (duas bandas – banda com 340 pares de bases referente ao alelo T e banda com 293 pares de bases referente ao alelo C) e um indivíduo homozigoto para o genótipo CC (única banda com 293 pares de bases).

Fonte: Souza e colaboradores.[5]

PCR: OBTENÇÃO DE BILHÕES DE CÓPIAS DE SEQUÊNCIAS ESPECÍFICAS DE DNA

Outro enorme avanço nos estudos genéticos foi o desenvolvimento da técnica de PCR, que permitiu aos geneticistas obter milhões de cópias de DNA com maior rapidez e precisão a partir de uma quantidade muito pequena de amostra biológica. Essa amostra, muitas vezes, é de difícil obtenção, como pequenas manchas de sangue ou bulbo capilar presentes em cenas de crimes, tornando-se preciosa na resolução de casos. A evolução da técnica de PCR permitiu, ainda, realizar exames de diagnóstico de infecções por parasitas, como o vírus da imunodeficiência humana (HIV).

A técnica de PCR foi desenvolvida por Saiki e colaboradores,[6] em 1985, quando conseguiu mimetizar a duplicação do DNA em tubos de ensaio (contendo os elementos listados na Fig. 1.18) em banho-maria com temperaturas controladas. Um dos elementos-chave para reação é a enzima DNA-polimerase originada da bactéria *Thermus aquaticus* (Taq polimerase), que possibilitou a polimerização das novas cadeias de DNA, por se manter estável em temperaturas elevadas, necessárias durante a reação.

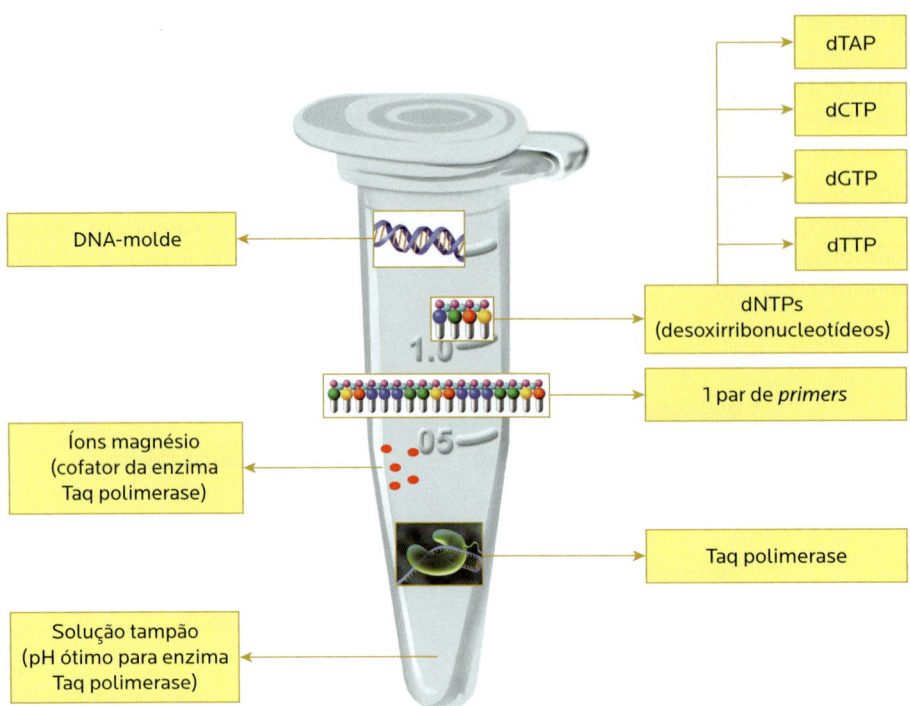

Figura 1.18 – Componentes necessários para a realização da PCR: DNA-molde, o qual se deseja pesquisar; nucleotídeos sintéticos (dNTPs) com as bases nitrogenadas A, C, G e T; o par de oligonucleotídeos (primers) que vai se associar ao DNA-molde em locais específicos; a enzima Taq polimerase, responsável por inserir os dNTPs na geração da nova cópia da sequência desejada a partir do DNA-molde; íon magnésio, cofator enzimático da Taq polimerase; e solução tampão para manter o pH adequado para ocorrer a reação.

Primer (oligonucleotídeo iniciador)

Pequena sequência de nucleotídeos de fita simples complementar a regiões específicas, sendo os locais onde se inicia a síntese de DNA por DNA-polimerase.

SAIBA MAIS

Os *primers* (oligonucleotídeos iniciadores de fita simples) permitem gerar cópias de sequências específicas, por serem constituídos de 18 a 30 bases complementares ao DNA a ser utilizado como molde. Dessa maneira, tais oligonucleotídeos tornam-se seletivos o suficiente para determinar um local único em um genoma de alta complexidade como o humano. Como exemplo, a probabilidade de uma sequência específica de 20 bases ocorrer em um genoma é de uma vez a cada 4^{20} bases, número muito maior do que o genoma humano, com cerca de 3 bilhões de pares de bases.

Atualmente, a PCR ocorre em máquinas chamadas de termocicladores e consiste em 30 a 40 ciclos, cada um dividido em três etapas diferentes de temperaturas. Para gerar uma nova cópia a partir da amostra de DNA utilizada, primeiro a fita dupla deve ser aberta a uma temperatura em torno dos 94°C (temperatura de desnaturação). A exposição das bases nitrogenadas permite que as fitas simples sirvam de molde para sintetizar novas moléculas.

Em seguida, os oligonucleotídeos iniciadores (*primers*) se hibridizam de maneira específica e complementar aos moldes na temperatura de hibridização (em torno de 50-60°C), a qual é variável por depender de características específicas do par de *primers* utilizado em cada reação.

Na terceira e última etapa de cada ciclo da PCR, ocorre a polimerização (extensão) da nova fita de DNA, quando a Taq polimerase reconhece e se associa ao *primer* hibridizado e à fita-molde e realiza a adição dos nucleotídeos artificiais (desoxirribonucleotídeos – dNTPs) complementares, a uma temperatura de 72°C.

Após o término da polimerização, um novo ciclo é iniciado, sempre nas mesmas condições de temperatura e tempo, até completar o número de ciclos programados no termociclador. Ao final de cada ciclo, como resultado, cada DNA-molde formará uma nova fita dupla, a qual servirá como molde no ciclo seguinte, amplificando a reação em escala exponencial (Fig. 1.19). Por exemplo, caso sejam realizados 30 ciclos durante o processo, cada molécula de DNA presente no início da reação originará 1,07 bilhão de cópias ao término do processo.

Genética odontológica

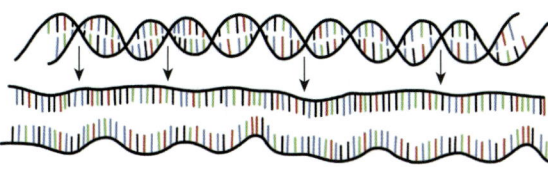

Etapa de cada ciclo:
Etapa 1:
Desnaturação
1 minuto a 94 °C

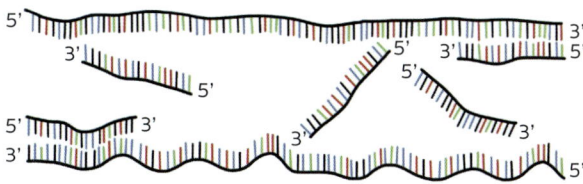

Etapa 2:
Hibridização
dos *primers*
~ 45 segundos
a 54 °C

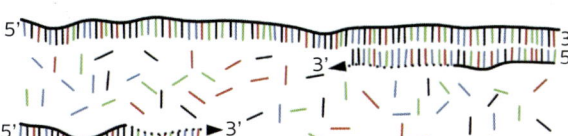

Etapa 3:
Polimerização no
sentido 5' → 3'
~ 2 minutos a 70 °C

Figura 1.19 – Esquema do processo de PCR. Durante a PCR, de 30 a 40 ciclos ocorrem, e cada ciclo é dividido em três etapas. Etapa 1: abertura da fita dupla que servirá como molde, após a desnaturação por aquecimento a 94°C. Etapa 2: ligação dos primers complementares às sequências específicas nas fitas simples do DNA-molde na temperatura adequada. No exemplo, para que a hibridização de ambos os primers ocorra com eficiência, a temperatura utilizada deve ser de 54°C. Etapa 3: adição dos nucleotídeos sintéticos pela Taq polimerase a 72°C.

PARA PENSAR

Sabendo-se que a técnica de PCR permite fazer cópias de sequências de, no máximo, cerca de 10.000 pares de bases, como seria possível utilizar a técnica para analisar sequências maiores?

A TECNOLOGIA DO DNA RECOMBINANTE

A tecnologia do DNA recombinante, ou engenharia genética, é um conjunto de técnicas que possibilita a manipulação do material genético, por meio de cortes e recombinação de moléculas de DNA de diferentes origens. Além disso, inclui processos que realizam a duplicação desse material em grande quantidade, fazendo assim a clonagem gênica.

Os primeiros experimentos com DNA recombinante envolveram a manipulação do material genético em animais e plantas, com a transferência desse material para microrganismos, como leveduras e bactérias, as quais crescem facilmente em grandes quantidades. Produtos que primariamente eram obtidos em pequenas quantidades, originados de animais e plantas, hoje podem ser produzidos em grandes escalas por meio desses microrganismos recombinantes. Organismos geneticamente modificados, oriundos de ferramentas de engenharia genética, são denominados **transgênicos**.

De maneira geral, as etapas que ocorrem na geração de um organismo recombinante (Fig. 1.20) são as seguintes: primeiramente, deve-se cortar o DNA que se deseja utilizar (chamado de exógeno ou de inserto) do organismo doador, utilizando nucleases de restrição apropriadas para a sequência-alvo a ser clonada. Os fragmentos obtidos devem ser inseridos em um vetor (um fragmento de DNA aberto) pela enzima DNA-ligase, gerando o DNA recombinante. O vetor recombinado deve ser então inserido em uma célula de microrganismo, por meio de mecanismos de transformação gênica. A célula transformada é colocada em condições adequadas de crescimento e assim é clonada, passando a expressar a proteína heteróloga.

ATENÇÃO

Tanto o vetor quanto o DNA exógeno devem ser tratados com a mesma enzima de restrição para que possam ser recombinados pela DNA-ligase. A DNA-ligase somente reconhece extremidades coesivas, e não extremidades cegas.

Transgênico

Todo organismo originado a partir de técnicas de engenharia genética.

PARA PENSAR

A engenharia genética permite transformar não apenas células bacterianas, como também manipular células humanas em laboratório. Assim, de que maneira é possível utilizar tais tecnologias para estudar a função de um gene humano envolvido em determinada doença?

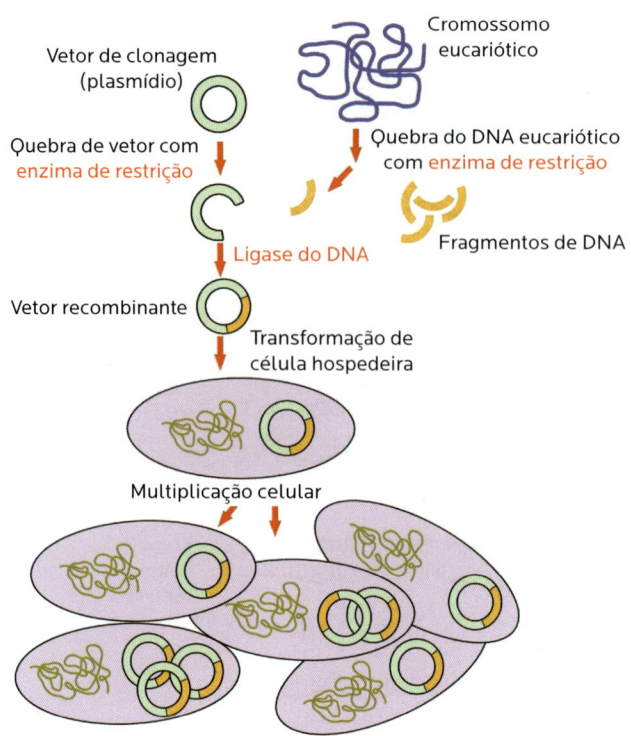

Figura 1.20 – Etapas de geração de um organismo recombinante.

VISUALIZANDO OS FRAGMENTOS DE ÁCIDOS NUCLEICOS E PROTEÍNAS POR ELETROFORESE

 A eletroforese é uma técnica usada para separar, e algumas vezes purificar, macromoléculas, especialmente ácidos nucleicos e proteínas, que diferem em tamanho, carga e conformação. Como tal, é uma das técnicas mais usadas em laboratórios de bioquímica e de biologia molecular.

Eletroforese

Técnica de separação de fragmentos (de proteína ou DNA) por tamanho, mediante a aplicação de corrente elétrica em um gel poroso contendo o material.

Proteínas e ácidos nucleicos são submetidos à eletroforese em uma matriz porosa ou "gel". Normalmente, o gel é preparado e depositado em cubas com canaletas ou poços para serem preenchidos com as amostras. O gel é imerso em uma solução que fornece os íons para conduzir a corrente, com poder tamponante para manter o pH em uma faixa relativamente constante.

Quando moléculas carregadas são colocadas sob um campo elétrico, elas migram para o polo positivo ou negativo, de acordo com sua carga. Diferentemente das proteínas, que podem ter carga total tanto positiva como negativa, ácidos nucleicos sempre possuem carga total negativa, em função dos grupamentos fosfato presentes nessas moléculas; assim, migram sempre para o polo positivo (Fig. 1.21).

Os géis utilizados para eletroforese podem ser compostos de agarose ou de poliacrilamida, tendo cada uma delas atributos particulares úteis em diferentes situações. A **agarose** é um polissacarídeo extraído de algas marinhas. É normalmente usada em concentrações entre 0,5 e 2%. Quanto maior for a concentração de agarose, mais rígido é o gel. Géis de agarose têm uma faixa de separação bastante ampla, mas baixo poder de resolução. Por meio da variação na concentração de agarose, fragmentos de DNA de 200 a 50.000 pares de bases podem ser separados usando protocolos simples.

A **poliacrilamida** é um polímero ramificado de acrilamida. O comprimento das cadeias do polímero é determinado pela concentração de acrilamida utilizada, normalmente entre 3,5 e 20%. Géis de poliacrilamida possuem uma faixa de separação relativamente pequena, mas alto poder de resolução. No caso de DNA, géis de poliacrilamida são usados para separar fragmentos menores do que 500 pares de bases. Em condições apropriadas, fragmentos de DNA com diferença de apenas um par de

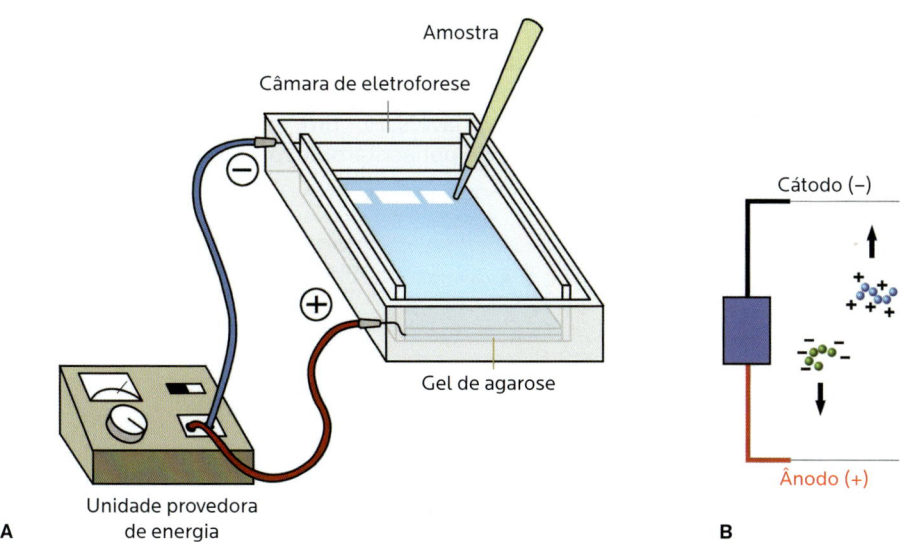

Figura 1.21 – (A) Cuba de eletroforese para gel de agarose. (B) Padrão de migração de moléculas com carga negativa, como o DNA.

bases em tamanho podem ser facilmente separados. Diferentemente da agarose, géis de poliacrilamida são bastante utilizados para separação e caracterização de proteínas.

A visualização dos agrupamentos moleculares, após a separação pela técnica de eletroforese, é realizada com corantes especiais que se ligam às moléculas, revelando as "bandas" e, consequentemente, permitindo analisar resultados de ensaios como aquele apresentado na Figura 1.17.

A DETERMINAÇÃO DA SEQUÊNCIA DE BASES DO DNA: SEQUENCIAMENTO GENÔMICO

Na década de 1970, foram desenvolvidos os primeiros métodos capazes de determinar a sequência de bases do DNA de uma determinada amostra. O método que ficou consagrado, cujo princípio foi aplicado em máquinas automatizadas usadas atualmente, foi aquele criado por Sanger e Coulson.[7,8] Trata-se de uma técnica de polimerização de DNA na qual se adicionam pequenas quantidades de nucleotídeos modificados quimicamente (2',3'-didesoxirribonucleotídeos trifosfatos, ou ddNTPs), que interrompem a reação de formação da cadeia de DNA complementar quando são adicionados (Fig. 1.22).

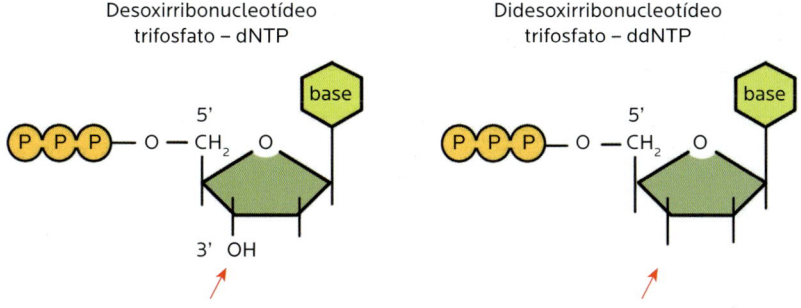

Figura 1.22 – Diferenças químicas entre os nucleotídeos normais e os modificados utilizados na reação de sequenciamento. Ao passo que o dNTP possui o grupo hidroxila (OH) necessário para a formação de nova ligação fosfodiéster, o ddNTP, com ausência do grupo OH, impede que a polimerização do DNA continue, interrompendo a reação.

Na técnica original de sequenciamento de bases de DNA, quatro reações base-específicas paralelas são realizadas, utilizando-se uma mistura de todos os quatro dNTPs (nucleotídeos normais) juntamente com pequena proporção de um dos quatro ddNTPs. Cada uma das quatro reações base-específicas gera uma coleção de fragmentos de DNA de tamanhos diferentes, com uma extremidade 5' comum (definida pelo *primer* comum às quatro reações), mas com extremidades 3' variáveis. Por fim, os produtos dessas quatro reações são analisados em paralelo, por eletroforese em gel de poliacrilamida, para a determinação da sequência (Fig. 1.23).

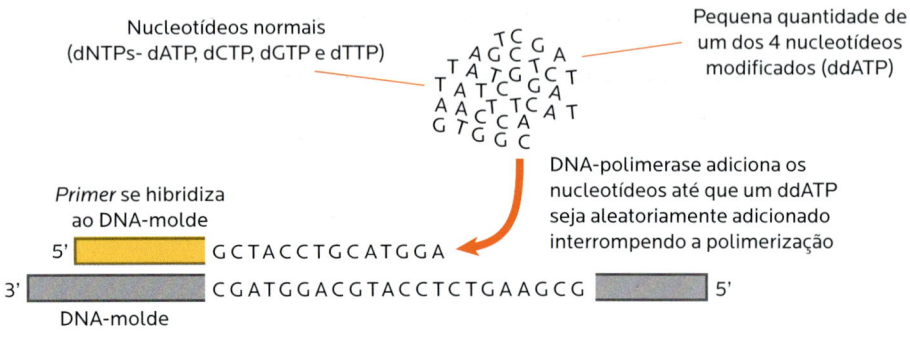

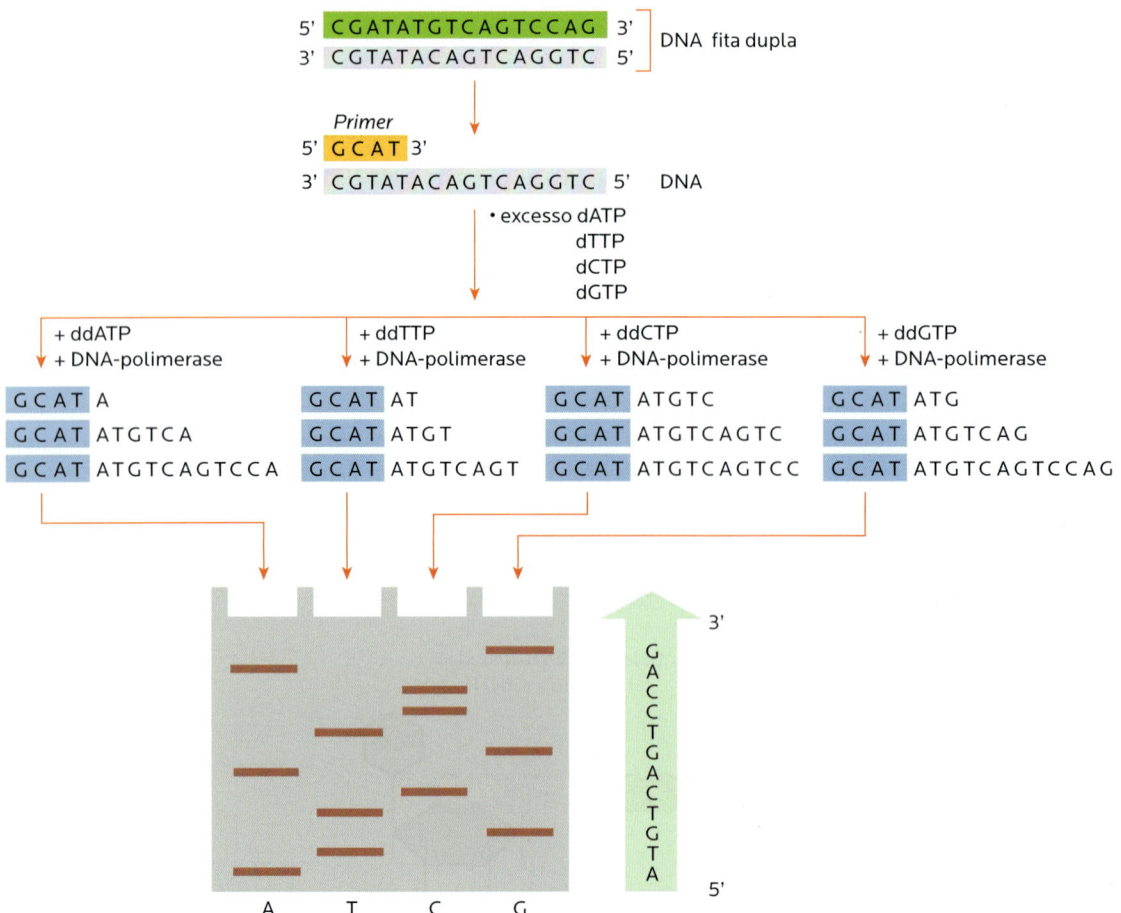

Figura 1.23 – Reação de sequenciamento de Sanger e Coulson. (A) Reação separada mostrando a adição do nucleotídeo modificado para adenina de modo aleatório, interrompendo a reação. (B) Reação de sequenciamento completa. A partir de uma mesma amostra de DNA-molde, quatro reações são realizadas separadamente. Em seguida, os quatro produtos, cada um contendo fragmentos de tamanhos diferentes, são separados e revelados por eletroforese, possibilitando a leitura da sequência a partir das bandas mais leves até a banda de maior tamanho.

Fonte: Sanger e Coulson.[7]

Os sequenciadores automatizados que seguem o princípio de Sanger e Coulson otimizaram o processo, tornando-o mais rápido, preciso e eficiente. Os ddNTPs são marcados com compostos fluorescentes (uma cor para cada nucleotídeo), e a eletroforese ocorre no próprio equipamento, fornecendo a sequência obtida na forma de um eletroferograma (Fig. 1.24).

LEMBRETE

O desenvolvimento das técnicas básicas de genética molecular permitiu a realização do Projeto Genoma Humano, e hoje temos o código genético praticamente decifrado. Atualmente, novas tecnologias vêm tornando possível a análise dos genomas de maneira mais rápida, barata e precisa, ajudando os pesquisadores a entender como as variações genéticas contribuem para uma determinada doença.

Éxon 8 do gene *PARK2*

TACACGTCTGTGTCCTCCCAAAAGGCAACACTGGCAGTTGATAGTCATAACTCTGTGTAA
GAACATATAACCACACAGAGTGAAAGTGACGTTTTTGTGATTAATTCTTCTTTCCAACAG
CTGGCTGTCCCAACTCCTTGATTAAAGAGCTCCATCACTTCAGGATTCTGGGAGAAGAGC
AGGTGAGTGAGCATCTCAAAGGCTGCATCAGACTGTCATGAAAGATAGACGCTAATGAGA
CAGTTTGGGCTCCCCAGGGAGGCCGAGTATGTCTCCTGACCCTGGGTGCCCTGAAATGGG

A

B

Heterozigoto

Homozigoto para o alelo C

Homozigoto para o alelo G

C

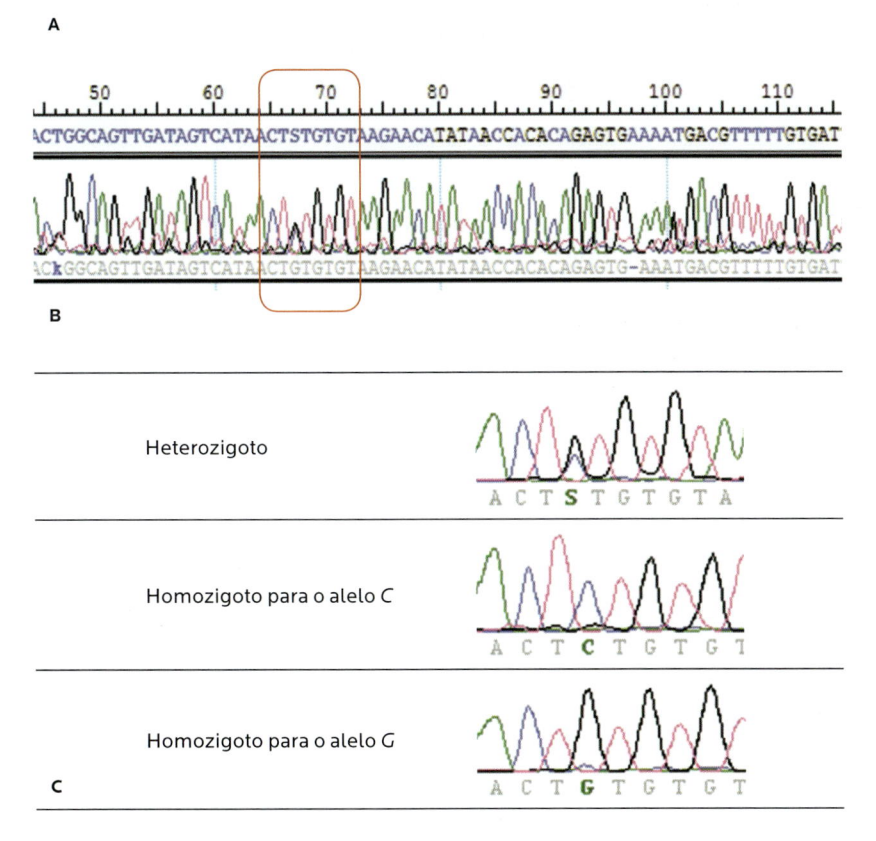

Figura 1.24 – Exemplo de resultado obtido em um experimento de sequenciamento realizado para a caracterização de mutações do gene PARK2 humano. (A) Parte da sequência do éxon 8 do gene PARK2, obtida em bases de dados de bioinformática. As letras em azul indicam bases presentes em íntrons; as letras em preto indicam as bases presentes em éxons. Em vermelho, destaca-se um polimorfismo, cuja identificação é rs3765475. (B) Sequência parcial correspondente ao final do íntron 7. Na caixa vermelha, destaca-se o polimorfismo rs3765475 e algumas bases próximas. Para cada sinal, um pico será gerado (verde: A; azul: C; preto: G; vermelho: T) e, dessa forma, o programa de análise do sequenciador constrói o eletroferograma. (C) Três resultados obtidos para o rs3765475 de três indivíduos diferentes. O primeiro quadro representa um indivíduo heterozigoto (pico duplo) evidenciando a presença das bases G e C, representadas pelo código "S". No segundo quadro, tem-se um indivíduo homozigoto para o alelo C. O terceiro quadro representa um portador do alelo G em homozigose.

2

Regulação epigenética

ANA PAULA DE SOUZA PARDO
ALINE CRISTIANE PLANELLO
DENISE CARLETO ANDIA

OBJETIVOS DE APRENDIZAGEM:

• Conhecer os diferentes conceitos de epigenética e sua aplicação
• Compreender a influência da epigenética sobre a cromatina e o processo de metilação do DNA
• Entender a relação entre a regulação epigenética e os tecidos orais

GENES MENCIONADOS NO CAPÍTULO:

CHFR	IL8	PAX6
COL1A1	INFG	PTGS2
GATA5	MMP3	SOCS1

Segundo Adrian Bird,[1] um dos mais reconhecidos *experts* no campo da epigenética, "[...] sempre há, na área da biologia, um lugar para palavras que possuem diferentes significados para pessoas diferentes." A frase, citada em artigo publicado pelo autor no periódico *Nature* de 2007, refere-se justamente ao termo "epigenética", que recebe dos pesquisadores significados diversos.

A definição mais usual diz que epigenética é "[...] a ciência que estuda alterações químicas na cromatina, que são herdadas durante a mitose e a meiose, mas que não alteram a sequência do DNA." Se essa é a melhor definição para o termo epigenética, ainda não sabemos. Por hora, aceitamos esse conceito, visto que ele começa a explicar por que células eucarióticas diferenciadas, como os fibroblastos, são "diferentes" de outras células eucarióticas, como os osteoblastos, mesmo possuindo a mesma sequência de DNA genômico; explica também por que essas células (como todas as outras células diferenciadas) geram células descendentes já diferenciadas após sua divisão mitótica. Explica, ainda, como a epigenética modula o funcionamento da cromatina (DNA e histonas) e como isso está associado ao surgimento de distúrbios da normalidade, como a transformação maligna.

A EPIGENÉTICA

O termo "epigenética" surgiu na década de 1950. No entanto, foi somente na última década, início da era pós-genômica, que a ciência epigenética teve seu verdadeiro valor reconhecido. Isso pode ser percebido nestas palavras: "Você pode herdar algo além da sequência do DNA. Aí está a verdadeira emoção em genética agora." Elas foram ditas por ninguém menos que James Watson, que, com seu colega Francis Crick, demonstrou o modelo da dupla-hélice de DNA em artigo publicado pela revista *Nature* em 1953.[2]

Derivado do termo grego *epigenesis*, que explica como os genótipos dão origem aos fenótipos durante o desenvolvimento, o termo "epigenética" foi usado pela primeira vez por Conrad Waddington,[3] pesquisador que, à época, trabalhava com genética do desenvolvimento e que sugeriu o estudo integrado entre essas duas áreas, em 1952. Nascia então a "ciência epigenética" que, com o tempo, foi tendo seu significado expandido diante de questões relacionadas a aspectos fundamentais do desenvolvimento que permaneciam sem explicação. Como exemplo dessas questões, destacam-se:

- Quais mecanismos estariam relacionados com o desenvolvimento de organismos complexos, como o dos mamíferos?
- Como explicar o fato de células diferenciadas, como fibroblastos, células do sangue e células musculares, entre outras, não perderem suas características fenotípicas diferenciadas mesmo após várias divisões mitóticas?

Olhando somente para o genoma, não é possível explicar como ocorre a diferenciação de células e tecidos, por se tratar sempre do mesmo genoma em todas as células de um mesmo organismo. Então, Arthur Riggs introduziu a definição mais usual do termo "epigenética", que engloba a questão da **herança mitótica e meiótica sem que esta esteja associada à sequência de bases do DNA**.

> Para explicar a especialização de fenótipos celulares, é preciso entender que todas as células de um mesmo organismo possuem todos os genes em seu genoma, mas que certos genes estão "ligados" em determinados tipos celulares e "desligados" em outros tipos celulares. Mas qual mecanismo controla este "liga-desliga"? Esses controles celulares também devem ser herdados após a divisão da célula para manter o padrão de diferenciação nas células-filhas.

Tradicionalmente, "herança" refere-se à transmissão de genes de uma geração à outra ou de uma célula-mãe para uma célula-filha – a chamada herança mitótica, que ocorre em células de organismos superiores. Mas, quando se entende que o mecanismo de "liga-desliga" dos genes também é herdado, torna-se necessário acrescentar a essa definição o conceito da **herança da atividade genética**.

Em células-tronco de organismos superiores, a herança da atividade genética assume proporções ainda mais complexas, já que tais células representam células indiferenciadas que se dividem produzindo outra célula indiferenciada, ou se dividem produzindo células já diferenciadas. No caso da célula-tronco da medula óssea, uma variedade de tipos celulares sanguíneos é produzida e, nessa situação, está claro que ocorre uma troca de atividade genética associada com a divisão celular.

> Se a herdabilidade ocorre e não está envolvida com a sequência de bases no DNA genômico, qual é o mecanismo responsável por esse evento? A explicação poderia residir em alterações químicas associadas às histonas e ao DNA. A primeira sugestão de que uma modificação química em bases do DNA poderia desempenhar importante papel biológico foi publicada em 1969, por Griffith e Mahler.[4]

Em 1975, estudos independentes mostraram um modelo molecular para a troca de atividade genética e também a herdabilidade da atividade ou inatividade genética. Os autores Riggs,[5] Holliday e Pugh[6] sugeriram que a **metilação da molécula de DNA** poderia exercer forte efeito na expressão genética, e as alterações no padrão de metilação do DNA poderiam explicar como genes são (ou estão) "ligados" ou "desligados" em diferentes tipos celulares, e como o sistema "liga-desliga" dos genes ocorre durante o desenvolvimento.

Realmente, hoje se sabe que, nas células de eucariotos, proteínas histonas e a molécula de DNA podem ser modificadas covalentemente, ou seja, carregam marcas químicas que variam imensamente entre os tipos celulares de um organismo eucarioto. Na grande maioria, essas modificações são reversíveis. No entanto, essas modificações químicas que afetam a estrutura da cromatina e cujo conjunto recebeu o nome de alterações epigenéticas acabam por gerar uma cascata de alterações sobre as histonas e o DNA que regula elegantemente o funcionamento da cromatina.

SAIBA MAIS

Com o melhor entendimento da epigenética, certos aspectos da teoria evolucionista de Darwin foram postos em xeque por alguns pesquisadores. Isso porque os conceitos da epigenética resgatam ideias propostas por Lamarck, a partir da observação de que o meio ambiente pode, sim, influenciar nosso "epigenoma". Assim, surgiu a teoria que hoje é conhecida como neo-Lamarckismo, que não nega por completo os conceitos de Darwin, mas os complementa, e reconhece que Lamarck talvez não estivesse completamente enganado.

INFLUÊNCIA DA EPIGENÉTICA SOBRE A CROMATINA (PROTEÍNAS HISTONAS E DNA)

AS MODIFICAÇÕES EM HISTONAS

LEMBRETE

A cromatina participa da regulação de vários processos nucleares vitais para as células, incluindo a replicação do DNA, a transcrição do DNA em RNA, o reparo do DNA, a divisão mitótica e meiótica e o processo de apoptose da célula.

O DNA presente nas células eucariotas encontra-se empacotado, ou seja, literalmente enrolado em proteínas denominadas histonas. Juntos, DNA e histonas formam uma estrutura conhecida como cromatina, que funciona como uma unidade fisiologicamente dinâmica.

A unidade básica da cromatina é o nucleossomo. Um nucleossomo consiste em aproximadamente 147 pares de bases nitrogenadas do DNA enroladas ao redor de um octâmero central de proteínas conhecidas como histonas. O octâmero central do nucleossomo é formado por duas moléculas de quatro tipos de histonas: H2A, H2B, H3 e H4 (Fig. 2.1A).

As histonas são proteínas com natureza altamente básica, e isso explica parte de sua afinidade pela molécula de DNA, que possui natureza ácida. São proteínas pequenas que consistem em um domínio globular, no qual a fita dupla de DNA se enrola, e em uma cauda flexível, que sobressai da superfície do nucleossomo. A cauda das histonas, em particular das histonas H3 e H4, está sujeita a uma variedade de alterações pós-traducionais, que caracteriza as alterações epigenéticas, como acetilação, metilação, fosforilação, ubiquitinação, biotinilação e ADP-ribosilação.

> Acetilação, fosforilação e metilação das histonas figuram entre as modificações covalentes mais comuns, podendo afetar de maneira drástica a atividade transcricional da região por permitir ou não o acesso da maquinaria proteica envolvida no processo de transcrição.

O processo de transcrição dos genes ocorre em regiões da cromatina onde o DNA está ligeiramente descompactado das histonas, área conhecida como eucromatina, que permite o acesso da maquinaria nuclear. Mas o nível de compactação do DNA ao redor das proteínas histonas não é estável ao longo de toda a molécula do DNA. Ocorrem áreas na cromatina que permanecem altamente compactadas durante toda a vida da célula (heterocromatina), locais nos quais o acesso da maquinaria nuclear é dificultado, e áreas que transitam entre momentos de maior e menor grau de compactação.

As modificações epigenéticas na molécula das histonas parecem desempenhar um papel central na orquestração da compactação e descompactação da cromatina. Como exemplo, a acetilação de certas histonas neutraliza a característica altamente básica dessas proteínas. Consequentemente, a interação entre DNA e histonas enfraquece nessas regiões onde as histonas se encontram acetiladas, permitindo um afrouxamento do grau de compactação do nucleossomo, o que facilita o acesso da maquinaria de transcrição à fita dupla de DNA.

Por outro lado, a fosforilação das histonas aumenta o grau de interação entre o DNA e essas proteínas. Como exemplo, uma hiperfosforilação das histonas ocorre durante a fase de metáfase da mitose, na qual o DNA atinge seu grau máximo de compactação ao redor das histonas (Fig. 2.1B).

Os resíduos do aminoácido lisina presentes principalmente nas histonas H3 e H4 são alvos de metilação promovida por uma classe distinta de enzimas capaz de promover a metilação exclusivamente sobre esses resíduos. Os resíduos de lisina metilados parecem ser quimicamente estáveis e podem ser encontrados como resíduos mono, di ou trimetilados.

Resíduos de lisina trimetilados são bastante comuns na histona H3 e podem ser propagados para várias gerações celulares após diversas divisões mitóticas, como uma espécie de "memória da célula". Histonas H3 hipermetiladas são frequentemente encontradas em regiões da cromatina onde estão localizadas sequências de genes que estão reprimidas em determinadas células, locais de cromatina altamente compactada (Fig. 2.1C).

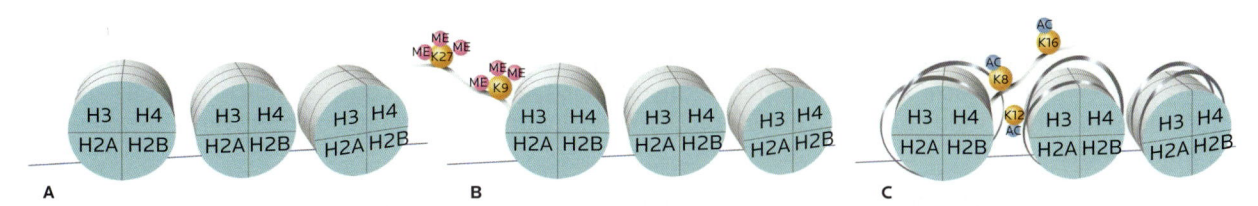

Figura 2.1 – Cromatina e modificação de proteínas histonas. (A) DNA enrolado às proteínas histonas (nucleossomo). (B) Tri-metilação (ME) da lisina (K) 9 e 27 na cauda da proteína histona 3 – modificação que promove empacotamento da cromatina e repressão do processo de transcrição do DNA. (C) Acetilação (AC) da lisina (K) 8, 12 e 16 na cauda da proteína histona 4 – modificação que promove o desempacotamento da cromatina e permite o processo de transcrição do DNA.

O conjunto de combinações dessas modificações pós-traducionais que ocorre sobre as histonas é conhecido como código das histonas. Essa teoria sugere que uma dada modificação em um resíduo específico de histona pode ser determinante para subsequentes modificações na mesma histona ou em outra, afetando de maneira global os nucleossomos vizinhos ao local em que ocorreu a modificação. Em outras palavras, a presença de uma determinada modificação pode facilitar ou impedir que uma segunda modificação aconteça. Essas modificações podem induzir níveis distintos de organização da cromatina, facilitando ou dificultando determinadas funções relativas ao DNA.

Assim, o código das histonas forneceria um controle adicional dos níveis da expressão gênica, mediado principalmente pela interação entre o DNA e as proteínas histonas. Em combinação com o código do DNA, o código das histonas fornece uma rede sinalizadora de enorme complexidade que permite que a expressão gênica, entre outras funções do genoma, seja finamente modulada.

A METILAÇÃO DO DNA

O evento epigenético mais estudado é a metilação do DNA. Embora exista a possibilidade de agregação de um radical metil ao anel de qualquer base nitrogenada do DNA, a metilação do DNA em células humanas ocorre praticamente de forma exclusiva em citosinas que precedem guaninas (CG). A citosina, quando metilada, dá origem à 5-metilcitosina, que representa a "quinta base" do genoma humano. Estima-se que aproximadamente de 3 a 6% de todas as citosinas do genoma estejam sob a forma de 5-metilcitosina.

Áreas ricas em CG não estão aleatoriamente dispersas pelo genoma humano. Pelo contrário, concentram-se em regiões que controlam ou influenciam o funcionamento dos genes, locais que se encontram em regiões 5' dos genes, como promotores, 5'-UTRs (5'-*untranslated region*) e início do éxon 1, formando as chamadas **ilhas CPG** (sequência composta por cistosina, ligação fosfodiéster, guanina), em que a letra p refere-se à ligação fosfodiéster existente entre as duas bases nitrogenadas.

No entanto, nem todos os promotores, 5'-UTRs ou éxons 1 de genes possuem obrigatoriamente ilhas CpG. Assume-se que o promotor de um gene apresente ilha CpG quando o percentual de bases nitrogenadas CG é igual ou superior a 60% dentre um montante de 200 bases nitrogenadas. O funcionamento de promotores contendo ilhas CpG é geralmente influenciado e regulado pela metilação do dinucleotídeo CG, não havendo comumente, nesses promotores, a presença de outras sequências regulatórias frequentes, como a sequência TATA.

A enzima DNMT1 é responsável pela manutenção das marcas de metilação do DNA após a divisão mitótica. Essa enzima é capaz de copiar as marcas de metilação existentes na fita do DNA conservada durante a divisão mitótica para a nova fita que é originada. Ou seja, a DNMT1 requer um molde prévio para indicar quais citosinas devem ser metiladas na nova fita de DNA que se origina após a replicação do DNA.

Metilação

A metilação consiste em uma modificação covalente do DNA na qual um grupamento metil (CH_3) é transferido da S-adenosilmetionina para o carbono 5 de uma citosina que geralmente precede uma guanina (dinucleotídeo CpG) pela ação de uma família de enzimas que recebe o nome de DNA-metiltransferases (DNMT), havendo representantes que atuam de modos diferentes.

Já as enzimas DNMT3A e DNMT3B são responsáveis pela metilação "de novo" que ocorre em citosinas sem nenhum tipo de indicação de metilação, ou seja, sem a presença de metilação prévia. Tanto na metilação de manutenção quanto na metilação "de novo", os radicais metil que são adicionados às citosinas pelas DNMTs são obtidos da dieta e provêm principalmente do folato, da metionina, da colina e da vitamina B12.

SAIBA MAIS

As alterações epigenéticas não afetam a sequência de bases nitrogenadas do DNA. No entanto, a metilação da citosina no DNA pode gerar, como consequência, uma alteração na sequência devido à troca de uma citosina metilada por uma timina durante a replicação do DNA. Isso acontece porque, quimicamente, citosina metilada e timina são parecidas, podendo "confundir" a maquinaria nuclear durante o processo de duplicação do DNA. Esse evento explica porque é alta a frequência de polimorfismos genéticos e mutações genéticas envolvendo trocas entre citosina e timina.

LEMBRETE

Genes "ligados" provavelmente se encontram desmetilados, ao passo que genes "desligados" têm grande possibilidade de estarem metilados.

A transcrição genética pode ser fortemente inibida pela adição de um radical metil em uma citosina. A presença de um "capuz" metil sobre a citosina que precede uma guanina pode inibir a ligação de fatores de transcrição que reconhecem e se ligam a essas regiões do DNA. O impedimento da ligação de fatores de transcrição proteicos aos seus sítios (sequência) específicos no DNA pode resultar na diminuição da taxa de expressão do gene ou na completa depleção da transcrição genética.

Ainda, algumas proteínas de ligação do radical metil conhecidas como MBPs (do inglês *methyl binding proteins*) possuem afinidade pelo grupamento metil e se ligam às regiões CpG metiladas localizadas nas regiões promotoras. Se a presença do metil no anel nitrogenado da citosina forma um capuz sobre a citosina, a presença das MBPs forma uma verdadeira capa sobre a região, o que dificulta ainda mais o acesso dos fatores de transcrição aos seus sítios no DNA. Resumindo, isso significa que genes "ligados" provavelmente se encontram desmetilados, ao passo que genes "desligados" têm grande possibilidade de estarem metilados (Fig. 2.2).

A maioria dos dinucleotídeos CpG esparsos pelo genoma estão metilados, ao passo que CpGs agrupados em ilhas estão geralmente desmetilados. As ilhas CpG, como já mencionado, são frequentes em regiões promotoras de genes, e os promotores de genes contendo ilhas CpG são frequentes em genes supressores de tumores, como o

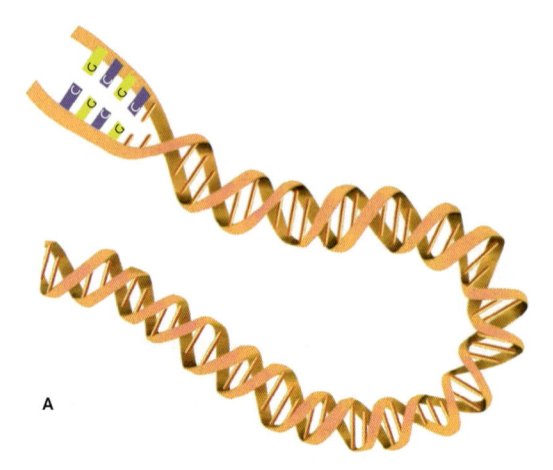

Figura 2.2 – Metilação do DNA. (A) Destaque para as regiões ricas em CpG do genoma. (B) Ligação dos fatores proteicos de transcrição ao DNA. Observa-se que as regiões CpG não estão metiladas e, assim, as proteínas que promovem a transcrição podem acessar e se ligar ao DNA. (C) Ausência da ligação dos fatores proteicos de transcrição ao DNA. Observa-se que as regiões CpG agora estão metiladas e, assim, as proteínas que promovem a transcrição não podem acessar e se ligar ao DNA.

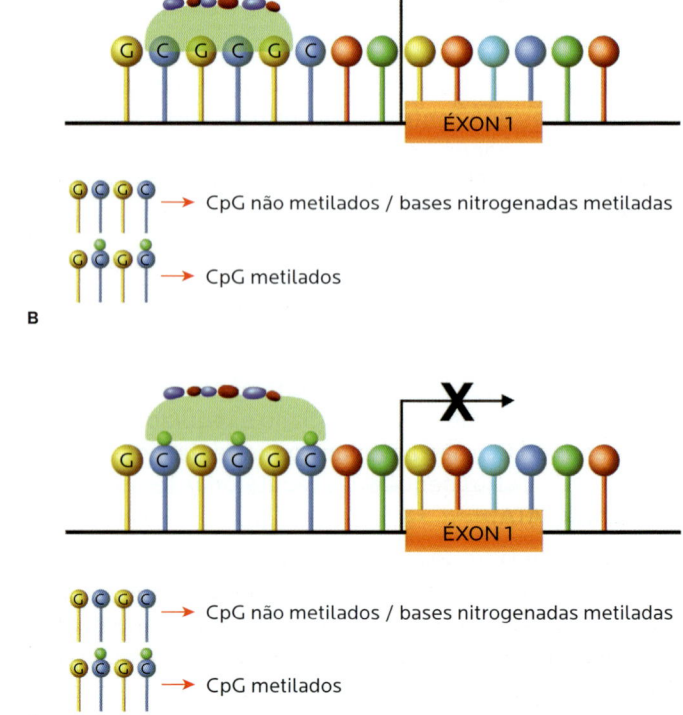

famoso gene *TP53*. Genes supressores de tumores exercem variadas funções na célula, como o controle do ciclo celular, que contribui com a manutenção do fenótipo normal da célula, evitando uma possível transformação maligna.

> A presença ou o aumento de citosinas metiladas no promotor dos genes supressores de tumores poderia representar o completo silenciamento de sua expressão e o aumento do risco da ocorrência de algum grave transtorno no metabolismo celular.

REGULAÇÃO EPIGENÉTICA E OS TECIDOS ORAIS

Aberrações do padrão epigenético podem ser causa e consequência de tumores, incluindo os carcinomas espinocelulares (CECs) de cabeça e pescoço. Dos aproximados 1,6 milhão de diagnósticos de CEC que são realizados por ano em todo o mundo, em torno de 330 mil levam a óbito, sendo que 50% desses tumores estão localizados na cavidade bucal. A causa do CEC é multifatorial e inclui o tabagismo, o consumo frequente de bebidas alcoólicas, a inflamação crônica, a infecção por agentes virais e a predisposição genética.

O genoma tumoral apresenta-se frequentemente hipometilado de modo global, o que favorece a instabilidade genômica e leva à quebra de cromossomos e à permuta entre cromossomos não homólogos. Também ocorre frequentemente a desmetilação de áreas comumente metiladas, como as regiões de sequências *long interspersed elements-1* (LINE-1) e Alu; esse fator também contribui com a instabilidade genômica, característica de células tumorais.

LEMBRETE

De modo geral, a aberração do padrão de metilação do DNA é causa de promoção de tumor, porque pode promover hipometilação em genes proto-oncogênicos, levando a uma superexpressão desses genes e à hipermetilação de genes supressores de tumores.

> Existe uma íntima relação entre a presença de inflamação crônica em mucosa e o desenvolvimento de tumor; a inflamação crônica é um dos principais fatores de risco para o câncer de esôfago, de estômago e de intestino. No entanto, a inflamação crônica dos tecidos orais ainda não é considerada fator de risco para o desenvolvimento de tumores da cavidade bucal, panorama com grande chance de se alterar nos próximos anos com o avanço do conhecimento gerado com os estudos sobre regulação epigenética.

A inflamação crônica gera estresse oxidativo e nitrativo e promove significativas alterações no microambiente tecidual, fatores que propiciam alterações epigenéticas e, até mesmo, mutações do genoma. A produção elevada de interleucina-6 (IL-6) durante o processo inflamatório pode desempenhar um papel-chave nesse contexto, favorecendo o desenvolvimento de tumores. Já foi demonstrado que a IL-6 induz significativa hipometilação de sequências LINE-1 e hipermetilação de genes supressores de tumor, incluindo *CHFR*, *GATA5* e *PAX6*.

Assim, a **periodontite crônica** merece especial atenção, pois representa a principal doença inflamatória crônica da cavidade bucal. Poucos estudos epigenéticos foram realizados até o momento tendo como foco a doença periodontal crônica. Porém, diferenças epigenéticas entre os tecidos afetados pela periodontite e os tecidos saudáveis já foram observadas para os genes *IL8*, *SOCS1*, *MMP3*, *INFG* e *PTGS2*, todos também envolvidos com o processo de formação de tumores.

ATENÇÃO

As alterações epigenéticas são reversíveis, e essa reversão está associada a mudanças ambientais e comportamentais dos indivíduos. Isso significa que tais alterações podem ser diagnósticas, antes do desenvolvimento de um problema mais grave, e podem servir como meio de diagnóstico e prevenção de doenças como o câncer.

Os estudos sobre regulação epigenética realizados com células de tecidos orais têm trazido à tona significativos avanços de conhecimento sobre a fisiologia dos tecidos orais. A alteração no padrão epigenético também pode ser consequência do envelhecimento, seja de uma única célula, seja de um organismo como um todo, influenciando, muitas vezes, a taxa de produção de proteínas estruturais, como o colágeno tipo I, a principal proteína dos tecidos conjuntivos.

Um estudo mostrou que a metilação do promotor do gene do colágeno I (*COL1A1*) pode ser um dos principais mecanismos implicados no declínio da taxa de produção da proteína colágeno no ligamento periodontal com o avanço da idade.[7] O promotor do gene *COL1A1* foi observado altamente metilado em células do ligamento periodontal de indivíduos idosos, em contraste com células de indivíduos jovens, correlacionando o aumento da metilação com o declínio da expressão desse gene.

Tais informações auxiliam no entendimento de situações observadas no cotidiano clínico. Como exemplo, pessoas mais velhas estão, na grande maioria das vezes, sujeitas a um pior prognóstico de sua condição periodontal porque, entre vários fatores associados, genes de proteínas estruturais, como o *COL1A1*, estão sendo silenciados nas células devido ao envelhecimento.

LEMBRETES

Cromatina: DNA associado a proteínas histonas.

Nucleossomo: Unidades repetitivas da cromatina que consistem em 147 bases do DNA enroladas em um conjunto de proteínas histonas.

SAIBA MAIS

Com o envelhecimento, nosso padrão epigenético pode sofrer alterações, pois é flexível. Influências externas oriundas do meio ambiente no qual estamos imersos afetam nosso padrão epigenético. Isso pode ser claramente observado em gêmeos homozigotos que estão sujeitos a influências ambientais diferentes, mesmo possuindo o mesmo genoma. Isso significa que gêmeos homozigotos são mais idênticos entre si ao nascer do que após algumas décadas de vida.

PARA PENSAR

Por que, após as divisões mitóticas, células diferenciadas geram células descendentes também diferenciadas idênticas à célula primordial?

O professor apresenta, durante uma aula, uma imagem do núcleo de uma célula obtida em microscópio eletrônico de transmissão. No núcleo da célula, observam-se áreas densas de cromatina, conhecidas como heterocromatina. Devemos esperar que os genes presentes nessas regiões estejam ou não sendo expressos pela célula?

As histonas são proteínas básicas, ao passo que o DNA é uma molécula ácida. A acetilação das histonas anula sua característica básica. Qual a relação existente entre essas informações?

3

Leis de Mendel e padrões de herança das doenças genéticas

ENIO MOURA

As doenças genéticas podem, dentre outras formas, manifestar-se por meio de anormalidades na face, nos dentes, na língua, na gengiva e nas glândulas salivares, casos que interessam diretamente aos dentistas.

A maioria das doenças genéticas é herdada obedecendo a um padrão característico explicável pelas leis da genética. Este capítulo apresenta os aspectos básicos da genética clássica necessários para um entendimento mais amplo dessas doenças e para uma prática profissional de qualidade.

OBJETIVOS DE APRENDIZAGEM:

- Utilizar apropriadamente os principais conceitos da genética mendeliana.
- Reconhecer situações que envolvam as leis de Mendel e sua importância para a odontologia.
- Analisar heredogramas, aplicando os conceitos genéticos relacionados.
- Identificar os diferentes padrões de herança genética e classificar as principais doenças de interesse em odontologia.

TERMINOLOGIA GENÉTICA

Cromossomos: Estruturas que se tornam visíveis ao microscópio durante a divisão celular e correspondem aos fios de cromatina do núcleo da célula interfásica. São constituídos de proteínas, RNA e de uma longa molécula de DNA, formando um filamento altamente helicoidizado. É a helicoidização que os torna visíveis. O espermatozoide humano contém 23 cromossomos com a bagagem genética que o pai passa para seus filhos e filhas. Igualmente, o óvulo contém 23 cromossomos com a herança genética da mãe. Cada célula do corpo humano contém uma cópia dos 46 cromossomos herdados no momento da fecundação, sendo 23 do pai e 23 da mãe. Logo, em sentido geral, geneticamente, um filho é metade pai e metade mãe (Fig. 3.1).

Cromossomos homólogos: Visualmente, são cromossomos que, pela semelhança entre si, formam um par. Em situações normais, um tem origem materna, e o outro tem origem paterna. Essa semelhança reflete a homologia que existe entre eles em nível molecular, isto é, cada um apresenta cópias dos mesmos genes, os quais ocupam as mesmas posições ao longo do cromossomo (Fig. 3.2).

GENES MENCIONADOS NO CAPÍTULO:

ADAMTS2	EDA	MSX1
ALPL	EDAR	NEMO
AMELX	EVC1	PAX9
BCOR	EVC2	PTCH1
CAT	F8	PVRL1
CXORF5	FAM83H	SRY
DCK1	FGFR2	TBX22
DSPP	FGFR2	WNT10A

Cromossomos sexuais: São os cromossomos envolvidos diretamente na determinação do sexo, sendo, na maioria dos mamíferos, conhecidos como X e Y. Nos seres humanos, o cromossomo X é um dos maiores e contém mais de 1.700 genes, ao passo que o cromossomo Y contém apenas um quarto desse valor, sendo um dos menores. Apresentam homologia apenas nas extremidades dos braços curtos e longos. As regiões restantes são ímpares e chamadas de não homólogas, o que significa que determinados genes são encontrados apenas no X ou apenas no Y (Fig. 3.3). A mulher produz óvulos apenas com cromossomo X, e o homem produz espermatozoides com X (ginoespermatozoides) ou com Y (androespermatozoides). A fecundação de um óvulo por um ginoespermatozoide forma um zigoto XX, que dará origem a uma mulher; se a fecundação for por um androespermatozoide, o zigoto será XY e originará um homem (Fig. 3.4).

Autossomos: São todos os cromossomos, com exceção dos cromossomos sexuais. O ser humano tem 22 pares de autossomos.

Genes: Didaticamente, os genes podem ser considerados as unidades de herança genética, determinando uma ou mais características. Materialmente, um gene é um trecho de DNA que codifica um polipeptídeo, uma proteína ou, pelo menos, uma molécula de RNA. A molécula codificada por um gene é o seu produto gênico.

Alelos: Formas variantes de um mesmo gene, o qual pode ter dois ou mais alelos. Quando há mais de dois, eles são encontrados na população, mas cada indivíduo herda apenas um par de alelos de cada gene, um da mãe e outro do pai (ver Fig. 3.2).

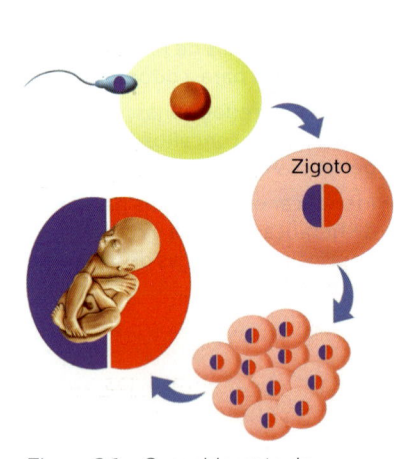

Alelo dominante: É o alelo que se expressa igualmente tanto em dose dupla (homozigose) quanto em dose simples (heterozigose). Nas duas situações, ele determina a mesma característica. Geralmente, é representado por uma letra maiúscula. Existem genes cujos alelos são semidominantes, de modo que o indivíduo que possui uma cópia de cada um exibe uma característica intermediária às características determinadas quando estão em dose dupla. Geralmente, são representados pela mesma letra e distinguidos por números (*A*1 e *A*2).

Alelo recessivo: É o alelo que somente se expressa na ausência do alelo dominante. Geralmente, é representado pela mesma letra que representa o alelo dominante, porém, minúscula. No caso de genes

LEMBRETE

Um mesmo gene pode ser necessário para o desenvolvimento de diferentes traços do organismo. Esse fenômeno chama-se **pleiotropia**, sendo mais bem percebido nas doenças porque a mutação do gene normal causa várias anormalidades. Por exemplo, mutações no gene *EDA* causam defeitos nos dentes, nas unhas, nos pelos e nas glândulas sudoríparas.

Figura 3.1 – O recebimento da herança genética.

Figura 3.2 – Cromossomos homólogos.

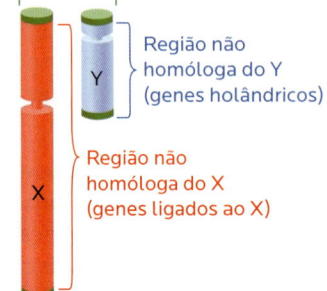

Figura 3.3 – Cromossomos sexuais.

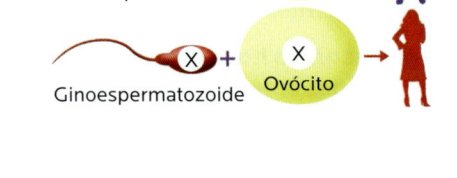

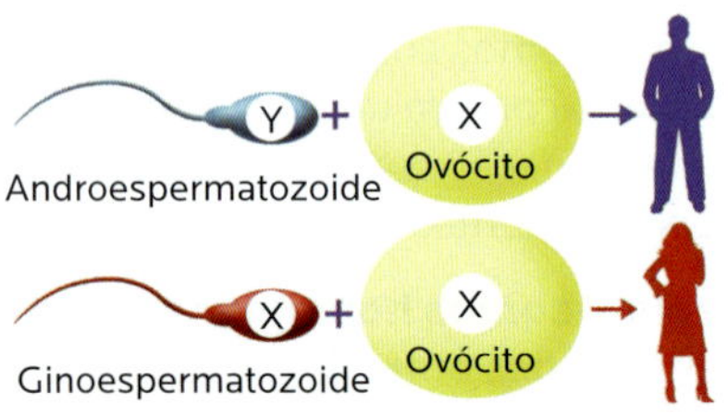

Figura 3.4 – Determinação do sexo.

autossômicos, há necessidade de duas cópias (homozigose) para que a característica se manifeste. No caso de genes localizados na região não homóloga do cromossomo X, os alelos recessivos manifestam-se nos machos, mesmo em dose simples, porque não existem os respectivos alelos dominantes (nem os recessivos) no cromossomo Y (ver Fig. 3.3).

Loco gênico: É o local exato de um cromossomo onde se situa um gene.

Homozigoto: Indivíduo que apresenta um par gênico constituído de alelos idênticos (*AA* ou *aa*). A condição de um homozigoto é chamada de homozigose.

Heterozigoto: Indivíduo que apresenta um par gênico constituído de alelos diferentes (*Aa*). Um indivíduo pode ser heterozigoto para um gene e homozigoto para outro. A condição de um heterozigoto é chamada de heterozigose.

Genótipo: O termo pode ter sentido amplo ou estrito. Em sentido amplo, é o conjunto de combinações alélicas dos diferentes genes de um indivíduo. Assim, apesar de todos os humanos terem os mesmos genes, cada um tem o seu próprio genótipo, fazendo com que os indivíduos apresentem diferentes características. Em sentido estrito, é a combinação de alelos de um determinado gene (ou de mais de um) que está sendo considerada em uma análise genética. Por exemplo, *AA*, *Aa*, *aa*, *AABB*, *Aabb* representam genótipos.

> **SAIBA MAIS**
>
> "Loco" é a forma aportuguesada de *locus*, cujo plural é *loci*. O plural de "loco" é "locos". Também pode ser usada a grafia "lócus", tanto no singular como no plural. Em determinado cromossomo, o loco pode estar representado pelo alelo *A* ou pelo alelo *a*, ou outro, quando o gene possui mais de dois alelos (ver Fig. 3.2).

> **ATENÇÃO**
>
> Para características determinadas por genes localizados na região não homóloga do cromossomo X, os homens são sempre hemizigotos, pois não há uma cópia desses genes no cromossomo Y (X^AY ou X^aY). Porém, as mulheres podem ser homozigotas (X^AX^A ou X^aX^a) ou heterozigotas (X^AX^a).

Fenótipo: Do mesmo modo que genótipo, o fenótipo pode ter sentido amplo ou estrito. Em sentido amplo, é o conjunto de características físicas e comportamentais de um indivíduo. Em sentido estrito, são as características (ou a característica) definidas por determinado gene. O fenótipo não é necessariamente algo visível, mas é detectável. **Fenótipo dominante** é determinado por um alelo dominante; **fenótipo recessivo** é determinado por um alelo recessivo. O fenótipo resulta da interação entre o genótipo e o ambiente. Conforme o fenótipo, a contribuição ambiental varia de insignificante a muito grande.

Mutação: Qualquer mudança ocorrida em um gene, geralmente refletindo em sua função. A mutação produz um **gene mutante**, que é um alelo do tipo original. Se a mutação alterar o produto gênico, causa ganho de função, função deficiente ou perda de função, gerando alterações fenotípicas. Uma doença hereditária é resultado de uma mutação gênica. O termo também se aplica às alterações numéricas ou estruturais dos cromossomos. Nem todas as mutações são ruins; as que são benéficas têm papel fundamental no processo evolutivo.

LEIS DE MENDEL

A genética clássica nasceu na segunda metade do século XIX com os trabalhos de Mendel. Os enunciados apresentados por ele vieram a ser conhecidos como leis de Mendel e serviram de base para o desenvolvimento da genética ao longo do século XX. Ainda no início do século XX, Garrod percebeu que as leis de Mendel explicavam também a herança de algumas doenças, plantando a semente da genética médica.

PRIMEIRA LEI DE MENDEL

Conhecida também como lei da segregação (separação) dos caracteres, em linguagem atual é enunciada da seguinte maneira: Durante a formação dos gametas, os alelos separam-se, juntando-se ao acaso para originar os descendentes.

Alcaptonúria

Distúrbio autossômico recessivo decorrente da falta da enzima oxidase do ácido homogentísico, cujo sinal mais característico é o escurecimento da urina (marrom ou preta) quando deixada em repouso ou quando é alcalinizada, especialmente nas crianças mais novas. Com a idade, podem aparecer manchas escuras na esclera, nas unhas, nas axilas, nas cartilagens, etc., além de cerúmen preto.

Albinismo

Distúrbio autossômico recessivo caracterizado pela falta de melanina. A principal forma é o albinismo oculocutâneo, que se deve à falta da enzima tirosinase.

Cistinúria

Distúrbio que afeta o metabolismo do aminoácido cistina, levando à excreção aumentada de cistina ou cristais de cistina pela urina, além da formação de cálculos nos rins e bexiga. A forma clássica é autossômica recessiva.

Pentosúria

Distúrbio metabólico caracterizado pela excreção de L-xilulose na urina devido à falta da enzima que reduz esta pentose. Há dúvida quanto ao padrão de herança, que originalmente foi considerado recessivo.

SAIBA MAIS

Gregor Mendel nasceu em Hynčice, em 1822, e faleceu em Brno, em 1884. Nessa época, Hynčice era chamada de Heizendorf, Brno era chamada de Brünn, e ambas pertenciam à Áustria. Atualmente, pertencem à República Checa. Considerado o "pai da genética", foi batizado como Johann Mendel e, ao se tornar frade agostiniano, adotou o nome Gregor Mendel. Em seu principal trabalho científico, utilizou variedades de ervilha-de-cheiro (*Pisum sativum*) como material de pesquisa. Analisou, entre outros caracteres, a cor e a forma da semente, a cor da flor e a altura da planta. Cultivava as plantas nos jardins do Mosteiro de São Tomás, em Brünn.

Mendel apresentou seu trabalho na Sociedade dos Naturalistas de Brünn em 1865, mas a publicação só ocorreu em 1866, mantendo-se a data da apresentação. Ele usou os termos "dominante" e "recessivo", mas não numerou seus achados como sendo uma primeira e uma segunda lei. O uso das expressões "primeira lei de Mendel" e "segunda lei de Mendel" começou bem mais tarde e tornou-se consagrado na ciência para se referir às regras fundamentais da genética mendeliana.

Archibald Edward Garrod (Londres, 1857 - Cambridge, 1936) foi um médico inglês que, em 1901, publicou um artigo na revista médica *The Lancet* afirmando que os filhos de primos em primeiro grau tinham uma particular suscetibilidade para apresentar alcaptonúria. Com base na sugestão que o biólogo inglês William Bateson (o maior entusiasta das ideias de Mendel no início do século XX) fez referindo-se ao seu artigo, Garrod reconheceu que essa doença era herdada de modo recessivo, como ocorria com determinadas características das ervilhas de Mendel. Entusiasmado com isso, escreveu a colegas de outras partes do mundo e conseguiu dados de famílias com albinismo, cistinúria e pentosúria, chegando à conclusão de que também eram distúrbios recessivos.

Em 1902, novamente na revista *The Lancet*, Garrod propôs que o conceito de deficiência hereditária de uma enzima como causa de doenças recessivamente herdadas podia ser generalizado e aplicado às variações bioquímicas individuais do ser humano. Em 1908, dono de grande experiência sobre as quatro anormalidades metabólicas citadas, apresentou uma palestra no Royal College of Physicians de Londres, que foi publicada em 1909 com o título *Inborn Errors of Metabolism* ("Erros Inatos do Metabolismo").[1]

A Figura 3.5 representa esse conceito por meio da união de dois indivíduos heterozigotos, em que *A* determina um fenótipo dominante, e o seu alelo *a* determina um fenótipo recessivo.

Obedecendo ao enunciado da primeira lei de Mendel, evidentemente, existem outras possibilidades de união:

1. *AA* × *AA*, resultando em 100% de homozigotos (*AA*) que exibem o fenótipo dominante;
2. *AA* × *Aa*, resultando em 50% de homozigotos (*AA*) e 50% de heterozigotos (*Aa*), todos exibindo o fenótipo dominante;
3. *AA* × *aa*, resultando em 100% de heterozigotos (*Aa*) que exibem o fenótipo dominante;
4. *Aa* × *aa*, resultando em 50% de heterozigotos (*Aa*), que exibem o fenótipo dominante, e 50% de homozigotos (*aa*), que exibem o fenótipo recessivo;
5. *aa* × *aa*, resultando em 100% de homozigotos (*aa*) que exibem o fenótipo recessivo.

Genética odontológica | 49

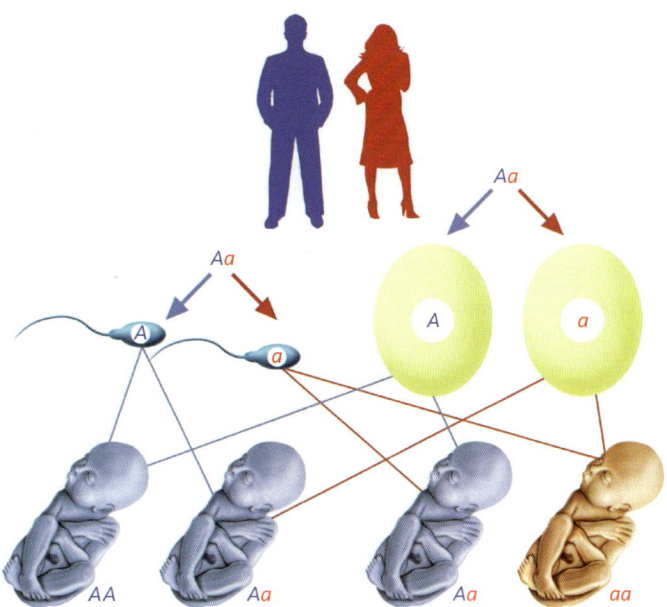

Figura 3.5 – O princípio da segregação dos caracteres (primeira lei de Mendel).

ATENÇÃO

De acordo com a primeira lei de Mendel, a proporção fenotípica esperada da união de dois indivíduos heterozigotos é de 3:1 (três quartos exibindo fenótipo dominante, e um quarto exibindo fenótipo recessivo), ao passo que a proporção genotípica é de 1:2:1 (1 *AA*, 2 *Aa*, 1 *aa*).

Embora todas essas possibilidades existam considerando as pessoas normais, o que de fato mais comumente ocorre com relação a doenças é a união de número 4 (ver a Fig. 3.9, mais adiante), pois doenças autossômicas dominantes são raras, de modo que a união entre dois afetados é um evento excepcional. Se considerarmos as doenças autossômicas recessivas, ou seja, determinadas pelo genótipo *aa*, a união que geralmente se observa é a que ocorre entre duas pessoas normais heterozigotas "*Aa* × *Aa*", havendo probabilidade de 25% de nascer um afetado *aa* (ver a Fig. 3.12, mais adiante).

SEGUNDA LEI DE MENDEL

A análise conjunta de caracteres determinados por dois ou mais genes situados em cromossomos diferentes apoia-se na segunda lei de Mendel, conhecida também como lei da segregação independente e lei da independência dos caracteres. Essa lei pode ser enunciada do seguinte modo: Durante a formação dos gametas, os diferentes pares de alelos separam-se independentemente.

A primeira lei refere-se à separação dos alelos de um gene, ao passo que a segunda lei se refere à independência desses alelos em relação aos alelos de outros genes. O genótipo de um indivíduo heterozigoto para dois genes pode ser representado pela notação *AaBb*. Quando ele forma gametas, os alelos *A* e *a* separam-se, do mesmo modo que os alelos *B* e *b*. Como a separação é independente, um gameta pode ter o alelo *A* junto com *B* ou junto com *b* (*AB* ou *Ab*). O gameta também pode ter o alelo *a*, o qual pode estar junto com *B* ou com *b* (*aB* ou *ab*). Logo, formam-se quatro tipos de gametas (*AB*, *Ab*, *aB* e *ab*). Isso acontece porque os alelos *Aa* estão localizados em um par de cromossomos homólogos, e os alelos *Bb*, em outro.

Denominando esses cromossomos conforme o alelo que possuem, o mecanismo da segregação independente justifica-se pelos seguintes fenômenos: se durante a primeira divisão da meiose, os cromossomos *A* e *B* migrarem para a mesma célula-filha, consequentemente, *a* e *b* migrarão para a outra; mas, se *A* e *b* migrarem para a mesma célula-filha, a outra receberá *a* e *B* (Fig. 3.6).

Deve ser lembrado que o genótipo de cada indivíduo definirá os tipos de gametas. Nos homozigotos para os dois genes, forma-se apenas um tipo; nos homozigotos para um gene e heterozigotos para o outro,

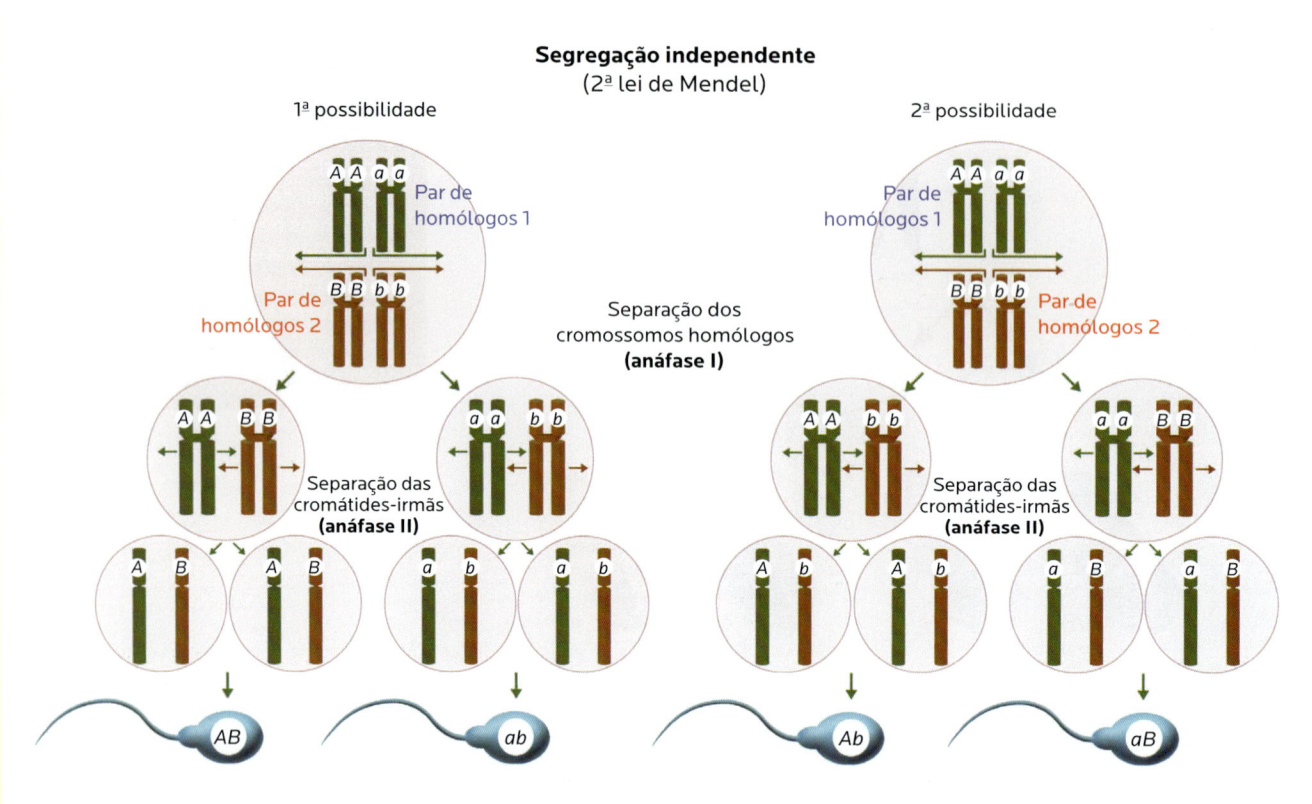

Figura 3.6 – O princípio da segregação independente (segunda lei de Mendel).

Displasia

Desenvolvimento anormal de um tecido.

Acatalasemia

Anormalidade autossômica recessiva, também conhecida como acatalasia, caracterizada pela falta de catalase nas hemácias. Catalase é uma enzima que transforma peróxido de hidrogênio (água oxigenada) em água.

formam-se dois tipos; e nos heterozigotos para os dois genes, formam-se os quatro tipos do exemplo. Como consequência, em dada população, diferentes uniões são possíveis, resultando em diferentes proporções fenotípicas e genotípicas em cada caso.

Considerando as doenças genéticas, a segunda lei somente seria percebida se, por infelicidade, duas doenças monogênicas distintas, cujos genes localizam-se em cromossomos diferentes, acometessem membros de uma mesma família – displasia odonto-onicodérmica (gene no cromossomo 2) e acatalasemia (gene no cromossomo 11), por exemplo. Mais detalhes sobre essas doenças estão no Quadro 3.2, mais adiante.

REPRESENTAÇÃO GRÁFICA DAS FAMÍLIAS

O reconhecimento de como uma doença hereditária passa de uma geração para a outra é facilitado com a representação gráfica das famílias. Isso é feito por um agrupamento de símbolos e traços, chamado heredograma (em inglês, *pedigree*), que evidencia as relações de parentesco entre os indivíduos.

Em português, o termo "família" pode se referir ao conjunto de indivíduos representados no heredograma (família estendida) e, nesse caso, equivale a *kindred* em inglês, ou ao núcleo familiar (família nuclear) formado por um casal e seus filhos. Para análise da hereditariedade de doenças, os indivíduos mais significativos são os que apresentam parentesco biológico, isto é, parentesco por consanguinidade.

As principais convenções utilizadas na construção de heredogramas são mostradas na Figura 3.7.

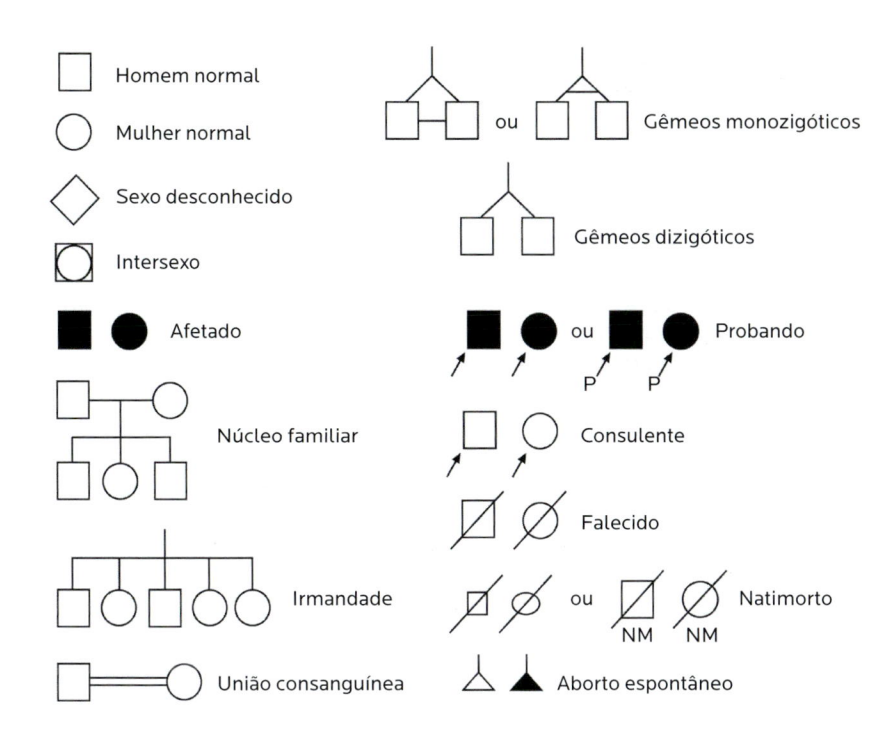

Figura 3.7 – Símbolos mais comuns utilizados nos heredogramas.

Nos heredogramas, as gerações de uma família são numeradas com algarismos romanos em ordem crescente de cima para baixo. Os indivíduos de uma mesma geração são numerados com algarismos arábicos da esquerda para a direita em ordem crescente, incluindo os que não são parentes consanguíneos. Em uma irmandade (conjunto de irmãos), a numeração deve indicar a ordem de nascimento, se ela for conhecida.

O indivíduo afetado por uma doença genética e a partir do qual a sua família foi averiguada, gerando um heredograma, é denominado probando, sendo indicado por uma seta. Alguns geneticistas preferem indicá-lo por uma seta acompanhada da letra P, usando só a seta para indicar o consulente, que pode ser um parente do probando.

O probando eventualmente pode ser o único caso da doença em questão na história da família, representando um caso isolado. Casos isolados podem até nem ser genéticos, e sim uma condição que imita uma doença genética e é causada por fator ambiental. Todavia, mesmo casos isolados podem, de fato, ter causa genética, correspondendo ao que se denomina caso esporádico. Geralmente, esses casos são devidos a uma mutação ocorrida em um dos gametas ou no zigoto do qual o indivíduo se originou.

As doenças que se transmitem geneticamente são chamadas de heredopatias, e o conjunto de anormalidades apresentado por um afetado é um fenótipo clínico. A repetição do fenótipo clínico em um próximo membro da família chama-se recorrência. A recorrência pode acontecer em um irmão do afetado ou em uma próxima geração da família.

O **risco de recorrência** de uma heredopatia pode ser calculado com base no padrão de herança, e é um aspecto importante do aconselhamento genético. Nesse contexto, deve-se ter em mente o sentido correto das seguintes expressões:

- **Doença congênita** é qualquer doença presente desde o nascimento, independentemente da causa. Uma fissura labiopalatal causada pelo uso do anticonvulsivante fenitoína durante a gestação é

> **ATENÇÃO**
>
> A expressão "consanguinidade" não deve ser confundida com "união consanguínea". Consanguinidade existe em todas as famílias, por exemplo, entre pais e filhos, avós e netos, tios e sobrinhos. Uma união entre parentes consanguíneos é chamada de união consanguínea, e não um simples caso de consanguinidade.

> **SAIBA MAIS**
>
> Online Mendelian Inheritance in Man (OMIM)[2] é uma base de dados que reúne informações sobre traços hereditários humanos, inclusive doenças, sendo constantemente atualizado. A busca pode ser feita com palavras em inglês ou com números no *site*.[2] Nos Quadros deste capítulo, o *OMIM number* (*MIM number*) foi colocado entre colchetes após o nome da doença. O sinal # antes do número indica que o fenótipo tem uma base molecular conhecida.

congênita, mas não é genética, apesar de ser idêntica às de origem genética. A maioria das doenças genéticas é também congênita, mas há várias exceções. O exemplo clássico é a doença de Huntington, uma doença neurológica autossômica dominante que se manifesta por dificuldades de locomoção e coordenação, evoluindo para um quadro de demência. Embora possa se manifestar mais cedo, comumente ela começa após os 40 anos. Assim, é uma doença genética, mas não é congênita.

- **Doença genética** é qualquer doença causada por mutação gênica ou cromossômica. Pode não ser congênita e pode não ser hereditária. As doenças decorrentes de mutações gênicas, de modo geral, são hereditárias, mas mutações em células somáticas não o são. Os cânceres são causados por mutações em genes que controlam a divisão celular e, na maioria deles, essas mutações surgem pela ação de fatores ambientais. Isso significa que o câncer é uma doença genética de células somáticas. Entretanto, em alguns tipos de câncer, as mutações estão presentes também nas células reprodutivas, sendo hereditárias nesses casos.
- **Doença hereditária** é toda doença genética que passa de uma geração para outra; são heredopatias. Lembrando o exemplo da doença de Huntington, nem todas as doenças hereditárias são congênitas.

PADRÕES DE HERANÇA

> Padrão de herança é o modo característico pelo qual um fenótipo se transmite de uma geração para outra, permitindo a sua identificação por meio da análise de heredogramas.

As doenças causadas por mutações em um único gene (doenças monogênicas) são transmitidas de uma geração para outra de acordo com as leis de Mendel, desde que o gene esteja localizado no DNA cromossômico, sendo exceções as mutações no DNA mitocondrial. Todas exibem um padrão de hereditariedade que pode ser identificado pela análise cuidadosa das várias gerações de famílias afetadas.

Os fenômenos de dominância e recessividade são observados tanto com os genes que estão localizados nos autossomos quanto com aqueles que estão nos cromossomos sexuais. Assim, a herança monogênica pode se apresentar com os seguintes padrões, os quais são descritos a seguir:

- herança autossômica dominante;
- herança autossômica recessiva;
- herança dominante ligada ao X;
- herança recessiva ligada ao X;
- herança holândrica;
- herança mitocondrial.

HERANÇA AUTOSSÔMICA DOMINANTE

Uma heredopatia é definida como autossômica dominante (Quadro 3.1) se for causada por um gene que se localiza em um autossomo e que é capaz de determinar um fenótipo clínico mesmo nos indivíduos heterozigotos. Os critérios que a identificam são os seguintes (Fig. 3.8):

- o fenótipo ocorre com a mesma frequência em homens e mulheres;
- o fenótipo aparece em todas as gerações;
- um indivíduo afetado, que pode ser de qualquer um dos sexos, tem a mãe ou o pai igualmente afetados;
- um indivíduo afetado geralmente é heterozigoto e, assim, o risco de ele transmitir o fenótipo é de 50% (Fig. 3.9);
- indivíduos normais, filhos de afetados, não transmitem o fenótipo.

Genética odontológica

QUADRO 3.1 – Exemplos de doenças autossômicas dominantes de interesse em odontologia

Doença	Sinais clínicos gerais	Sinais orodentais	Gene/localização cromossômica	Observações
Dentinogênese imperfeita tipo II de Shields (*dentinogenesis imperfecta* 2; dentina opalescente hereditária) [#125490]	Eventualmente, pode ocorrer perda auditiva progressiva de origem neurossensorial	Dentes cinza-azulados ou amarronzados com aspecto opalescente; coroa bulbosa; raízes curtas e estreitas ou obliteradas; o esmalte da superfície de oclusão pode estar desgastado	*DSPP*; 4q21.3	Não confundir com dentinogênese imperfeita tipo I de Shields, que é associada à osteogênese imperfeita
Amelogênese imperfeita tipo III (*amelogenesis imperfecta*, tipo hipocalcificado) [#130900]	—	Esmalte com espessura normal, porém mole e frágil (hipocalcificado), podendo fragmentar-se durante a mastigação; dentes manchados	*FAM83H*; 8q24.3	Mutações em outros genes necessários para a formação do esmalte causam diferentes formas de amelogênese imperfeita, que podem ser autossômicas dominantes, recessivas ou ligadas ao X
Hipodontia/oligodontia (Fig. 10) [#604625] [#150400] [#106600]	—	Ausência de alguns ou de vários dentes, comumente pré-molares, mas podendo incluir incisivos e molares	*PAX9*; 14q13.3 *WNT10A*; 2q35 *MSX1*; 4p16.1	Mutações em outros genes também podem causar hipodontia ou oligodontia
Síndrome de Gorlin (síndrome de Gorlin-Goltz; síndrome do nevo basocelular) [#109400]	Carcinoma basocelular antes dos 20 anos; costelas bífidas; depressões puntiformes palmoplantares	Ceratocistos odontogênicos na maxila e na mandíbula; pode haver hipodontia e dentes impactados	*PTCH1*; 9q22	O conjunto de traços fenotípicos pode depender da contribuição de outros genes
Síndrome de Apert [#101200]	Acrocefalia; hipertelorismo; sindactilia nas mãos e nos pés; inteligência normal ou deficiente (mais comum)	Hipoplasia maxilar; hiperdontia; microstomia; palato ogival; úvula bífida	*FGFR2*; 10q26	Síndrome de Crouzon [#123500] e síndrome de Pfeiffer [#101600] também são autossômicas dominantes e determinadas por alelos do mesmo gene, apresentando várias das características da síndrome de Apert

Carcinoma basocelular

Tumor maligno (câncer) das células basais da epiderme.

Ceratocisto odontogênico (tumor odontogênico ceratocístico)

Tipo de cisto intraósseo que apresenta tecido queratinizado e localiza-se na maxila e na mandíbula. Tende a invadir os tecidos adjacentes e a recidivar.

Dentinogênese

Processo de formação da dentina.

Hiperdontia

Número de dentes acima do normal.

Hipertelorismo

Distância maior do que o normal entre dois órgãos pares, especialmente os olhos.

Hipocalcificado

Que contém menos cálcio do que deveria ter.

Hipodontia

Falta de formação (agenesia) de até seis dentes, sem considerar os terceiros molares (sisos).

Hipoplasia

Desenvolvimento insuficiente de um tecido ou órgão.

Microstomia

Boca anormalmente pequena.

Oligodontia

Falta de formação (agenesia) de mais de seis dentes, sem considerar os terceiros molares (sisos).

Osteogênese imperfeita

Doença genética em que os ossos apresentam colágeno anormal, quebrando-se facilmente.

Palato ogival

Palato profundo.

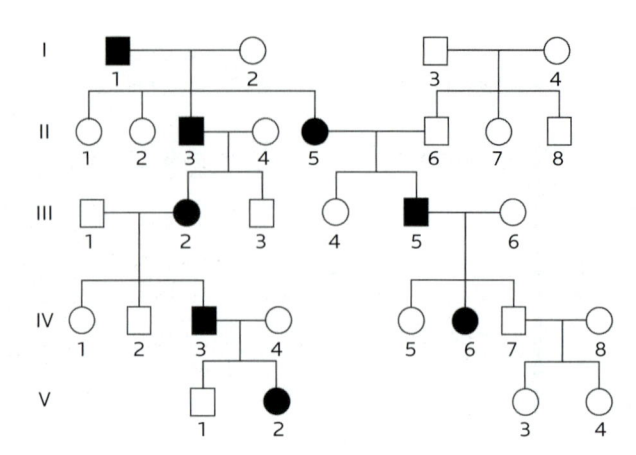

Figura 3.8 – Herança autossômica dominante.

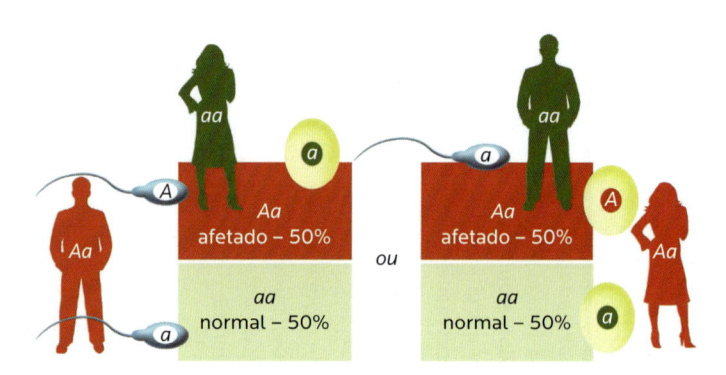

Figura 3.9 – Tipo de união mais frequente em casos de doenças autossômicas dominantes.

SAIBA MAIS

A Organização do Genoma Humano (HUGO) mantém um comitê encarregado de analisar e aprovar os nomes e os símbolos dos genes. Os nomes oficiais são formados por uma frase em inglês, com grafia americana, que informa a relação com um determinado fenótipo ou com a função do gene e também sua proximidade com outros genes (família de genes). Exemplos: *ectodysplasin A* (*EDA*); *ectodysplasin A receptor* (*EDAR*). Note que a forma abreviada (símbolo) é sempre grafada em itálico, o que permite distingui-la da abreviatura da proteína, quando ela tiver o mesmo nome do gene. Assim, *EDA* é o símbolo do gene, e EDA é o símbolo da proteína. Todavia, para representar os cruzamentos na genética clássica, por razões didáticas, é frequente o uso de uma única letra para representar um gene. Pode ser a inicial do fenótipo ou qualquer outra letra, comumente maiúscula para indicar o alelo dominante e minúscula para indicar o recessivo.

A localização do gene no cromossomo (localização citogenética) segue a seguinte convenção: número do cromossomo, ou letra, no caso dos cromossomos sexuais, braço curto (p) ou longo (q), região, banda e, após um ponto, sub-banda. Entre a região e a banda não há ponto. Exemplo: o gene *EDA* está localizado em Xq13.1, ou seja, na sub-banda 1 da banda 3 da região 1 do braço longo do cromossomo X.

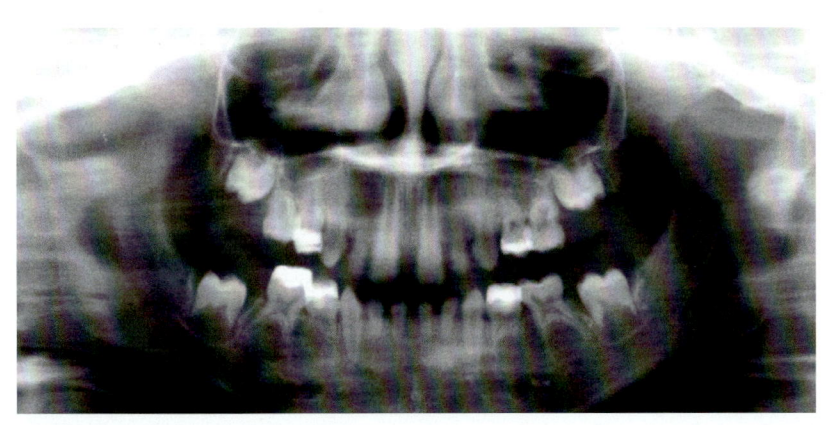

Figura 3.10 – Oligodontia e retenção de dentes decíduos.

Fonte: Imagem cedida por Dr. Sergio Peres Line, Faculdade de Odontologia de Piracicaba, UNICAMP.

Sindactilia

União de dois ou mais dedos, atingindo parte deles ou todo seu comprimento. Pode ser superficial ou envolver os ossos.

Úvula bífida

Úvula fendida em duas ou que apresenta duas pontas livres.

Aparentemente, o reconhecimento da herança autossômica dominante é simples. Todavia, existem muitos fatores que podem dificultar a análise genética, pois fazem com que indivíduos normais gerem indivíduos afetados, parecendo ser herança recessiva. Mutação nova, mosaicismo germinativo, penetrância reduzida, expressividade variável, manifestação tardia, heterogeneidade genética e fenocópia são exemplos, e são descritos a seguir.

- **Mutação nova:** ocorre durante a gametogênese. A fecundação envolvendo o gameta que contém a mutação nova dará origem ao primeiro caso da doença em toda a história da família. Os pais do afetado são normais, e não há nenhum outro caso nas gerações anteriores. Por ser um evento raro, de modo geral, o casal não gera outros filhos afetados. Cerca de 50% dos casos de síndrome de Gorlin surgem por mutação nova.
- **Mosaicismo germinativo:** um indivíduo apresenta, em seus testículos ou ovários, células germinativas com genes normais e outras contendo o alelo causador da doença. Este indivíduo é normal porque o alelo mutante está presente apenas em células das suas gônadas, mas não em suas células somáticas. No mosaicismo, a mutação aconteceu em uma das células da linhagem germinativa durante a embriogênese, dando origem a um estoque de células mutantes. Assim, diferentemente do que ocorre na mutação nova, os mosaicos germinativos podem gerar mais de um filho afetado, em porcentagem equivalente à fração de células mutantes de suas gônadas. Esses filhos serão os primeiros casos em toda a história da família. É um fenômeno raro, mas deve ser considerado em uma análise genética.
- **Penetrância reduzida (penetrância incompleta):** fenômeno genético em que nem todos os indivíduos que possuem um determinado alelo manifestam o fenótipo que ele determina. O valor da penetrância corresponde à porcentagem de indivíduos que apresentam o fenótipo entre os que efetivamente possuem o mesmo genótipo. Se todos o apresentam, a penetrância é completa. Valores menores do que 100% indicam penetrância incompleta. Assim, um indivíduo que possui um alelo dominante pode não expressá-lo, mas ter filhos afetados.
- **Expressividade variável:** manifestação de um gene em diferentes graus, podendo variar de muito leve a muito grave, mesmo em membros de uma mesma família. Se o fenótipo for mínimo, quem o apresenta pode não ser identificado, mas seus filhos correm o risco de apresentar a doença.
- **Heterogeneidade lócica:** fenômeno genético em que genes diferentes, portanto situados em locos diferentes, determinam fenótipos clínicos similares ou até mesmo idênticos. Em consequência, a herança pode ter padrão dominante ou recessivo, conforme o loco envolvido. Veja o exemplo da amelogênese imperfeita no Quadro 3.1.

LEMBRETE

Mutações diferentes em um mesmo gene podem determinar o mesmo fenótipo clínico ou originar variações dele, ou, até mesmo, fenótipos diferentes – fenômeno chamado **heterogeneidade alélica**, que não deve ser confundido com heterogeneidade lócica. Se os fenótipos forem diferentes, há **heterogeneidade fenotípica**. Por exemplo, as síndromes de Apert, de Crouzon e de Pfeiffer são causadas por alelos do gene *FGFR2*, e incluem anormalidades no crânio, na face e na boca, além de outras que as diferenciam. Outro alelo desse gene determina predisposição hereditária a um tipo de câncer de estômago [#137215].

Amelogênese
Processo de formação do esmalte dentário.

Fibromatose gengival
Aumento do volume da gengiva por proliferação de fibroblastos e produção de substância intercelular.

- **Manifestação tardia:** manifestação de uma doença genética apenas na idade adulta, frequentemente em uma fase em que o indivíduo já possui filhos, os quais têm 50% de chance de, mais tarde, também manifestarem a doença. Logo, dependendo da idade em que o paciente é examinado, não é possível o diagnóstico, pois ele encontra-se clinicamente normal.
- **Fenocópia:** fenótipo causado por fator ambiental, mas clinicamente indistinguível de um fenótipo causado por fatores genéticos. A fibromatose gengival, cuja forma mais comum é autossômica dominante, também pode ocorrer como uma reação a certos medicamentos, como ciclosporina, verapamil e fenitoína.

HERANÇA AUTOSSÔMICA RECESSIVA

Acrocefalia
Deformação resultante do fechamento prematuro das suturas do crânio (craniossinostose), alongando a parte superior da cabeça.

Cementogênese
Processo de formação do cemento dentário.

Dente conoide
Dente que apresenta a coroa com formato cônico.

Displasia ectodérmica
Displasia que afeta os derivados da ectoderme, como os dentes, os pelos e as unhas.

Hiperceratose
Aumento da espessura da camada córnea da epiderme.

Maloclusão
Condição em que os dentes da arcada superior não apresentam contato normal com os da arcada inferior.

Microdontia
Dentes anormalmente pequenos.

Micrognatia
Mandíbula anormalmente pequena.

Periodontite
Inflamação dos tecidos que fixam os dentes ao osso, incluindo a gengiva.

Uma heredopatia é definida como autossômica recessiva (Quadro 3.2) se for causada por um gene que se localiza em um autossomo e que **somente se expressa em homozigose**. Os critérios que a identificam são os seguintes (Fig. 3.11):

- o fenótipo ocorre com a mesma frequência em homens e mulheres;
- geralmente, o fenótipo pula gerações;
- os pais de um afetado geralmente são heterozigotos (Aa × Aa) e, portanto, fenotipicamente normais;
- o risco de recorrência em irmãos de um indivíduo afetado é de 25% (Fig. 3.12);
- uniões consanguíneas aumentam a chance de ocorrência do fenótipo.

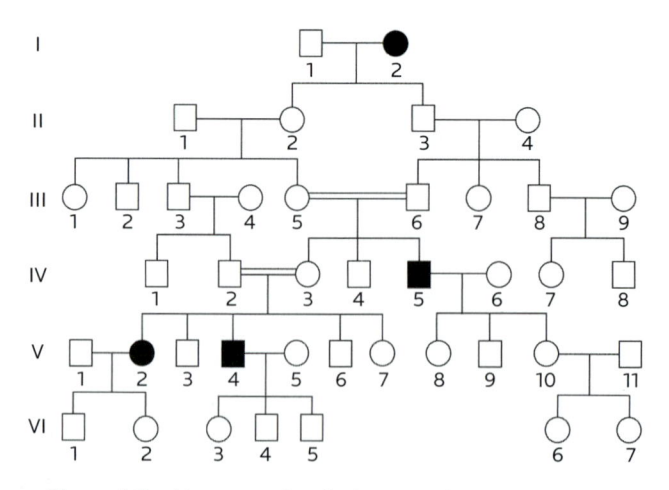

Figura 3.11 – Herança autossômica recessiva.

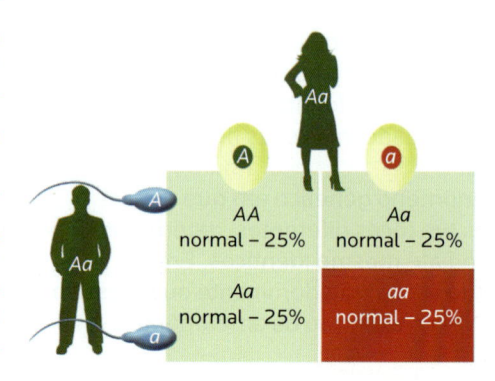

Figura 3.12 – União mais frequente em casos de doenças autossômicas recessivas.

QUADRO 3.2 – Exemplos de doenças autossômicas recessivas de interesse em odontologia

Doença	Sinais clínicos gerais	Sinais orodentais	Gene/localização cromossômica	Observações
Displasia odonto-onicodérmica [#257980]	Unhas anormais ou ausentes; pelos esparsos; hiperceratose palmoplantar; hiperidrose palmoplantar	Hipodontia ou oligodontia; retenção de dentes decíduos; os dentes podem ter forma anormal; número reduzido de papilas filiformes e fungiformes (língua lisa)	*WNT10A*; 2q35	É uma forma de displasia ectodérmica
Síndrome da fissura labiopalatina e displasia ectodérmica [#225060]	Sindactilia parcial nas mãos e nos pés; unhas anormais; pelos esparsos e secos	Fissura labial, palatina ou labiopalatina; hipodontia/anodontia; microdontia	*PVRL1*; 11q23.3	É uma forma de displasia ectodérmica
Hipofosfatasia infantil [#241500]	Baixa estatura; raquitismo grave; acrocefalia; convulsões	Cementogênese deficiente; perda prematura dos dentes decíduos; pode ocorrer perda dos dentes definitivos; anormalidades da forma, da estrutura ou da erupção dos dentes	*ALPL*; 1p36.12	Diferentes mutações do gene *ALPL* causam diferentes formas de hipofosfatasia, desde uma que é fatal no primeiro ano de vida até uma suave que afeta apenas os dentes, conhecida como odonto-hipofosfatasia [#146300]
Síndrome de Ellis-van Creveld [#225500]	Estatura baixa; membros com os segmentos radioulnar e tibial curtos; seis dedos em cada mão (hexodactilia); pode haver malformações cardíacas e geniturinárias	Dentes natais ou neonatais; hipodontia ou hiperdontia; hipertrofia gengival; dentes conoides; taurodontismo; freio labiogengival acessório; maloclusão	*EVC1, EVC2*; 4p16.2	Apresenta-se em graus diferentes de gravidade (expressividade variável)
Síndrome de Ehlers-Danlos tipo VIIc [#225410]	Hipermobilidade articular; luxação de grandes e pequenas articulações; grau leve de fragilidade e hiperextensibilidade cutâneas	Subluxação mandibular recorrente; micrognatia; hipodontia; microdontia; displasia dentinal	*ADAMTS2*; 5q35.3	Há outros tipos de síndrome de Ehlers-Danlos, mas nem todos incluem sinais orodentais, e a maioria deles tem herança autossômica dominante. Em alguns tipos, há maior incidência de periodontite
Acatalasemia (acatalasia) [#614097]	—	Na infância, aproximadamente metade dos afetados apresenta lesões ulcerativas na gengiva (doença de Takahara)	*CAT*; 11p13	Japoneses e seus descendentes são a grande maioria dos afetados. As lesões podem ser confundidas com as da gengivite ulcerativa necrosante aguda (GUNA)

Taurodontismo

Condição em que um dente multirradicular apresenta câmara pulpar mais ampla do que o normal, ficando com aspecto que lembra um dente bovino.

Embora exista a possibilidade de um indivíduo afetado ter um ou os dois genitores afetados, essas situações são improváveis no caso de doenças. Quando ocorrem, geralmente envolvem grupos isolados, por razões geográficas, sociais ou culturais, e doenças que não afetam a capacidade reprodutiva. Casais *Aa* (normal) × *aa* (afetado) têm 50% de chance de gerar filhos afetados, e casais em que ambos são afetados (*aa* × *aa*) geram 100% de filhos afetados. São casos raros cujos heredogramas simulam um padrão autossômico dominante conhecido como **pseudodominância**.

Uma vez que o alelo recessivo somente se manifesta em homozigose (*aa*), a sua transmissão pode ocorrer por várias gerações de uma mesma família sem que o respectivo fenótipo apareça. As uniões entre parentes consanguíneos aumentam a probabilidade de homozigose porque é mais provável que esses parentes tenham herdado o mesmo alelo de um ancestral comum.

HERANÇA DOMINANTE LIGADA AO X

Catarata congênita

Opacidade do cristalino presente desde o nascimento.

Clinodactilia

Desvio medial ou lateral de um ou mais dedos. É mais comum no quinto dedo da mão.

Freio aberrante

Freio oral fora da sua localização normal.

Fusão dentária

União de dois dentes que pode ser causada por fatores genéticos ou traumáticos.

Hipertrófico

Que apresenta hipertrofia, isto é, aumento de um tecido ou órgão, por aumento do tamanho de suas células, mas não do número delas.

Hipomaturação

Com relação ao esmalte, indica que ele não completou o amadurecimento. Tem espessura normal e dureza próxima do normal, mas superfície porosa e opaca.

Radiculomegalia

Raiz dentária maior do que o normal.

Nesse tipo de herança (Quadro 3.3), o gene se localiza no cromossomo X em sua região que não tem correspondência no cromossomo Y (região não homóloga), manifestando-se nas mulheres heterozigotas, assim como nos homens (hemizigotos). Os critérios que a identificam são os seguintes (Fig. 3.13):

- há mais mulheres afetadas do que homens;
- a condição tende a ocorrer em todas as gerações;
- o homem afetado transmite o fenótipo para todas as filhas, mas não transmite para os filhos;
- a mulher afetada transmite o fenótipo para 50% dos descendentes de qualquer sexo;
- indivíduos normais, filhos de afetados, não transmitem o fenótipo.

Apesar de a herança dominante ligada ao X se assemelhar à herança autossômica dominante, pode ser facilmente distinguida pelo fato de homens não transmitirem para os filhos, apenas para as filhas. Isso ocorre porque os filhos herdam o cromossomo Y do pai e cromossomo X da mãe, diferentemente das filhas, que recebem o cromossomo X do pai e um dos cromossomos X da mãe.

A rigor, assim como acontece na herança autossômica dominante, esses fenótipos apresentam dominância incompleta (semidominância),

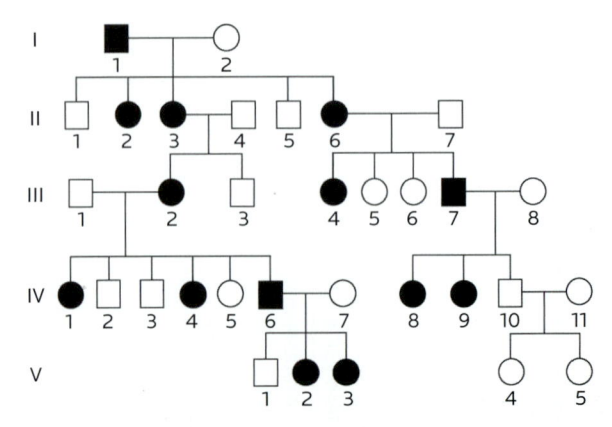

Figura 3.13 – Herança dominante ligada ao X. Se houver letalidade no sexo masculino, apenas mulheres serão afetadas.

QUADRO 3.3 – Exemplos de doenças dominantes ligadas ao X de interesse em odontologia

Doença	Sinais clínicos gerais	Sinais orodentais	Gene/localização cromossômica	Observações
Amelogênese imperfeita ligada ao X (amelogenesis imperfecta 1), tipo hipoplásico [#301200]	—	Dentes pequenos e com esmalte fino e translúcido (hipoplasia); as anormalidades podem ser localizadas, originando ranhuras e depressões puntiformes	AMELX; Xp22.3-22.1	Outra forma ligada ao X caracteriza-se por hipomaturação do esmalte e tem sido considerada recessiva ligada ao X, mas atualmente há discordância. Hipomaturação também pode ocorrer nas formas autossômicas de amelogênese imperfeita (Fig. 3.14)
Incontinência pigmentar (incontinentia pigmenti) [#308300]	Pigmentação cutânea castanha, com padrão reticulado ou espiralado (geralmente desaparece na idade adulta); unhas anormais; pode haver estrabismo	Palato ogival acentuado; atraso da erupção dentária; retenção de dentes decíduos; dentes malformados; hipodontia ou oligodontia, mas também pode haver hiperdontia	NEMO; Xq28	A doença é letal para o sexo masculino. Afetados do sexo masculino são raríssimos e morrem no primeiro ano de vida. Os poucos casos adultos apresentavam síndrome de Klinefelter (XXY)
Síndrome orofaciodigital tipo I (síndrome de Papillon-Léage-Psaume) [#311200]	Estatura baixa; braquidactilia (do segundo ao quinto dedo); sindactilia e clinodactilia em diferentes graus; pode haver rins policísticos	Freio labial hipertrófico; freios aberrantes; pode ocorrer anciloglossia; ausência de incisivos laterais; esmalte hipoplásico; pode haver fissura labiopalatina	CXORF5; Xp22.2	De modo geral, é letal para o sexo masculino
Síndrome oculofaciocardiodental (microftalmia sindrômica 2) [#300166]	Microftalmia; catarata congênita; face alongada; ponta do nariz sulcada; defeitos cardíacos congênitos	Fusão dentária; radiculomegalia dos caninos e eventualmente dos pré-molares; retenção de dentes decíduos; pode ocorrer fissura palatina e úvula bífida	BCOR; Xp11.4	É comum na literatura o uso do termo "anoftalmia" (ausência de olho). O que de fato ocorre nessa síndrome é microftalmia (olho anormalmente pequeno), que pode ser de grau extremo

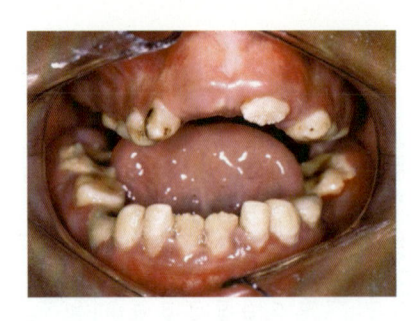

Figura 3.14 – Amelogênese imperfeita.

Fonte: Imagem cedida por Dr. Sergio Peres Line, Faculdade de Odontologia de Piracicaba, UNICAMP.

pois, comumente, as mulheres (heterozigotas) apresentam um quadro clínico mais leve do que o dos homens (hemizigotos). Em muitos casos, a gravidade da doença no sexo masculino é tão elevada que causa morte no período pré-natal. Nessas situações, o heredograma apresenta somente mulheres afetadas. Veja os exemplos da síndrome orofaciodigital tipo I e da incontinência pigmentar no Quadro 3.3.

HERANÇA RECESSIVA LIGADA AO X

Anciloglossia

Diminuição da mobilidade lingual (língua presa) devida ao encurtamento do freio, à sua inserção perto da ponta da língua (anciloglossia parcial) ou à fusão da língua com o assoalho da boca (anciloglossia total).

Anodontia

Falta de formação de todos os dentes.

Coagulopatia

Denominação genérica dos distúrbios da coagulação.

Gengivorragia

Sangramento gengival.

Hipertermia

Elevação da temperatura corporal acima do valor normal da espécie.

Hipoidrose

Produção de suor abaixo do normal. Nas displasias ectodérmicas hipoidróticas, ocorre por causa do baixo número de glândulas sudoríparas.

Hipossialia

Produção de saliva abaixo do normal.

Hipotricose

Escassez de pelos em uma área do corpo.

Na herança recessiva ligada ao X (Quadro 3.4), assim como na dominante, o gene também está na parte não homóloga. Porém, geralmente não se manifesta nas mulheres heterozigotas, mas sim nos homens, pelo fato de serem hemizigotos. Os critérios que a identificam são os seguintes (Fig. 3.15):

- o fenótipo aparece predominantemente em homens;
- geralmente, o fenótipo pula gerações;
- os homens afetados, unindo-se com mulheres normais, têm todos os filhos e filhas normais, mas todas as filhas são portadoras;
- as mulheres portadoras, unindo-se com homens normais, têm 50% dos seus filhos afetados e 50% de suas filhas serão portadoras (Fig. 3.16).

Como esse modo de herança é determinado por um alelo recessivo, as mulheres deveriam apresentar o fenótipo somente se houvesse homozigose (X^aX^a), diferentemente dos homens, que, por sua condição de hemizigotos, apresentam o fenótipo mesmo com o alelo em dose simples (X^aY). Visto que as doenças recessivas ligadas ao X são raras, é rara também a identificação de mulheres homozigotas.

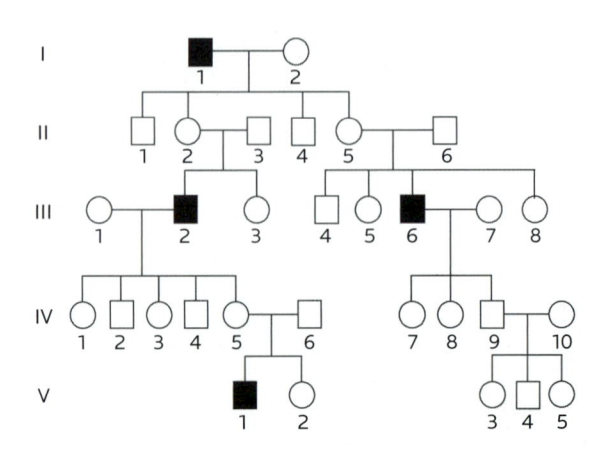

Figura 3.15 – Herança recessiva ligada ao X.

QUADRO 3.4 – Exemplos de doenças recessivas ligadas ao X de interesse em odontologia

Doença	Sinais clínicos gerais	Sinais orodentais	Gene/localização cromossômica	Observações
Displasia ectodérmica hipoidrótica ligada ao X [#305100]	Pele seca; hipotricose; hipoidrose; pode haver alterações nas unhas; episódios de hipertermia; rinite crônica	Hipodontia, oligodontia ou anodontia; dentes malformados; dentes conoides; pode haver hipossialia	EDA; Xq13.1	Das displasias ectodérmicas caracterizadas por hipoidrose, esta é a mais comum, havendo também uma forma autossômica dominante e outra recessiva, ambas muito raras
Fissura palatina ligada ao X [#303400]		Fissura palatina; pode haver anciloglossia	TBX22; Xq21.1	As portadoras podem apresentar úvula bífida
Hemofilia A (hemofilia clássica) [#306700]	Nas formas graves, ocorre sangramento excessivo ao menor trauma, principalmente nas articulações e músculos	Pode ocorrer gengivorragia	F8; Xq28	Nas extrações dentárias, as portadoras sangram mais do que as não portadoras. Qualquer coagulopatia oferece risco de sangramento excessivo, sobretudo em procedimentos cirúrgicos. A doença de von Willebrand tipo 1 [#193400] é uma coagulopatia autossômica dominante em que as gengivorragias espontâneas são mais comuns do que na hemofilia
Disceratose congênita ligada ao X (síndrome de Zinsser-Cole-Engman) [#305000]	Pigmentação cutânea anormal; unhas anormais	Leucoplaquia oral	DCK1; Xq28	Há formas autossômicas de disceratose em que anormalidades dentárias são comuns

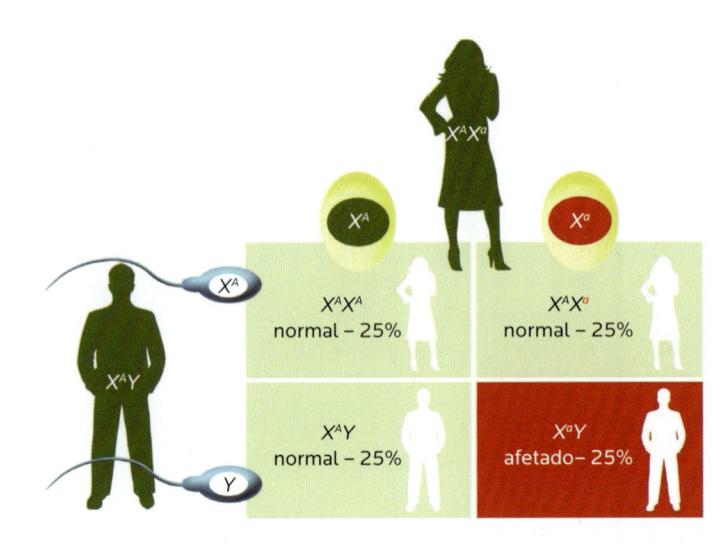

Figura 3.16 – União mais frequente em casos de doenças recessivas ligadas ao X.

Leucoplaquia oral (leucoplasia oral)

Presença de placas esbranquiçadas na mucosa oral.

Entretanto, não é tão raro que mulheres heterozigotas (X^AX^a) manifestem sinais clínicos que variam de leve a grave. Isso se deve à inativação ao acaso de um dos cromossomos X, fenômeno normal nas mulheres e conhecido como **lyonização**.

Como a inativação é aleatória em cada célula, geralmente, no corpo todo, ela atinge os dois cromossomos X na mesma proporção. Porém, com um desvio casual inativando maior número de cromossomos X com o alelo normal, que é dominante, a mulher heterozigota torna-se sintomática, condição conhecida como heterozigoto manifesto. Não é raro que doenças recessivas ligadas ao X surjam por mutação nova.

HERANÇA HOLÂNDRICA

A herança holândrica é exclusivamente masculina, pois o gene está localizado no cromossomo Y em sua região não homóloga, isto é, sem equivalente no cromossomo X. Os critérios que a identificam são os seguintes (Fig. 3.17):

- somente homens apresentam o fenótipo;
- o pai não transmite o fenótipo para as filhas, apenas para os filhos;
- as mulheres nunca são portadoras e, portanto, não transmitem o fenótipo.

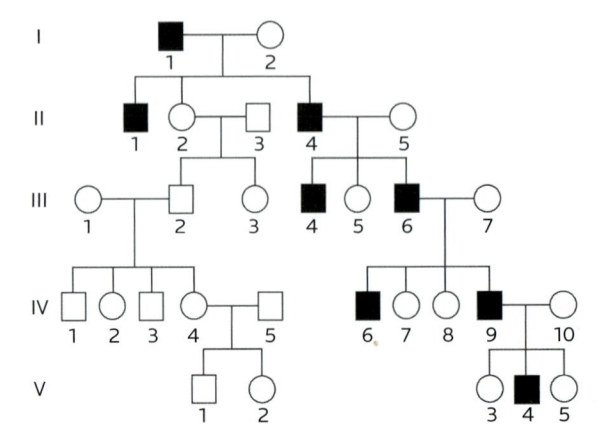

Figura 3.17 – Herança holândrica.

Genética odontológica

> A herança holândrica pode ser observada facilmente na transmissão de alguns fenótipos normais, como a presença de testículos nos homens. O pai passa somente para os filhos o gene *SRY*, que é o responsável pelo desencadeamento da diferenciação das gônadas embrionárias em testículos.

No caso de doenças, este é um padrão pouco significativo, pois a maioria dos genes da região não homóloga está relacionada com o desenvolvimento masculino e, geralmente, as suas mutações levam à esterilidade ou a uma baixa produção de espermatozoides (oligospermia), causando infertilidade. Entretanto, ela deve ser levada em consideração quando técnicas de reprodução assistida são utilizadas, como as que aumentam a concentração de espermatozoides, utilizam fecundação *in vitro* ou fazem injeção intracitoplasmática de espermatozoides.

HERANÇA MITOCONDRIAL

Os genes que determinam este padrão de herança não se localizam nos cromossomos, mas sim no DNA das mitocôndrias e, por isso, não obedecem às leis de Mendel. Os critérios que identificam a herança mitocondrial são os seguintes (Fig. 3.18):

- a doença é sempre herdada pela linha materna, isto é, somente a mãe transmite o gene aos descendentes;
- homens e mulheres podem ser afetados;
- ocorre grande variação fenotípica em função da porcentagem de mitocôndrias com a mutação (heteroplasmia).

Homens e mulheres, quase sempre, herdam as mitocôndrias da mãe, não as do pai (Fig. 3.19). Em consequência, um heredograma de herança materna mostra que a transmissão do fenótipo de uma geração para a outra é interrompida nos homens afetados, mas continua com as mulheres afetadas. Todavia, como a distribuição das mitocôndrias ocorre ao acaso entre as células-filhas durante a divisão celular, o grau em que a doença se manifesta é variável conforme o número de mitocôndrias mutantes herdadas. Essa distribuição aleatória também pode gerar variações no número de mitocôndrias mutantes de um tecido para outro.

Tais fenômenos, somados a alguns outros, fazem com que descendentes afetados de uma mesma mulher apresentem diferenças acentuadas na gravidade da doença. A presença de populações mitocondriais diferentes, uma normal e a outra mutante, chama-se **heteroplasmia**. As doenças que apresentam herança mitocondrial comumente são neuropatias, cardiomiopatias e miopatias, porque envolvem tecidos ricos em mitocôndrias (tecido nervoso, tecido muscular cardíaco e tecido muscular esquelético, respectivamente).

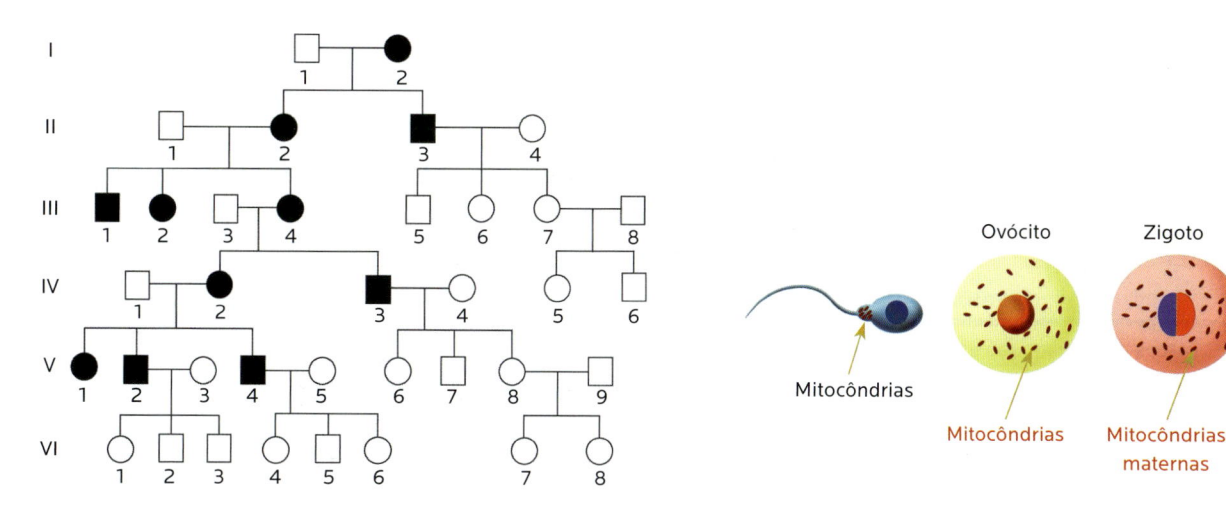

Figura 3.18 – Herança mitocondrial.

Figura 3.19 – Herança materna.

4

Fatores genéticos relacionados à evolução, ao desenvolvimento e à gênese das anomalias da face e da dentição

SERGIO ROBERTO PERES LINE
RAQUEL MANTUANELI SCAREL-CAMINAGA
MARIANA MARTINS RIBEIRO

OBJETIVOS DE APRENDIZAGEM:

- Compreender os processos evolutivos que levaram à forma das estruturas da face humana
- Estudar os mecanismos genéticos e moleculares que controlam o desenvolvimento da face e da dentição
- Conhecer os mecanismos envolvidos na amelogênese e na dentinogênese imperfeita

O sistema mastigatório é uma das partes mais complexas do organismo humano. O aperfeiçoamento desse sistema ocorreu de forma gradual, durante a evolução dos vertebrados, por aproximadamente 450 milhões de anos. Os componentes do sistema mastigatório estão intimamente correlacionados. Alterações no desenvolvimento ou na função de um desses componentes frequentemente afetam os demais.

Existe um grande interesse no estudo dos mecanismos genéticos e moleculares que controlam o desenvolvimento da face e da dentição. Esses estudos têm contribuído significativamente para a compreensão dos fenômenos evolutivos de diversificação das espécies, haja vista que a análise comparativa da dentição e demais componentes do aparelho mastigatório tem sido uma das principais ferramentas no estudo da evolução dos vertebrados.

Neste capítulo, serão revisados os mecanismos genéticos que determinaram a formação e a evolução do sistema mastigatório, assim como as principais alterações decorrentes de malformações do desenvolvimento.

MANDÍBULA E ARTICULAÇÃO TEMPOROMANDIBULAR

SAIBA MAIS

Os arcos branquiais são estruturas que aparecem no final da terceira semana do desenvolvimento. Possuem formato aproximadamente cilíndrico, são revestidos por um epitélio e internamente preenchidos pelas células da crista neural e por células mesodérmicas.

Nos vertebrados, a face é formada principalmente por células derivadas da crista neural do embrião. Essas células, derivadas do sistema nervoso embrionário, migram para a região ventral, preenchendo as estruturas conhecidas como arcos branquiais (Fig. 4.1).

A face é formada principalmente pelos derivados do primeiro arco branquial, que vai se dividir nos processos maxilar e mandibular. O segundo e o terceiro arcos também contribuem para a formação da face, mas têm um papel mais discreto. Existem mais de 20 mutações descritas em camundongos que causam malformações na maxila e/ou na mandíbula. Entre os exemplos, estão os genes *Dlx2*, *Eya1*, *Egfr*, *Shh* e *Gsc*.

É importante mencionar que o sistema mastigatório de peixes, anfíbios e répteis, na maioria dos casos, serve apenas para preensão e deglutição do alimento, que é deglutido em grandes pedaços e digerido vagarosamente.

Os mamíferos são homeotérmicos e possuem um estilo de vida bem mais ativo do que os outros vertebrados. A ingestão constante de alimentos e seu aproveitamento rápido e eficiente são condições essenciais para a manutenção da elevada taxa metabólica dos mamíferos. Assim, além de processar os alimentos com maior frequência, estes devem ser cortados e triturados.

O processamento elaborado dos alimentos pelos mamíferos aumentou a carga de trabalho imposta ao sistema mastigatório, que sofreu uma série de adaptações no sentido de suprir a demanda de trabalho. Os primeiros vertebrados não possuíam maxilares (eram ágnatas) e são representados atualmente por peixes conhecidos como lampreias. O desenvolvimento dos maxilares foi um passo muito importante, pois permitiu a aquisição de novos hábitos alimentares e a consequente conquista de novos ambientes.

A análise molecular comparativa entre os mamíferos e os primeiros vertebrados mostrou que o gene *Hox6* é expresso no primeiro arco em ágnatas, mas sua expressão é suprimida em gnatóstomas (vertebrados que possuem maxilares). Além disso, a expressão ectópica de genes da família *Hox* no primeiro arco é capaz de inibir a formação dos maxilares. Esses achados sugerem que a supressão da expressão de membros da família *Hox* no primeiro arco branquial pode ter sido um evento determinante na formação da face.

Em vertebrados primitivos, os maxilares superiores e inferiores eram semelhantes; não havia diferenciação entre mandíbula e maxila. Evidências recentes sugerem que a diferenciação entre mandíbula e maxila pode ter ocorrido devido à expressão diferencial de membros da família de fatores de transcrição Dlx nos arcos branquiais. Existem seis genes na família *Dlx*, e estes são expressos em pares – *Dlx1/2*, *Dlx2/3* e *Dlx5/6*– em domínios restritos ao longo do eixo dorsoventral do primeiro e do segundo arcos branquiais.

A análise de camundongos com ablação nos genes *Dlx5* e *Dlx6* mostrou que, nos mutantes, a mandíbula era substituída por uma estrutura semelhante à maxila e que os ossículos do ouvido interno (bigorna e martelo), derivados da cartilagem do processo mandibular (cartilagem de Meckel), estavam ausentes. Esses resultados revelam não só que os genes da família *Dlx* possuem um papel importante na formação da mandíbula, mas também que esses genes podem ter tido um papel crucial na evolução da face (Fig. 4.2).

Outro evento de importância significativa na formação do aparato mastigatório foi o desenvolvimento da fossa temporal com o consequente aparecimento do processo zigomático. Essa modificação apareceu como uma discreta depressão em répteis no período Permiano, há mais de 250 milhões de anos. A fossa temporal e o processo zigomático serviram como nicho para a ancoragem de fibras musculares, permitindo um aumento na força de mordida.

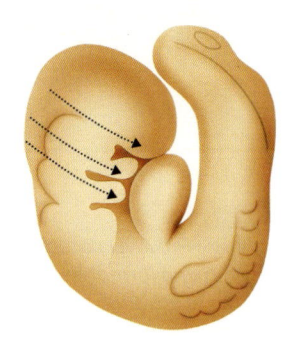

Figura 4.1 – Representação de embrião humano na quarta semana de vida. As setas mostram a direção da migração das células da crista neural para a região da face.

GENES MENCIONADOS NO CAPÍTULO:

Genes humanos:

AMBN	DTDST	PAX9
AMELX	EDA	PVRL1
AMTN	ENAM	TGFα
AXIN2	FAM83H*	TGFβ3
COL11A1	KLK4	TUFT1
COL2A1	MMP20	
DSPP	MSX1	

*family with sequence similarity, member H

Genes não humanos:

activina beta A	família Hox	Lef1-/-
	família SHH	Lhx8
Dlx1	família TGF	Msx
Dlx2	família WNT	Msx1
EDA X-/Y	Gli1	Msx2
Egfr	Gli2	Pax6-/-
Eya1	Gli3	Pax9
família Dlx:	Gsc	Pitx2
Dlx1/2, Dlx2/3 e Dlx5/6	Hox6	Shh
	Hoxa2	Tgfβ2
família FGF	Jag2	

LEMBRETE

O nome do gene expresso no organismo humano deve ser sempre escrito sem hífen, em itálico e com todas as letras maiúsculas (exemplo: *MMP20*). Em outros organismos, somente a primeira letra fica maiúscula. As referências à respectiva proteína devem ser feitas com todas as letras maiúsculas, sem itálico e com hífen (exemplo: MMP-20).

Figura 4.2 – Provável participação dos genes Dlx na formação da face. (A) Esquema mostrando o gradiente dorsoventral de expressão dos pares Dlx1/2, Dlx5/6 e Dlx3/7. (B) Hibridização in situ mostrando em azul escuro a expressão dos genes Dlx2 e Dlx5 durante o desenvolvimento da face em embriões de camundongo.

BA1: primeiro arco branquial; BA2: segundo arco branquial; PQ: maxila; MC: mandíbula; mx: processo maxilar; md: processo mandibular; hy: arco hioide.

Fonte: Depew e colaboradores.[1]

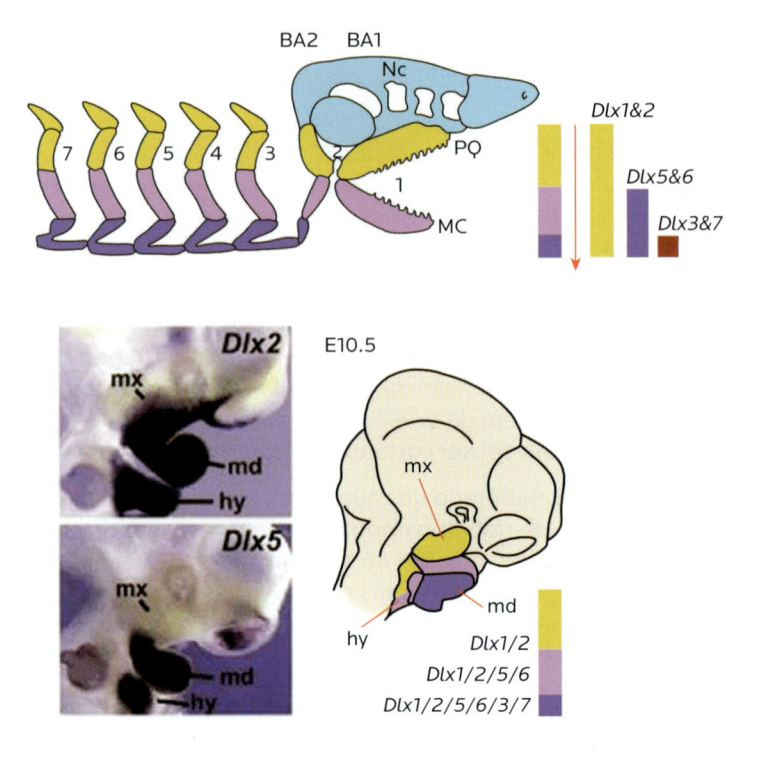

A transição entre répteis e mamíferos é um dos eventos mais bem documentados na história fóssil. Os mamíferos se originaram a partir de um grupo de répteis avançados denominados sinapsídeos. O grande tamanho relativo da fossa temporal e do processo zigomático observado nos mamíferos é resultante de um aumento gradual dessas estruturas durante a evolução dos sinapsídeos. Esse crescimento não só permitiu um aumento no volume de tecido muscular nessas regiões, como também uma ancoragem mais efetiva dessas fibras, aumentando a capacidade de trabalho para suprir as demandas impostas pela mastigação.

Nos répteis, a mandíbula é formada por vários ossos, e a articulação entre os maxilares superiores e inferiores é do tipo **diartrose**. O contato entre essas estruturas é feito pelo osso articular da mandíbula, que possui uma forma ligeiramente côncava, e pelo osso quadrato na maxila, que possui formato convexo. A articulação mandibular não é feita pelo mesmo osso onde estão alojados os dentes, pois essa não é uma situação ideal para animais que fazem uso intenso da mandíbula. Porém, é adequada ao estilo de vida dos répteis.

> Durante a transição de répteis para mamíferos, ocorreu um aumento gradual no tamanho do osso dentário no qual ficam alojados os dentes, com o desaparecimento ou diminuição dos outros ossos. Nos mamíferos, a mandíbula é formada apenas pelo osso dentário, ao passo que os ossos articular e quadrato foram liberados para assumir outra função, dando origem a dois ossículos do ouvido médio: bigorna e martelo. Essa transferência de função contribuiu significativamente para que a audição dos mamíferos fosse bem mais desenvolvida e sensível do que a dos outros vertebrados.

O aumento relativo do osso dentário ocorreu pelo crescimento da porção posterior, principalmente do processo coronoide, e com a formação de um novo côndilo, que se articulou diretamente com a base do crânio. O crescimento do processo coronoide ocorreu concomitantemente ao aumento da fossa temporal e ao alongamento do processo zigomático, o que forneceu às fibras musculares originadas na maxila e na base do crânio uma ampla área para inserção (Fig. 4.3).

O desenvolvimento da articulação mandibular no mesmo osso em que estão contidos os dentes deu grande estabilidade à mandíbula e foi um passo-chave no estabelecimento da mastigação nos mamíferos. É interessante notar que o desenvolvimento do processo coronoide e do côndilo mandibular ocorreu na última etapa da formação da mandíbula, somente após a oitava semana do desenvolvimento embrionário.

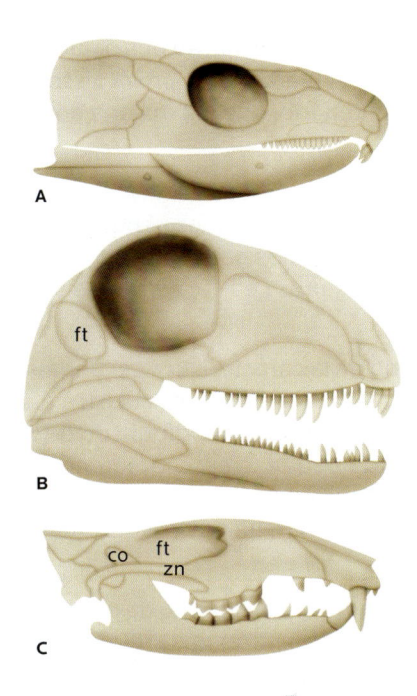

Figura 4.3 – Evolução do aparato mastigatório. (A) Captorhinus, réptil primitivo (cotilossauro) que viveu no período Permiano. Acredita-se que essa classe de répteis deu origem a todos os outros répteis. Nota-se a ausência da fossa temporal (ft).(B) Haptodus, réptil que viveu no período Permiano. Nota-se que a mandíbula era formada por vários ossos. (C) Zalambdalestes, mamífero que viveu no período Cretáceo. Nota-se o alongamento da fossa temporal, do processo zigomático (zn) e do processo coronoide (co).

O desenvolvimento independente do ramo e do corpo da mandíbula é exemplificado pela dupla ablação nos genes *Gli2* e *Gli3* ou do gene *Eya1* em camundongos. Essas mutações que afetam principalmente o desenvolvimento da porção posterior da mandíbula inibem a formação do côndilo e dos processos coronoide e angular. O corpo da mandíbula que se desenvolve antes do ramo ascendente é menos afetado nesses casos.

SAIBA MAIS

Além dos fatores genéticos, o crescimento e o estabelecimento da forma da face humana dependem também de fatores externos. A força exercida pelos músculos da expressão facial e da mastigação é um fator importante na modelagem dos ossos da face. Esse assunto é o objeto de estudo da especialidade de ortopedia facial.

PALATO

O desenvolvimento do palato se dá em duas etapas distintas. A primeira etapa ocorre entre a quarta e a sexta semanas de desenvolvimento, com a formação do palato primário. O **palato primário** corresponde à região inferior do processo nasal medial e forma a região do filtro labial e do rebordo alveolar da região dos dentes incisivos até o forame incisivo. O **palato secundário** é derivado do processo maxilar, e sua formação se completa com a fusão das cristas palatinas na linha média da face (Fig. 4.4). O palato secundário compreende todo o palato duro posterior ao forame incisivo e o palato mole.

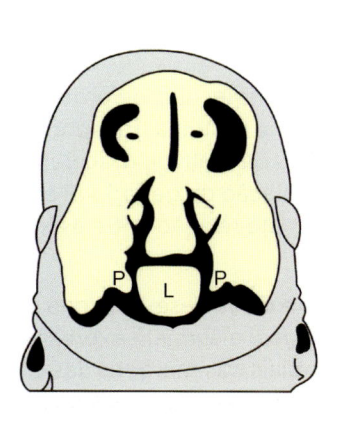

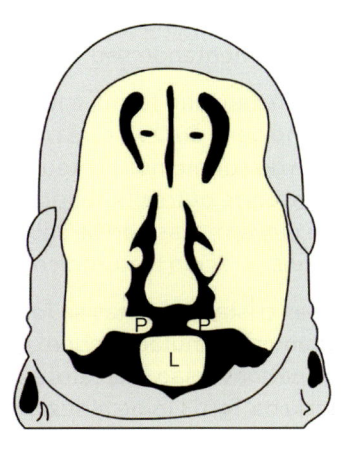

Figura 4.4 – Esquema representando região da cabeça de embriões humanos na oitava e nona semanas do desenvolvimento. A região anterior da face foi removida para facilitar a observação da superfície interna (em amarelo), onde fica evidenciada a formação do palato secundário. Observe que, inicialmente, as cristas palatinas (P) estão posicionadas entre a língua (L). Com o crescimento da mandíbula e o consequente abaixamento da língua, na nona semana as cristas palatinas encontram espaço para migrar em direção à linha média da face.

Apesar de essas regiões serem embriologicamente distintas, a formação dos palatos primário e secundário compartilha muitos genes e mecanismos moleculares. Uma prova disso é a alta frequência de fissuras envolvendo lábio e palato primário e palato secundário, que, na maioria dos casos, aparecem como formas isoladas, não associadas a síndromes.

> Os locos genéticos mais importantes na etiologia das formas isoladas de fissuras labiais e/ou palatinas parecem ser o dos genes *MSX1, TGFa* e *TGFb3*. Vários genes já foram relacionados às formas sindrômicas, como *MSX1* e *PVRL1*. Mutações nos genes dos colágenos *COL2A1, COL11A1* e *COL11A1* afetam a estrutura molecular dos colágenos I e XI, causando a síndrome de Stickler, com fissuras no lábio e no palato.

As fissuras palatinas também podem se originar como uma característica secundária devido à malformação no desenvolvimento de outras estruturas da face. Um caso clássico é a síndrome de Pierre Robin. Entre a oitava e a décima semanas do desenvolvimento, a mandíbula do feto, que nesta etapa corresponde apenas à porção do corpo da mandíbula do adulto, cresce rapidamente. Esse crescimento cria espaço para que a língua – que nesse período está entre as cristas palatinas – sofra um abaixamento, o qual libera espaço na cavidade bucal e permite que as cristas palatinas migrem e se fundam na linha média.

Na síndrome de Pierre Robin, ocorre uma deficiência no desenvolvimento da mandíbula nessa etapa do desenvolvimento, possivelmente devido a problemas com as células da cartilagem do primeiro arco branquial (Meckel), impedindo assim o encontro das cristas palatinas. Como consequência, crianças com essa síndrome, além de micrognatia, frequentemente também apresentam o palato fendido, além de malformações nos ossículos do ouvido médio derivados da cartilagem de Meckel (bigorna e martelo).

> O desenvolvimento do palato é um fenômeno complexo em que ocorrem pelo menos quatro eventos distintos: migração e proliferação das células das cristas neurais que vão formar as cristas palatinas, elevação e fusão das cristas.

Existem mais de 20 mutações genéticas, descritas em camundongos, que induzem o aparecimento de fissuras palatinas. A ablação dos genes *Gli2, Gli3, Hoxa2* e*Tgfb2* em camundongos (camundongos *knockout*) causa fissuras no lábio e no palato devido à interferência na migração e no crescimento das células da crista neural que formariam as cristas palatinas. A ablação dos genes *Msx1, Pax9, Gli2* e *Pitx2* causa fissuras palatinas devido à deficiência na proliferação das cristas palatinas.

O compartilhamento das mesmas vias genéticas no desenvolvimento do aparelho estomatognático evidencia-se pelo fato de essas mutações também causarem agenesia dentária, sendo que as mutações nos genes *Msx1* e *Pitx2* ainda afetam o desenvolvimento da mandíbula. É importante mencionar aqui que os genes *Gli2, Gli3, Hoxa2, Msx1* e outros codificam proteínas que são fatores de transcrição.

A **matriz extracelular** também desempenha um papel importante na formação do palato. A elevação das cristas palatinas que ocorre na oitava e na nona semanas é devida a um fenômeno de hidratação e intumescimento da matriz extracelular. Esse fenômeno parece ser causado pelas moléculas de ácido hialurônico e proteoglucanos. Essas moléculas são bastante polares, devido, principalmente, à presença de açúcares sulfatados, e por isso são capazes de formar pontes de hidrogênio e reter uma grande quantidade de água na matriz extracelular, aumentando seu volume.

Camundongos com defeitos na proteína Agrecan, que forma o núcleo das moléculas de proteoglucanos, nascem com fissuras palatinas. Mutações no gene *DTDST*, que codifica uma proteína transportadora de sulfato, leva a uma incorporação deficiente do sulfato nos proteoglucanos da matriz extracelular, impedindo a elevação das cristas palatinas, entre outros fenótipos. Na ablação do gene *Jag2* em camundongos, as cristas palatinas não se elevam, mas não se sabe se existe relação entre a expressão deste gene com a síntese de proteoglucanos ou ácido hialurônico.

Finalmente, ainda existem casos em que as cristas palatinas se formam e elevam-se, mas não se fusionam. Casos como esses são encontrados em mutações nos genes *Lhx8* e *Tgfb3*. A expressão do gene *Tgfb3* desempenha um papel importante na conversão das células epiteliais das margens das cristas em células mesenquimais. Assim, a deficiência da Tgfb3 inibe o desaparecimento dessas células epiteliais, fenômeno imprescindível para a fusão completa das cristas palatinas.

A formação do palato pode também ser influenciada por **fatores ambientais**. O efeito do ácido retinoico no desenvolvimento da face é conhecido há mais de 60 anos. Essa substância é um produto do metabolismo da vitamina A, e seu excesso ou sua falta podem levar ao aparecimento de malformações graves da face, estando as fissuras labiais e palatinas entre as mais frequentes. Seu efeito pode variar com a dose, o local ou a etapa do desenvolvimento.

A separação completa entre as cavidades nasal e bucal existe apenas nos mamíferos. Nos demais vertebrados, existe quase sempre uma comunicação entre as cavidades nasais e a cavidade bucal, em função do fechamento incompleto das cristas palatinas. O fechamento do palato secundário foi uma característica evolutiva de grande importância, presente já nos primeiros mamíferos, que apareceram há mais de 200 milhões de anos.

> O desenvolvimento completo do palato secundário permite aos mamíferos a capacidade de sugar. O ato da sucção é essencial para a amamentação, característica que deu o nome a essa classe de animais. Além disso, o fechamento do palato também permitiu aos mamíferos respirar e mastigar concomitantemente.

SAIBA MAIS

A administração de ácido retinoico durante o desenvolvimento em aves impede a formação do processo frontonasal, mas o processo mandibular não é afetado. O ácido retinoico é um cofator necessário para a ativação da proteína RAR (receptor de ácido retinoico), que funciona como fator de transcrição. A ativação da RAR parece inibir a expressão de outro fator de transcrição, o Shh, que participa da formação de inúmeros processos durante o desenvolvimento embrionário.

ODONTOGÊNESE

As alterações na forma e no número de dentes foram fatores cruciais para o desenvolvimento da mastigação, haja vista que o ajuste entre maxila e mandíbula durante a mastigação é regulado principalmente por contatos oclusais das cúspides dentais. O controle do número e do tipo dos dentes é feito durante a odontogênese.

A odontogênese pode ser didaticamente dividida em três fases principais: iniciação, brotamento e morfodiferenciação (Fig. 4.5). Durante a **iniciação**, ocorre um espessamento inicial do epitélio oral para formar a lâmina dentária. Esta possui forma de ferradura e se estende pelos processos maxilares e mandibulares na região dos arcos dentais.

O **brotamento** consiste em um crescimento focal do epitélio da lâmina dentária. O crescimento do broto dentário é mediado por uma interação indutiva entre o epitélio e o mesênquima subjacente. Essa

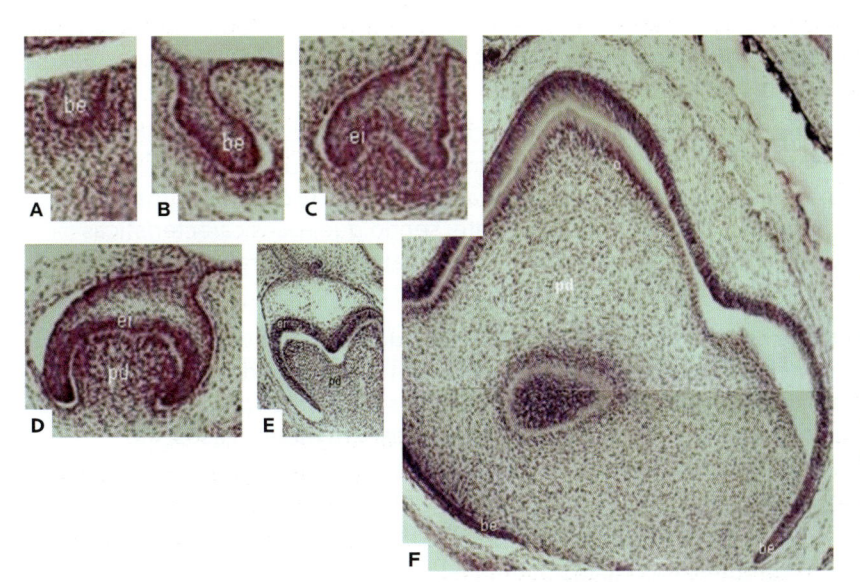

Figura 4.5 – Fases da odontogênese: (A) iniciação, (B) brotamento e (C a F) morfodiferenciação. Em A e B, nota-se a proliferação progressiva do botão epitelial (be) e o aumento da densidade de células mesenquimais ao redor dessa estrutura. (C) Fase de capuz. (D e E) Nota-se a proliferação do epitélio nas bordas que circundam as células ectomesenquimais delimitando a papila dentária (pd). (F) Sob a influência das células do epitélio interno (ei), as células periféricas da papila dentária se diferenciam em odontoblastos (o). A diferenciação dos odontoblastos na região da raiz dentária é feita pela bainha epitelial (be).

> **SAIBA MAIS**
>
> É durante a fase de iniciação que se determina a região onde os dentes vão se formar. Esse fenômeno parece ser inicialmente regulado por uma interação sinergística entre moléculas morfogênicas difusíveis, como TGFb1, FGF8, SHH, BMP2 e BMP4, que são produzidas pelas células epiteliais. As interações sinergísticas e antagônicas entre elas irão provocar a expressão de diversos fatores de transcrição, como MSX1, MSX2, PAX9 e PITX2.

> **LEMBRETE**
>
> A ausência de caninos e pré-molares em camundongos limita o uso desse animal em estudos moleculares de agenesia dentária. Os mecanismos moleculares que determinam a formação da dentição podem ser mais bem exemplificados estudando-se as alterações da dentição humana que levam ao aparecimento de agenesias dentais.

interação também é mediada por fatores difusíveis, entre os quais novamente participam genes das famílias *TGF*, *FGF*, *SHH*, *WNT* e fatores de transcrição da família *homeobox* como MSX1, MSX2, DLX1, DLX2, PAX e BARX1. A expressão do gene *PAX9* parece ser o sinal indutivo mais precoce para determinar o local do brotamento do epitélio oral.

A fase de **morfodiferenciação** é caracterizada pelo estabelecimento da forma do dente e pela diferenciação das células que formarão os tecidos dentais (ameloblastos, odontoblastos e cementoblastos). A forma do dente é determinada principalmente por crescimentos descontínuos do epitélio dentário e pela formação de dobras que se transformarão nas cúspides dentais. Esse fenômeno é também regulado pelos mesmos fatores difusíveis e fatores de transcrição que participam das fases anteriores da odontogênese.

O uso de recombinação homóloga com a produção de camundongos *knockout* com mutações genéticas tem contribuído sobremaneira para o entendimento da função de vários genes na odontogênese, assim como sobre os mecanismos que regulam esse processo. Tais estudos têm mostrado que a formação da dentição é influenciada de forma distinta pelos diversos genes que participam da odontogênese. Desse modo, camundongos *Gli2-/- Gli3-/-* têm agenesia somente dos incisivos superiores. Mutantes *Dlx1-/- Dlx2-/-* têm agenesia dos dentes molares superiores. Mutação no gene *activina beta A* resulta em fenótipo recíproco aos camundongos *Dlx1-/- Dlx2-/-*, causando agenesia dos dentes incisivos e molares inferiores.

Mutações no gene *MSX1* foram reportadas em famílias com um padrão autossômico dominante de agenesia dentária, afetando principalmente segundos pré-molares e terceiros molares. Mutações no gene *PAX9* também foram associadas com padrão autossômico dominante de agenesia dentária, afetando principalmente segundos pré-molares e todos os molares em humanos.

🔍 É interessante notar que, enquanto a agenesia dentária foi a principal (na maioria dos casos a única) alteração observada nas famílias com mutação nos genes *MSX1* e *PAX9*, a mutação desses genes em camundongos foi acompanhada por múltiplas alterações craniofaciais, incluindo agenesia de todos os dentes. Essas diferenças podem ser explicadas pela diferença de espécies; no entanto, é mais provável que o fenótipo mais brando observado em humanos se deva à alteração em apenas um alelo nas famílias afetadas e de dois alelos em camundongos *knockout*. Esses resultados indicam claramente uma relação dose-efeito na expressão genética.

Mutações no gene *AXIN2* também foram relacionadas com padrão autossômico dominante de oligodontia (ausência de mais de seis dentes) em várias famílias.

Na maioria dos casos, a dentição dos répteis e de outros vertebrados inferiores é do tipo homodonte, em que todos os dentes têm o mesmo aspecto cônico. Tais animais também são, em sua maioria, polifiodontes, com os dentes sendo continuamente renovados durante sua vida. O desenvolvimento da **heterodontia** e da **difiodontia** nos mamíferos ocorreu gradualmente, sendo que essas características começaram a aparecer nos répteis que deram origem aos mamíferos (sinapsídeos) durante os períodos Permiano e Triássico, há cerca de 250 milhões de anos.

O estabelecimento da fórmula dentária com quatro grupos diferentes de dentes (incisivos, caninos, pré-molares e molares) foi um dos principais aspectos que caracterizaram a evolução da dentição nos mamíferos. Análises fósseis mostram que a fórmula dentária primitiva dos mamíferos placentários correspondia a três incisivos, um canino, quatro pré-molares e três molares. Em muitos casos, as variações no número de dentes que existem entre as espécies de mamíferos refletem adaptações funcionais. Na maioria dos casos, as alterações na dentição parecem ter ocorrido pela perda de alguns dentes ou mesmo de uma classe de dentes. Desse modo, roedores não têm caninos e pré-molares, gatos têm somente um molar, e ovelhas não têm incisivos superiores e caninos.

Os mecanismos moleculares que levam à perda dentária nos roedores foram em parte elucidados. Durante a embriogênese, vários brotos epiteliais se formam na região entre incisivos e molares. A atrofia desses brotos epiteliais parece estar associada com a expressão diminuída do gene *Pax9*. É interessante notar que a mutação dos genes *Pax9*, *Msx1* e *activina beta A* em camundongos *knockout* também causa o bloqueio do crescimento na fase de broto, ao passo que, nos duplo *knockouts Dlx1-/- Dlx2-/-* ou *Msx1-/- Msx2-/-*, o bloqueio do desenvolvimento ocorre no estágio de lâmina. A redundância funcional *Msx1/2* e *Dlx1/2* durante a iniciação previne malformações na lâmina dentária e assegura a formação dos brotos dentais. Essas evidências mostram que o controle do número de dentes parece acontecer principalmente durante a fase de broto (Tab. 4.1).

SAIBA MAIS

A agenesia dental de todos os dentes é chamada anodontia. Essa condição é bastante rara, e sua causa mais comum é a mutação no gene *EDA*, que causa uma síndrome conhecida como displasia ectodérmica hipoidrótica. Nessa síndrome, além dos dentes, estão também afetados outros anexos epiteliais ectodérmicos, como pelos, cabelo, unhas e glândulas sebáceas e sudoríparas.

TABELA 4.1 – **Resumo das principais alterações na dentição causadas pela mutação de genes em camundongos**

Genes	Incisivos superiores	Incisivos inferiores	Molares superiores	Molares inferiores	Parada no crescimento
Gli 3-/-	+	+	+	+	
Gli2-/-	+F (-)	+(+)	+	+	
Gli2+/- Gli3+/-	+	+	+	+	
Gli2-/- Gli3+/-	-	+S	+	+ S	Broto
Gli2-/- Gli3-/-	-	-	-	-	Broto
Msx1-/-	-	-	-	-	Broto
Msx2-/-	+	+	+	+	
Msx1+/- Msx2-/-	+	+	+	+	
Msx-/- Msx2+/-	-	-	-	-	Broto
Msx1-/- Msx2-/-	-	-	-	-	Lâmina
Dlx1-/-	+	+	+	+	
Dlx2-/-	+	+	+	+	
Dlx1-/- Dlx2-/-	+	+	-	+(-)	Lâmina
Pax9-/-	-	-	-	-	Broto
Activin bA-/-	+	-	+	-	Broto
Eda X⁻/Y	+ S	+ S	+S	+ S	
Lef1-/-	-	-	-	-	Broto
Pax6-/-	++	+	+	+	

+: presente; -: ausente; S: dente pequeno; F: dente fusionado; ++: dente supranumerário; ( ): ocasionalmente presente.

AMELOGÊNESE

ESMALTE: ESTRUTURA, FUNÇÃO E EVOLUÇÃO

O esmalte dentário é o tecido mais duro e calcificado do nosso organismo. Contém aproximadamente 95% de conteúdo mineral e é constituído principalmente por cristais de hidroxiapatita de cálcio. A superfície externa do esmalte é formada por uma camada fina e homogênea, na qual os cristais de hidroxiapatita são paralelos entre si. Essa camada é dita aprismática (sem prismas).

A maior parte do esmalte é formada por prismas ou bastões. Cada prisma se origina na junção entre a dentina e o esmalte (junção amelodentária) e segue até a região próxima à superfície do esmalte. Os prismas são formados devido à variação na orientação dos cristais de hidroxiapatita. A diferença de orientação dos cristais entre dois prismas vizinhos faz com que o limite entre eles seja visível (Fig. 4.6).

LEMBRETE

Os dentes dos répteis, dos quais os mamíferos originaram, são pouco exigidos. Os répteis trocam a dentição muitas vezes durante sua vida (são polifiodontes) e não mastigam; usam os dentes apenas para aprisionar e engolir os alimentos. Já os dentes dos mamíferos são muito exigidos, pois esses animais possuem um estilo de vida bastante ativo.

Acredita-se que a estrutura prismática foi uma aquisição importante para o desenvolvimento da mastigação nos mamíferos que apareceram há aproximadamente 250 milhões de anos.

O processamento dos nutrientes pela mastigação é uma etapa importante para o seu aproveitamento eficiente. Os mamíferos precisam alimentar-se com frequência e maximizar o aproveitamento da energia e dos nutrientes contidos nos alimentos. Como consequência, os dentes são frequentemente submetidos a forças de impacto e abrasão pelo contato oclusal entre os dentes opostos durante a mastigação. Além disso, os dentes dos mamíferos são usados durante longos períodos, pois estes possuem somente uma (monofiodontes) ou duas (difiodontes) dentições durante toda a vida (os humanos possuem duas dentições, ao passo que os roedores possuem apenas uma).

O desenvolvimento da mastigação só foi possível graças a adaptações evolutivas na estrutura do esmalte. A variação da orientação dos cristais de hidroxiapatita ajuda a distribuir as forças mastigatórias que incidem sobre o esmalte, melhorando as propriedades físicas dessa estrutura. Nos mamíferos primitivos, os prismas eram paralelos entre si e seguiam retos da junção amelodentária até a superfície do esmalte. Na maioria dos mamíferos modernos, o esmalte possui uma estrutura mais complexa: os prismas seguem um trajeto tortuoso e, além disso, grupos de prismas seguem direções distintas, formando as bandas de Hunter-Schreger (Fig. 4.7).

Evidências experimentais mostram que as bandas de Hunter-Shreger melhoram as propriedades físicas do esmalte dentário, tornando-o mais resistente a fraturas e à abrasão. Essas bandas apareceram, pela primeira vez, há aproximadamente 60 milhões de anos, em um período que coincide com a diversificação das espécies de mamíferos. Até então, os mamíferos eram seres pequenos e desprezíveis que se alimentavam de insetos e viviam à sombra dos grandes dinossauros, os quais dominavam o nosso planeta.

A formação do esmalte é um processo complexo que envolve eventos biológicos importantes. O esmalte é formado pelos ameloblastos que se originam a partir das células do epitélio interno do órgão dentário (ver Fig. 4.5). A diferenciação das células do epitélio interno ocorre devido à influência das células da papila dentária subjacentes. Essa diferenciação é regulada pela expressão de fatores como

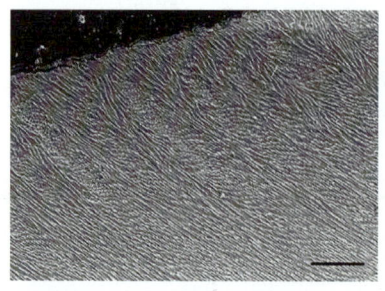

Figura 4.6 – Esmalte dentário humano visto em microscopia eletrônica de varredura. Nota-se a presença de prismas que aparecem como pequenos bastões (barra = 100um).

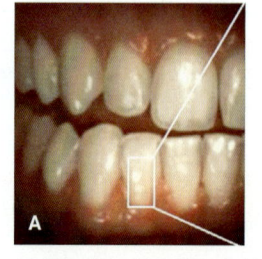

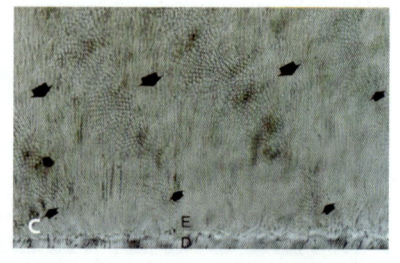

Figura 4.7 – Bandas de Hunter-Schreger do esmalte dentário humano. Em B, vê-se um aumento da região de A mostrando bandas Hunter-Schreger, evidenciadas pela técnica de luz lateral. (C) Corte de esmalte dentário humano mostrando a orientação diferencial das bandas de Hunter-Schreger, que estão indicadas por setas. Grupos de prismas com orientação diferencial são apontados por setas de sentidos opostos. D: dentina; E: esmalte.

SHH e SMO, além da interação das células com proteínas da matriz extracelular. A matriz extracelular que origina o esmalte é sintetizada, secretada e organizada por células especializadas do órgão dentário, os ameloblastos.

O desenvolvimento do esmalte é caracterizado por interações complexas entre componentes dessa matriz extracelular em fase orgânica, fase mineral e fase aquosa. Essas interações ocorrem em três estágios: o **secretório**, com deposição de uma matriz predominantemente orgânica pelos ameloblastos; o de **transição**, em que se inicia a degradação proteica e aumenta muito a fase aquosa da matriz; e o de **maturação**, em que há extensa degradação da matriz orgânica e substituição por componente mineral. No final desse processo, o esmalte torna-se o material mais duro do organismo. Os outros tecidos mineralizados – como osso, dentina e cemento – possuem em torno de 20% de material orgânico, ao passo que o esmalte possui menos de 1% de constituição orgânica.

As principais proteínas envolvidas na formação do esmalte são a amelogenina, a ameloblastina e a enamelina. As amelogeninas são um grupo heterogêneo de proteínas que constitui 90% do total de proteínas da matriz no estágio secretório. São altamente hidrofóbicas e, em solução, formam agregados conhecidos como nanosferas. As nanosferas interagem com os cristais extremamente finos dos estágios precoces da formação do esmalte e modulam seu crescimento.

O papel fundamental das amelogeninas na mineralização do esmalte pode ainda ser verificado pelos seguintes fatores:

- o gene da amelogenina está alterado nos casos de amelogênese imperfeita ligada ao cromossomo X, doença em que há formação de esmalte pouco mineralizado e bastante desorganizado;
- resultados *in vitro* mostram que inibidores da degradação da amelogenina promovem mineralização deficiente no esmalte dentário.

> A remoção das amelogeninas durante a maturação parece um passo crítico para a mineralização do esmalte e parece ser dependente de proteinases presentes na sua matriz orgânica. Durante o desenvolvimento dentário, proteinases são secretadas pelos ameloblastos e clivam as proteínas do esmalte. Diferentes proteinases são expressas durante os estágios de formação do esmalte, exercendo funções distintas. Essas enzimas parecem ter papel essencial na formação do esmalte, modificando e/ou degradando proteínas da matriz e, consequentemente, afetando a interação entres as proteínas e o desenvolvimento dos cristais de hidroxiapatita.

A metaloproteinase da matriz-20 (MMP-20) é também conhecida como enamelisina. A função da MMP-20 parece ser a remoção gradual da amelogenina na fase secretória, alterando o comportamento físico-químico da molécula. O gene da MMP-20 humano localiza-se no braço longo do cromossomo 11 (11q22.3) e possui 9 éxons.

Outra enzima que participa do processamento da matriz do esmalte é uma serinoproteinase conhecida como calicreína-4, ou KLK-4. Ela é secretada na forma de uma pré-enzima (zimógeno) com 230 aminoácidos, e então é ativada por clivagem proteolítica, sendo encontrada no tecido em duas formas, com massas moleculares de 30 e 34kDa.

A KLK-4 é expressa no final do estágio de transição e durante todo o estágio de maturação. Ela parece ter uma função digestiva, clivando a amelogenina e as outras proteínas da matriz do esmalte durante o

SAIBA MAIS

A extinção dos dinossauros, há 65 milhões de anos, permitiu aos mamíferos ocupar os territórios deixados pelos antigos donos do planeta. Novas espécies surgiram, animais maiores e com novos tipos de dietas apareceram em um período relativamente curto. O aumento do tamanho dos mamíferos causou um consequente aumento na força mastigatória (animal maior possui maior força mastigatória).
Associado a esse fator, dietas baseadas em fibras vegetais nos animais herbívoros ou a necessidade de triturar ossos nos animais carnívoros aumentaram o esforço sobre o esmalte dentário, aumentando a possibilidade de fratura nesse tecido. Assim, as bandas de Hunter-Schreger conferiram uma importante vantagem seletiva. Dentes com essas estruturas puderam permanecer funcionais por mais tempo, melhorando as chances de sobrevivência das espécies na qual estavam presentes.

SAIBA MAIS

O ataque ácido da superfície do esmalte dentário faz com que a superfície apresente microporosidades que são usadas pelo dentista para melhorar a adesão de selantes, braquetes ortodônticos e materiais restauradores.

início da fase de maturação. A degradação e a remoção da matriz proteica do esmalte dentário permite um rápido crescimento dos cristais de hidroxiapatita durante essa fase. O gene *KLK4* localiza-se no braço longo do cromossomo 19 (19q13.41) e possui 6 éxons. O Quadro 4.1 mostra os principais genes envolvidos com a formação da matriz do esmalte dentário.

Considerando a classificação da amelogênese imperfeita baseada primariamente no modo de herança genética, a seguir são apresentados os genes e a função das respectivas proteínas envolvidas com os tipos de amelogênese imperfeita.

QUADRO 4.1 – Principais genes que têm sido investigados na amelogênese normal e na imperfeita

Proteína	Gene	Localização citogenética	OMIM	Principal estágio da amelogênese em que atua
Amelogenina	AMELX	Xp22.3-p22.1	300391	Secretório
Enamelina	ENAM	4q21	606585	Secretório
Ameloblastina	AMBN	4q21	601259	Secretório
Tufelina	TUFT1	1q21	600087	Secretório
Amelotina	AMTN	4q13.3	610912	Secretório
Enamelisina	MMP20	11q22.3-q23	604629	Transição/maturação
Calicreína-4	KLK4	19q13.3-q13.4	603767	Transição/maturação
Family with sequence similarity, member H	FAM83H	8q24.3	611927	Transição/maturação

AMELOGÊNESE IMPERFEITA COM HERANÇA LIGADA AO CROMOSSOMO X

No cromossomo X, o principal gene relacionado com a formação do esmalte é o *AMELX*, que codifica a proteína amelogenina (ver Quadro 4.1). Esse gene consiste em 7 éxons, sendo que diferentes mutações – como deleções de parte do gene, mutações de uma única base, dentre elas mutações sem sentido (*nonsense*) que levam à terminação prematura da proteína – já foram relacionadas à amelogênese imperfeita. Certas partes do gene parecem ser críticas para o controle da espessura do esmalte, ao passo que outras parecem ter um papel importante na mineralização do esmalte.

AMELOGÊNESE IMPERFEITA COM HERANÇA AUTOSSÔMICA

Nesse caso, os possíveis genes a terem sofrido mutação são os autossômicos, ou seja, aqueles posicionados nos cromossomos 1 a 22. Pode-se observar, no Quadro 4.1, que quatro genes relacionados com a amelogênese estão posicionados no braço longo do cromossomo 4q, além de outros genes que atuam como proteases da matriz orgânica do esmalte, como *MMP20* e *KLK4*.

Alguns casos de amelogênese imperfeita do tipo hipoplásica (OMIM 104500) com herança autossômica dominante, com fenótipo mais localizado, foram relacionadas a mutações no gene *ENAM*.

SAIBA MAIS

A página OMIM (Online Mendelian Inheritance in Man)[2] é uma importante fonte de pesquisa sobre doenças e genes do National Center for Biotechnology Information (NCBI).

A amelogênese imperfeita do tipo hipocalcificada (Fig. 4.8) com herança autossômica dominante (OMIM 130900) foi relacionada a mutações no gene *FAM83H*. Esse gene tem 5 éxons, localiza-se no cromossomo 8q24.3 e é expresso em ameloblastos e odontoblastos, sendo requerido para a apropriada calcificação do esmalte dentário.

A amelogênese imperfeita com herança autossômica recessiva é mais comum em grupos populacionais que têm como cultura realizar os casamentos entre membros do próprio grupo, ou em casos de casamentos consanguíneos.

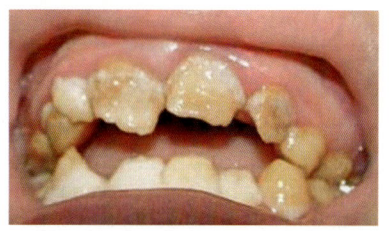

Figura 4.8 – Aspecto da dentição em indivíduo com amelogênese imperfeita tipo hipocalcificada. Note a ausência do esmalte dentário.

Em três famílias com amelogênese imperfeita tipo hipoplásica (Fig. 4.9), foram identificados pacientes com hipoplasia do esmalte e mordida aberta (OMIM 204650) que possuíam em homozigose a inserção de 2 pares de bases no éxon 10 do gene *ENAM*, levando à terminação prematura da proteína. Outros membros das famílias que somente possuíam pequenas depressões no esmalte eram heterozigotos para a mutação.

Há também a amelogênese imperfeita com herança autossômica recessiva do tipo hipomaturada, que manifesta coloração amarelada intensa (OMIM 204700). Em dois irmãos com esse tipo de amelogênese imperfeita, foi identificada uma mutação que resultou na substituição do aminoácido 153 (triptofano) para códon de parada (W153X) no gene *KLK4*, que também leva à terminação prematura da proteína.

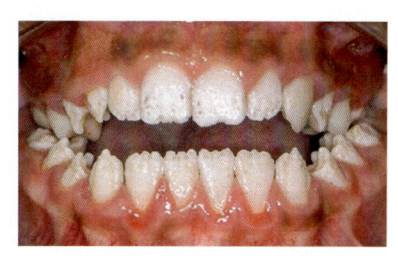

Figura 4.9 – Aspecto da dentição em indivíduo com amelogênese imperfeita tipo hipoplásica. Note as irregularidades na superfície do esmalte dentário.

Em outra família, a amelogênese imperfeita com herança autossômica recessiva do tipo hipomaturada (OMIM 612529) foi causada por mutação no gene *MMP20*, que pode ter perturbado a atividade funcional da proteína, a qual tem importante participação no processo proteolítico da matriz do esmalte, processo essencial para a elongação dos cristais de hidroxiapatita.

AMELOGÊNESE IMPERFEITA EM SÍNDROMES

Diferentemente dos tipos já citados, em que a amelogênese imperfeita ocorre como uma característica isolada (ou seja, sem estar associada a nenhuma síndrome), essa malformação do esmalte também pode ocorrer como uma característica de algumas síndromes. Por exemplo, destacam-se a síndrome tricodento-óssea (OMIM 190320), a síndrome de Kohlschutter (OMIM 226750), a amelogênese imperfeita e nefrocalcinose (OMIM 204690) e a síndrome de Jalili (OMIM 217080).

DENTINA

A dentina é o tecido mineralizado de natureza conjuntiva que constitui a maior parte da estrutura do dente, sendo recoberta pelo esmalte na porção coronária e pelo cemento na porção radicular. A dentina suporta o esmalte, amortecendo as forças da mastigação. Sem o apropriado suporte da dentina, o esmalte tende a fraturar e facilmente soltar-se da dentina. Embora a dentina tenha conteúdo orgânico e propriedades mecânicas similares às do osso, a matriz dentinária tem uma microestrutura única, considerando os longos processos odontoblásticos.

LEMBRETE

Os principais tipos de alterações genéticas que acometem a dentina são as dentinogêneses imperfeitas e as displasias dentinárias, que apresentam herança autossômica dominante e afetam as dentições decíduas e permanentes.

A dentina, secretada pelos odontoblastos, tem sua matriz orgânica composta por proteínas em parte colagênicas e em parte não colagênicas. A principal proteína não colagênica secretada pelos odontoblastos para formação da dentina é a sialofosfoproteína da dentina (DSPP).

> **SAIBA MAIS**
>
> O ataque ácido da dentina remove uma fina camada de material inorgânico, deixando exposta a matriz colágena. Essa matriz pode ser infiltrada por resina líquida que, quando polimerizada, aumenta a retenção dos materiais restauradores na dentina.

Após a secreção da proteína DSPP pelos odontoblastos, esta é clivada em três proteínas menores por múltiplas proteases extracelulares: sialoproteína da dentina (DSP), glicoproteína da dentina (DGP) e fosfoproteína da dentina (DPP). DSP e DPP são as duas principais proteínas não colagênicas da matriz dentinária, mas têm papéis distintos na dentinogênese. DSP é um proteoglucano que forma dímeros covalentes ligados por pontes dissulfeto; DGP é uma glicoproteína fosforilada; e DPP (também conhecida como fosforina) é uma proteína altamente fosforilada (ácida).

Por ser altamente hidrofílica, a proteína DPP expressa pelos odontoblastos interage com as fibrilas do colágeno da matriz dentinária e contribui para a nucleação de cristalitos minerais. Tem sido sugerido que a DPP atua como um iniciador da mineralização da pré-dentina, bem como no controle da mineralização da dentina. Contudo, estudos recentes têm mostrado que a DSP é suficiente para iniciar a mineralização, ao passo que a DPP é importante para a maturação da dentina.

ASPECTOS GENÉTICOS DA DENTINOGÊNESE IMPERFEITA

Muitos estudos têm investigado várias famílias afetadas pela dentinogênese imperfeita e têm-na associado a mutações no gene *DSPP* (OMIM 125485), que está localizado no 4q22.1. Em concordância, a dentinogênese imperfeita tem caráter autossômico dominante e penetrância completa.

O gene *DSPP* tem 5 éxons e, até o momento, 13 mutações foram identificadas nos seus éxons 1 a 4, região responsável por codificar a DSP. Há uma região do gene considerada **ponto frequente de mutação**: o aminoácido 18 (valina), que sofre mutação para fenilalanina (p.V18F) devido à substituição de guanina por timina (c.52G>T) na posição 52 do cDNA no éxon 3. Essa mutação foi descrita em quatro casos de dentinogênese imperfeita.

A mesma mutação também ocorreu em uma família chinesa com dentinogênese imperfeita e perda auditiva neurossensorial bilateral progressiva de alta frequência. Em outros três casos de dentinogênese imperfeita, a causa foi a mutação de valina no aminoácido 18 para ácido aspártico (p.V18D), devido à substituição do nucleotídeo 53 do cDNA de timina para adenina (c.53T>A) no mesmo éxon 3.

> Vale notar que, nos casos em que ocorreu a mutação p.V18F, não houve alteração no esmalte e, na mutação p.V18D, houve hipoplasia no esmalte. A severidade da mutação pode explicar os diferentes fenótipos: a valina é um aminoácido neutro não polar e a fenilalanina também, embora menos hidrofóbica do que aquela; já o ácido aspártico é um aminoácido negativo, polar e bastante hidrofílico. Como consequência, a mutação p.V18D parece ser mais severa do que a p.V18F.

Em uma família com dentinogênese imperfeita e perda auditiva neurossensorial bilateral progressiva de alta frequência, foi identificada uma mutação no éxon 2 do gene *DSPP* que alterava o aminoácido 17 de prolina para treonina. Mutações em regiões de íntrons também foram identificadas afetando a recomposição (*splicing*) do pré-RNAm normal. Foi identificada uma mutação em região intrônica que elimina o éxon 3 (*exon-skipping*). Além das mutações já citadas no éxon 5 do gene *DSPP*, região que codifica a proteína DPP, foram identificadas outras 12 mutações, as quais são apresentadas no Quadro 4.2.

DISPLASIAS DENTINÁRIAS

As displasias dentinárias são anomalias hereditárias da dentina e, assim como as dentinogêneses imperfeitas, são autossômicas dominantes. Essas anomalias são raras e classificadas da seguinte maneira:

- **Displasia dentinária tipo I:** Também é conhecida como tipo radicular, pois há um importante encurtamento das raízes. Isso resulta de anormalidade na bainha radicular epitelial de Hertwig, comprometendo seu desenvolvimento e a formação da dentina radicular. Ambas as dentições têm cor normal. As coroas têm formato normal, mas as polpas estão quase totalmente obliteradas. Radiograficamente, fragmentos residuais de tecido pulpar aparecem tipicamente como transparências horizontais e podem ser observadas múltiplas regiões radiolúcidas periapicalmente. Podem ocorrer

QUADRO 4.2 – **Principais mutações descritas no gene *DSPP* que causaram dentinogênese imperfeita ou displasia dentinária**

Éxon do gene *DSPP*	Posição genômica	Posição no cDNA	Posição na proteína
Éxon 2	g.44C>T	c.44C>T	p.A15V
Éxon 2	g.49C>A	c.49C>A	p.P17T
Éxon 3	g.1197G>T	c.52G>T	p.V18F
Éxon 3	g.1198T>AT	c.53T>AT	p.V18D
Éxon 3	g.1198T>AT	c.53T>AT	p.V18D
Éxon 3	g.1278C>T	c.133C>T	p.Q45X
Éxon 4	g.1480A>T	c.202A>T	p.R68W
Éxon 5			Del1160-1171 Ins1198-1199
Éxon 5		c.2688delT c.3560delG	
Éxon 5		c.2349delT	
Éxon 5		c.2666delG	
Éxon 5		c.3582-3591del10pb	
Éxon 5		c.3625-3700del76pb	
Éxon 5		c.2593delA	
Éxon 5		c.2684delG	
Éxon 5		c.3438delC	
Éxon 5		c.3546-3550del5pbInsG	
Íntron 2	g.1194C>G	c.52-3C>G	
Íntron 2		del 23pb	IVS2-3C>A
Íntron 3	g.1281G>A	c.135+1G>A	
Éxon 2*	g.16T>G	c.16T>G	p.D6Y
Éxon 5*		c.1686delT	
Éxon 5*		c.1830delC	
Éxon 5*		c.1918-1921del4pb	
Éxon 5*		c.1922-1925del4pb	
Éxon 5*		c.2063delA	
Éxon 5*		c.2040delC	

*Mutações responsáveis por displasia dentinária do tipo II.

perdas prematuras dos dentes devido às raízes mais curtas e às lesões periapicais, como abscessos crônicos, granulomas ou cistos.

- **Displasia dentinária tipo II:** Mais rara do que o tipo I, também é conhecida como tipo coronal, pois as polpas coronárias dos dentes permanentes anteriores são amplas, preenchidas com glóbulos de dentina anormal. Nos dentes decíduos, há obliteração da polpa pela contínua deposição de dentina após a erupção do dente. A cor da dentição decídua é opalescente, e a da permanente é normal. Não ocorrem lesões periapicais.

Algumas alterações genéticas já foram identificadas como causa da displasia dentinária tipo II e são apresentadas no Quadro 4.2. A mutação de sentido trocado (*missense*) no éxon 2 do gene *DSPP* alterando o aminoácido 6 de ácido aspártico para tirosina (p.D6Y) foi identificada em uma família com displasia dentinária tipo II. A substituição do peptídeo sinal hidrofóbico causou uma falha na translocação das proteínas DSP e DPP para o retículo endoplasmático, levando a uma possível perda de função de ambas.

Em uma família chinesa, uma deleção de uma única base foi identificada no gene *DSPP* na região codificadora da proteína DPP, resultando em uma mudança de fase de leitura e terminação prematura da DPP. Recentemente, foram identificadas cinco deleções nessa região que se mostraram responsáveis pela displasia dentinária tipo II em oito famílias com diferentes origens étnicas.

LÍNGUA

> A língua é um órgão complexo, formado por vários tecidos, que participa em diversos processos, como fonação, mastigação, deglutição e gustação. A sensação de gosto é uma exclusividade de animais vertebrados e tem a função exclusiva de auxiliar na seleção de alimentos. A gustação é desempenhada pela mucosa da língua.

A formação da língua se inicia no final da quarta semana do desenvolvimento embrionário com o crescimento bilateral de duas protuberâncias na região interior do primeiro arco branquial. Essas protuberâncias crescem e se fusionam na região da linha média (Fig. 4.10). A falha no fusionamento dessas protuberâncias pode originar uma anomalia conhecida como língua bífida. Concomitantemente, ocorre o crescimento de células do terceiro arco branquial, que vão se encontrar com as células do primeiro arco, descritas anteriormente. O limite entre esses dois grupos celulares fica delimitado pelo V lingual, onde estão as papilas valadas.

O tecido muscular estriado, que ocupa a maior parte do volume da língua, tem origem mesodérmica de células localizadas nos somitos occipitais. A inervação da língua segue a migração dos arcos branquiais. Assim, a porção anterior da mucosa da língua é inervada por ramos derivados do nervo trigêmeo, que acompanha o primeiro arco branquial. A inervação derivada do trigêmeo (nervo lingual) é responsável pela sensibilidade tátil e dolorosa dos dois terços anteriores da língua. A porção posterior da mucosa é inervada pelo nervo glossofaríngeo, do terceiro arco, que é responsável pela sensibilidade tátil e gustativa dessa região.

> A musculatura da língua é inervada pelo nervo hipoglosso, que acompanhou a migração das células dos somitos occipitais. É por isso que a técnica de anestesia dos nervos alveolar inferior e lingual, comumente executada por cirurgiões-dentistas, anestesia somente a porção anterior da

SAIBA MAIS

Os mamíferos podem perceber quatro tipos de sabores diferentes. A gustação é uma combinação das seguintes sensações: doce, salgado, amargo, azedo e *umami* (esse termo deriva da palavra japonesa "delícia", e o gosto está associado ao aminoácido glutamato e a alguns nucleotídeos). As moléculas ingeridas entram em contato com receptores que traduzem a ligação química em sensações gustativas. Os receptores para o paladar estão principalmente localizados em botões ou papilas gustativas no dorso da língua, mas existem também receptores em outras áreas, como no palato, na garganta e no ventre lingual.

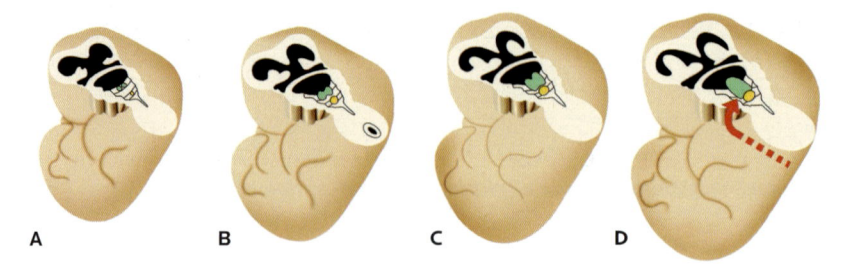

Figura 4.10 – Desenvolvimento da língua em representações do embrião humano. (A) Quarta semana do desenvolvimento; corte da região da cabeça que evidencia a porção interna dos arcos branquiais. Nota-se o início da formação das protuberâncias linguais no primeiro (verde) e no terceiro arcos branquiais (amarelo). (B) Quinta semana do desenvolvimento; início da fusão das protuberâncias linguais no primeiro arco branquial (verde). (C) Sexta semana do desenvolvimento; crescimento e fusão das porções posteriores das protuberâncias branquiais do primeiro arco (verde). A falha da fusão das duas porções anteriores pode resultar na anomalia conhecida como língua bífida. (D) Sétima semana do desenvolvimento; fusão das três protuberâncias linguais. A seta mostra a direção de migração das células que vão originar a musculatura da língua.

mucosa da língua, sem afetar sua movimentação. A gustação, que ocorre nos dois terços anteriores da língua, é feita pelo nervo facial.

> Os botões gustativos se desenvolvem no período fetal, após a oitava semana do desenvolvimento. Sua formação ocorre pela proliferação focal da mucosa lingual, que é estimulada pela inervação subjacente. A importância do estímulo nervoso na formação das papilas gustativas é bem exemplificada pela sua ausência na doença conhecida como disautonomia familiar, que ocorre devido a uma alteração autossômica (9q19) recessiva caracterizada por defeitos na formação dos sistemas nervosos autônomo e sensorial.

Os tipos de botões gustativos podem variar de acordo com a espécie. Em humanos, assim como em ratos, existem três tipos de botões gustativos: fungiformes, que se localizam no terço anterior da língua; foliados, que consistem em uma série de fendas localizadas na porção posterior da língua; e circunvalados, que se localizam no V lingual.

Os estudos sobre a genética da gustação se iniciaram na década de 1930, com o descobrimento da variação individual da sensibilidade gustativa ao composto feniltiocarbomida. Descobriu-se que aproximadamente 25% da população era insensível a esse composto; 50% tinha sensibilidade gustativa moderada; e 25% possuía uma sensibilidade exacerbada (indivíduos supergustadores). Mais tarde, descobriu-se que os indivíduos supergustadores possuíam mais de mil botões gustativos por centímetro quadrado, e os indivíduos não sensíveis possuíam menos de 10 botões.

Existe uma via específica para cada tipo de gosto. Substâncias amargas ativam uma proteína chamada transducina, que ativa a enzima fosfolipase C, a qual cliva um fosfolipídeo da membrana gerando inositol trifosfato, que vai induzir a liberação de reservas de cálcio no retículo endoplasmático. O aumento do cálcio no citoplasma, por sua vez, induz a exocitose de vesículas que contêm neurotransmissores. Os gostos doce, azedo e salgado agem por vias diferentes, que vão aumentar a concentração intracelular de Na^+ e K^+.

O aumento da concentração citoplasmática dos íons Na^+ e K^+ induz a abertura de canais de cálcio presentes na membrana citoplasmática. Isso provoca um influxo de cálcio do meio externo para o interior da célula gustativa. Novamente, o aumento da concentração de cálcio intracitoplasmático induz a liberação dos neurotransmissores. O gosto doce é determinado por dímeros formados pelas proteínas TAS1R2 e TAS1R3; o gosto *umami* é captado por dímeros TAS1R1 e TAS1R3; o gosto amargo é captado por receptores TAS2R. Existem mais de 30 genes para receptores TAS2R. Variações nesses genes (polimorfismos genéticos) modulam as diferentes sensibilidades para a percepção do gosto amargo.

LEMBRETE

A sensibilidade gustativa se dá por um mecanismo de transdução de sinais químicos que se inicia com a ligação de moléculas dissolvidas na saliva com receptores específicos e culmina com a liberação de neurotransmissores pelas células dos botões. Essas substâncias excitam os neurônios sensitivos primários. As informações gustativas vão para a medula espinal e para o bulbo, de onde são levadas ao tálamo. No tálamo, as informações são processadas e seguem para o córtex gustativo, onde a mensagem eletroquímica é transformada em sensação física.

SAIBA MAIS

Alguns animais carnívoros, como o gato, a hiena e algumas espécies de foca, sofreram mutações que inativaram os receptores para o gosto doce. Além disso, algumas espécies de golfinho e leões-marinhos perderam a sensibilidade para o gosto *umami* e para parte do gosto amargo. Essas espécies de caçadores engolem suas presas inteiras e têm pouca necessidade pelo sentido do paladar.

5

Síndromes genéticas relacionadas à odontologia

SALMO RASKIN
ALINE TEIXEIRA DA COSTA

OBJETIVOS DE APRENDIZAGEM:

- Identificar as principais síndromes genéticas com características importantes para a odontologia
- Diferenciar síndromes cromossômicas e síndromes gênicas

GENES MENCIONADOS NO CAPÍTULO:

CD96	GINGGF2	RSK2
EVC	GNAS	SIX
FGD1	IRF6	SOS1
FLNA	LBN	STK11
GINGF1	LMNA	TCOF1
GINGF3	PAX9	TNSALP
GINGF4	RECQL2	

O termo "síndrome" faz referência a um conjunto de sinais e sintomas. Portanto, nenhum achado isolado nos permite considerar o diagnóstico de alguma síndrome genética específica. Contudo, há sinais e sintomas cuja presença leva a investigar o caso de forma mais abrangente em busca de outros dados clínicos, para que então se possa definir o quadro como sindrômico. As síndromes genéticas configuram condições clínicas raras individualmente, mas relativamente frequentes quando vistas em seu conjunto.

Para reconhecer o que é considerado anormal, é necessário ter uma noção precisa do que é a anormalidade. O normal é considerado a partir da frequência de determinada característica na população: o que é mais frequente é considerado normal. Quando se trata de uma avaliação morfológica, é reconhecido que a presença da variação da normalidade pode ser identificada logo ao nascimento, ou pelo menos durante a infância.

Na avaliação do **aspecto facial**, deve-se considerar primeiramente a harmonia da face pela observação de seu conjunto. Normatizar a avaliação a partir de mensuração específica pode ser difícil em uma população altamente miscigenada, como a brasileira; esse procedimento pode levar a uma avaliação equivocada. Ainda, ao considerar que determinada característica pode ter um significado clínico específico, deve-se, em um primeiro momento, observar se determinada característica é um traço familiar, e, portanto, destituído de especificidade clínica.

A palavra "genética", derivada da raiz grega *gen* ("vir a ser"), foi empregada pela primeira vez por Bateson, em 1906, para designar o estudo da hereditariedade e da variação dos seres vivos. Apesar de suas raízes milenares, a genética é um produto típico do século XX, resultante da integração de três áreas de investigação científica: hibridação, estatística e citologia.[1]

Somente em 1956, foi descoberto, por Tijo e Levan, o número de cromossomos humanos (46), o que possibilitou o desenvolvimento da citogenética a partir de então. Primeiramente, as alterações cromossômicas numéricas passaram a ser identificadas, e, com o melhoramento da técnica de avaliação, foram reconhecidas alterações cromossômicas estruturais. Atualmente, o refinamento técnico permite a avaliação de alterações cromossômicas imperceptíveis ao olho humano na avaliação microscópica e até de alterações imperceptíveis ao microscópio.

No início do século XX, foi publicado o trabalho de Gregor Mendel (1822-1884) no qual é postulada a transmissão dos caracteres hereditários considerando a existência de unidades elementares da hereditariedade, conhecidas como genes. O número de genes da espécie humana é cerca de 25.000. O estudo dos genes culminou com o Projeto Genoma Humano, que tornou possível tanto o estudo de alguns genes específicos, de acordo com a indicação clínica, como a análise de todos os genes humanos ao mesmo tempo. Com base nesse avanço, vem surgindo uma avalanche de conhecimento sobre a saúde e as doenças humanas, cujo impacto também atinge a odontologia.

As síndromes genéticas podem estar relacionadas a causas cromossômicas ou gênicas. Neste capítulo, serão abordadas as síndromes cromossômicas mais comuns e suas implicações orais, bem como algumas síndromes gênicas nas quais o comprometimento oral é característico.

SÍNDROMES CROMOSSÔMICAS

As alterações cromossômicas relacionadas a um padrão reconhecível de malformação humana podem ser classificadas em numéricas (variação do número de cromossomos) e estruturais (alteração na estrutura interna do cromossomo). Podem ser consideradas separadamente as alterações cromossômicas envolvendo os cromossomos autossômicos e aquelas que comprometem o número de cromossomos sexuais.

ALTERAÇÕES CROMOSSÔMICAS NUMÉRICAS

As alterações cromossômicas numéricas são conhecidas como aneuploidias (envolvem, geralmente, um único par de cromossomos) e poliploidias (envolvem todos os cromossomos ao mesmo tempo), nas quais se encontra um número de cromossomos aumentado ou diminuído.

A consequência mais conhecida de alteração cromossômica é a **síndrome de Down**. É a mais conhecida por ser a mais comum em nascidos vivos (1:700 nascimentos). Nessa condição autossômica, ocorre a trissomia do cromossomo 21; assim, encontra-se um excesso de dose dos genes presentes no cromossomo 21.

A síndrome de Down é caracterizada por fácies típica (braquicefalia, fendas palpebrais oblíquas pra cima, epicanto, nariz curto, hipoplasia do terço médio da face, orelhas pequenas), atraso no desenvolvimento neuropsicomotor/deficiência mental, baixa estatura, frouxidão ligamentar (instabilidade atlantoaxial), clinodactilia dos quintos quirodáctilos, prega palmar única, háluces afastados dos segundos pododáctilos e arco tibial. É comum a presença de malformação cardíaca, atresia de duodeno, megacólon congênito, dentre outras malformações.

As complicações clínicas mais comuns na síndrome de Down são hipotireoidismo, leucemia e, na vida adulta, a doença de Alzheimer. Como alterações bucais, destacam-se boca pequena, palato elevado com largura e comprimento relativamente reduzidos, macroglossia, presença de fissuras na língua, prognatismo relativo, erupção de dentes atrasada, oligodontia, hipocalcificação dentária, alterações coronárias e radiculares, mordidas cruzadas posteriores e apinhamento pronunciado dos dentes anteriores devido a discrepâncias dentoalveolares.

Cabe salientar o cuidado necessário para a realização de procedimentos cirúrgicos em pacientes com síndrome de Down, tendo em vista a

SAIBA MAIS

Na **síndrome de Patau**, ocorrem alterações oculares (por exemplo, microftalmia, coloboma de íris e displasia de retina); do sistema nervoso central (holoprosencefalia, crises convulsivas e retardo mental); cardíacas (defeito do septo ventricular e do ducto arterioso patente); genitais (criptorquidia, útero bicorno); dos membros (polidactilia), entre outras. Dentre as malformações bucais, podem-se citar a fissura labial e a palatina.

A **síndrome de Edwards** é caracterizada por retardo de crescimento intrauterino, retardo mental, hipertonicidade, occipital proeminente, estreitamento do diâmetro bifrontal, orelhas malformadas e de implantação baixa, fissuras palpebrais pequenas, mãos fechadas de forma típica, esterno curto, hérnia umbilical ou inguinal, criptorquidia, redundância de pele e defeitos cardíacos (defeito de septo ventricular, defeito de septo atrial, ducto arterioso patente). Como alterações bucais, descrevem-se abertura oral restrita, palato estreito e micrognatia.

frouxidão ligamentar devida à prevalência de luxação atlantoaxial nesses indivíduos, e pela cardiopatia congênita, presente em metade dos casos.

O diagnóstico de síndrome de Down é clínico. A avaliação citogenética para o diagnóstico por meio do cariótipo é indicada em uma minoria dos casos. A importância desse exame é no aconselhamento genético da família. Em 95% dos casos, a trissomia do cromossomo 21 é considerada livre (presença de três cromossomos 21 individualizados), com risco de recorrência de 1%, devendo-se considerar a idade da mãe ao gestar, já que se observa aumento estatístico do risco de haver uma gestação de criança com síndrome de Down de forma proporcional ao aumento da idade materna. A idade materna é considerada avançada a partir dos 35 anos.

Na síndrome de Down, em uma pequena porcentagem dos casos, ocorre uma translocação robertsoniana (união de dois cromossomos acrocêntricos a partir do centrômero). Tal achado exige a investigação citogenética dos progenitores, uma vez que um deles pode ser portador de uma translocação balanceada (sem perda ou ganho do material genético); nesses casos, há maior chance de recorrência em futuras gestações e até em membros próximos das famílias do portador de translocação.

Além da síndrome de Down, outras cromossomopatias autossômicas são compatíveis com a vida, mas com sobrevida comprometida; é o caso das síndromes de Patau (trissomia do cromossomo 13) e de Edwards (trissomia do cromossomo 18).

ALTERAÇÕES CROMOSSÔMICAS ESTRUTURAIS

Além das síndromes genéticas relacionadas à alteração cromossômica numérica, também há aquelas relacionadas a alterações cromossômicas estruturais. Dentre essas, destacam-se a **síndrome de *cri-du-chat*** (síndrome do miado do gato, nome devido ao choro característico nos primeiros meses de vida). Nessa condição, ocorre deleção parcial (perda de material genético) do braço curto do cromossomo 5 (5p-).

Nas alterações cromossômicas envolvendo os cromossomos autossômicos, o envolvimento biológico e funcional é significativo, comprometendo marcadamente a sobrevida ou, pelo menos, a qualidade de vida dos afetados. Já nas cromossomopatias que envolvem os cromossomos sexuais (X e Y), o comprometimento também existe; no entanto, mostra-se atenuado quando comparado ao das condições de alteração em autossômicos. Sinal indicativo desse fato é a taxa de sobrevida dos indivíduos, que é maior nas alterações cromossômicas numéricas envolvendo os cromossomos sexuais do que aquela encontrada nas alterações cromossômicas numéricas envolvendo os autossômicos.

SAIBA MAIS

Os seguintes sinais clínicos são característicos da síndrome de *cri-du-chat*: baixo peso ao nascimento, crescimento pós-natal lento, deficiência mental, hipotonia, microcefalia, face redonda, hipertelorismo, pregas epicânticas, estrabismo divergente, assimetria facial, malformação cardíaca, atrofia do nervo óptico, pescoço curto, clinodactilia, hérnia inguinal, criptorquidia, entre outros. Destacam-se como alterações orais fissura labial e palatina, úvula bífida e maloclusão dentária.

Por exemplo, ao considerar as aneuploidias envolvendo os cromossomos sexuais, será descrita a única monossomia compatível com a vida: a **síndrome de Turner** (45, X). A possibilidade de sobrevida com um único cromossomo X pode ser explicada pelo fenômeno delionização, proposto por Mary Lion, e que considera os seguintes fatores:

- Nas células somáticas das fêmeas dos mamíferos, apenas um cromossomo X é transcricionalmente ativo. O segundo X é heterocromático e inativo e surge nas células interfásicas como cromatina sexual (corpúsculo de Barr).
- A inativação ocorre cedo na vida embrionária, começando logo após a fertilização, mas não é completa na massa celular interna, que forma o embrião, até cerca do final da primeira semana de desenvolvimento. Nesse estágio do desenvolvimento em que ocorre a implantação placentária, há diferenciação do trofoblasto em citotrofoblasto, sinciciotrofoblasto e epiblasto, que consiste em cerca de apenas 100 células.
- Em qualquer célula somática feminina, o cromossomo X inativo pode ser o X paterno ou materno. É inteiramente uma questão de acaso qual cromossomo X do par ficará inativado em qualquer célula.

Depois que o cromossomo X ficou inativo em uma célula, entretanto, todas as células descendentes desta terão o mesmo X inativo. Ou seja, a inativação é determinada aleatoriamente e, quando ocorre, torna-se permanente.

A inativação do X é uma explicação para a compensação de dose, pois o cromossomo X inativo é quase totalmente silenciado e, com algumas exceções, seus genes parecem não ser transcritos. Sendo assim, em cada célula, uma mulher expressa os genes de apenas um cromossomo X; com o homem, que só tem um cromossomo X, ocorre o mesmo. A relevância clínica da maioria dos genes que escapa da inativação é incerta, mas esses genes são candidatos a explicar os sintomas clínicos em casos de anomalias numéricas do cromossomo X, como a síndrome de Turner.

As mulheres com síndrome de Turner geralmente apresentam baixa estatura com tendência à obesidade, atraso no desenvolvimento motor, disgenesia ovariana, linfedema congênito, hipertelorismo mamário, tórax largo, implantação baixa de cabelo na nuca, pescoço alado, cúbito valgo, coarctação da aorta, dentre outros achados. Na face, são identificados os sinais de mandíbula relativamente pequena e palato estreito.

O fenômeno da inativação do X também pode explicar o fenótipo leve de aneuploidias com aumento do número de cromossomos X, como a síndrome de Klinefelter (XXY), cujos sinais estão basicamente relacionados à deficiência de andrógenos.

Mais recentemente, foram desenvolvidas **técnicas de análise do material genético**, em especial a hibridização *in situ* por fluorescência (FISH) e a hibridização genômica comparativa (CGH), que possibilitam a detecção e a caracterização genotípica de alterações cromossômicas estruturais, que são menores do que o limite de resolução do microscópio óptico. Inúmeras "novas" síndromes que afetam a cavidade bucal vêm sendo recentemente caracterizadas por meio dessas duas técnicas.

O diagnóstico da **síndrome de Williams** é facilitado pela técnica de FISH. Trata-se de uma síndrome com deleção (na maioria das vezes, submicroscópica) na região 7q11.23. A maioria dos casos, é de ocorrência esporádica. Nessa condição, destacam-se a deficiência mental, a face característica e a presença de estenose aórtica supravalvar. Na face, há a presença de fissuras palpebrais curtas, ponte nasal achatada, pregas epicânticas, edema de tecido periorbital, olhos claros (azuis) com padrão estrelado de íris, narinas antevertidas, filtro nasolabial longo e lábios proeminentes com tendência de a boca manter-se aberta.

A dentição característica da síndrome de Williams (Fig. 5.1) apresenta hipodontia, microdontia, hipoplasia de esmalte dentário e maloclusão e, mais marcadamente, hipodontia e dentes espaçados. Durante a infância, são comuns os problemas alimentares e problemas no temperamento, como hiperatividade. É característica dessa condição a loquacidade.

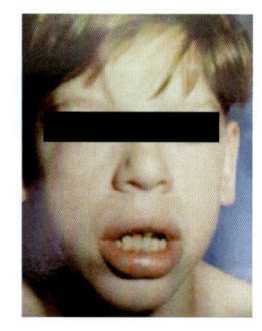

Figura 5.1 – Síndrome de Williams: lábios proeminentes, oligodontia.
Fonte: Jones.[2]

SÍNDROMES GÊNICAS

Além das síndromes genéticas caracterizadas por alterações identificáveis em cromossomos, há aquelas em que os padrões fenotípicos são atribuídos à alteração de um único gene. Tais alterações, quando envolvem os genes contidos nos cromossomos autossômicos, são reconhecidas com padrão de herança monogênica autossômica dominante e autossômica recessiva.

Nas condições de herança monogênica autossômica dominante, o indivíduo afetado tem 50% de probabilidade de transmitir suas características aos seus descendentes, considerando seu cônjuge como não afetado, uma vez que basta a presença de apenas um alelo do gene alterado para que haja modificação do fenótipo. Isso é postulado ao se considerar a segregação independente dos alelos na formação dos gametas.

SAIBA MAIS

O *site* OMIM[3] é um compêndio abrangente de genes humanos e fenótipos genéticos abrangendo todas as condições mendelianas (gênicas) conhecidas. Essa base de dados foi iniciada em 1960, pelo Dr. Victor A. McKusick, como um catálogo de doenças com herança mendeliana – intitulado MIM (*Mendelian Inherited in Man*). Foram publicadas 12 edições entre 1966 e 1998. A versão online (OMIM) foi criada em 1985 e disponibilizada na internet a partir de 1987.

Também a partir dessa consideração, acredita-se que os indivíduos afetados por condição genética com padrão de herança monogênica autossômica recessiva possuam os dois alelos alterados. Isso é somente possível quando ambos os progenitores são considerados heterozigotos (portadores de uma cópia do gene alterada e uma cópia normal) e, portanto, fenotipicamente normais, uma vez que, a despeito da presença de um alelo alterado, a presença do alelo íntegro garante uma taxa de produção de proteína suficiente para exercer a função a que ela se destina.

Assim, a chance de um indivíduo que apresenta uma condição genética de herança autossômica recessiva ter filhos afetados depende, antes de tudo, da frequência desse gene mutado na população da qual ele faz parte e da proporção de indivíduos heterozigotos nessa mesma população. No entanto, o casal que já possui um filho portador de doença genética de padrão de herança autossômica recessiva tem, por sua vez, 25% de chance de vir a ter outros filhos afetados com a mesma condição. Tal raciocínio também se aplica para as condições monogênicas de herança ligada ao cromossomo X.

A seguir, serão pontuadas algumas alterações bucais gênicas e suas relações com síndromes genéticas específicas, sempre lembrando que, de forma alguma, um achado isolado pode ser considerado no estabelecimento do diagnóstico de uma condição genética específica.

O OMIM (Online Mendelian Inherited in Man)[3] descreve 1.020 síndromes genéticas relacionadas ao termo *mouth* (boca); 736 síndromes genéticas relacionadas ao termo *teeth* (dentes); 365 síndromes relacionadas ao termo *tongue* (língua); 350 síndromes relacionadas ao termo *cleft lip* (fissura labial); e 638 síndromes relacionadas ao termo *cleft palate* (fissura palatina).

ALTERAÇÕES MORFOLÓGICAS DO TERÇO MÉDIO DA FACE

A seguir, serão enumeradas algumas alterações morfológicas que podem ser observadas na avaliação do terço médio e inferior da face, seguindo-se a citação de síndromes gênicas associadas a tais características clínicas.

HIPOPLASIA MALAR

No terço médio da face, pode ser identificada a hipoplasia malar. São descritas 77 condições clínicas gênicas relacionadas a esse termo no OMIM. Aqui serão descritas duas delas: o espectro oculoauriculovertebral e a síndrome de Treacher Collins.

O **espectro oculoauriculovertebral, ou síndrome de Goldenhar**, é decorrente de uma alteração na morfogênese do primeiro e do segundo arcos branquiais. Geralmente está associado a alterações vertebrais, defeitos renais e anomalias oculares. O comprometimento facial costuma ser assimétrico. Sua incidência é estimada em 1:500 nascimentos. Considera-se que essa condição tenha etiologia multifatorial, na qual fatores genéticos e ambientais atuam em conjunto no estabelecimento do fenótipo. O componente genético começa agora a ser elucidado.

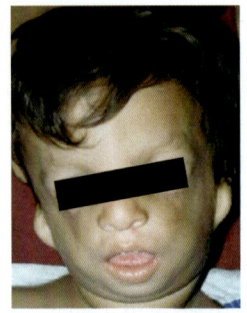

Figura 5.2 – Síndrome de Treacher-Collins: hipoplasia malar e micrognatia.

Fonte: Jones.[2]

A **síndrome de Treacher Collins** (Fig. 5.2), ou disostose mandibulofacial, é uma condição de etiologia autossômica dominante, sendo relacionada à mutação no gene *TCOF1*, que está mapeado no loco 5q31.3-32. Esse gene codifica a proteína *treacle*, cuja função ainda é desconhecida. Há uma grande variabilidade de expressão da síndrome; apesar disso, a avaliação clínica e radiográfica do arco zigomático (incidência occipitomentoniana) pode ser indicativa desse diagnóstico mesmo nos indivíduos afetados de forma mais branda. Outras características clínicas incluem fendas palpebrais oblíquas para baixo, hipoplasia mandibular, alteração em cílios, malformações auriculares, alterações visuais e incompetência de palato mole, entre outras.

ALTERAÇÕES MORFOLÓGICAS DO TERÇO INFERIOR DA FACE

HIPOPLASIA MAXILAR

A hipoplasia maxilar do terço inferior da face geralmente associa-se com **palato estreito ou arqueado**. Essa característica é relacionada a 122 condições gênicas no OMIM. Aqui, serão descritas três delas: a síndrome de Aarskorg, a acondroplasia e a disostose cleidocraniana. Curiosamente, estas envolvem o desenvolvimento do sistema esquelético de forma mais ampla, que vai além do desenvolvimento maxilar.

Em primeiro lugar, destaca-se a **síndrome de Aarskog**, uma condição de etiologia genética com modo de herança recessiva ligada ao cromossomo X. As mulheres portadoras mostram um grau de comprometimento menor do que os homens, com alterações principalmente na face e nas mãos. O gene relacionado à condição é designado como *FGD1* e foi mapeado no loco Xp11.21.

Talvez a hipoplasia maxilar do terço inferior da face mais conhecida seja a **acondroplasia**. Esta é a condrodisplasia mais comum, com incidência de 1:15.000 nascidos vivos. A condição é marcada por baixa estatura, megalocefalia, forame magno estreito, base craniana pequena, ponte nasal achatada com fronte proeminente, hipoplasia do terço médio da face, lordose lombar com cifose toracolombar leve, asas ilíacas pequenas, mãos pequenas em tridente com encurtamento proximal e de falanges médias, colo do fêmur pequeno e extensão incompleta de cotovelo. A inteligência é comumente normal.

A **disostose cleidocraniana** é caracterizada por baixa estatura; braquicefalia com bossa frontal, parietal e occipital; fechamento tardio de fontanelas e mineralização das suturas; desenvolvimento incompleto ou tardio de seios acessórios e de areação de células mastoides; presença de ossos wormianos; pequenos ossos esfenoides; hipoplasia de terço médio da face com ponte nasal achatada; palato elevado e estreito; erupção tardia dos dentes, especialmente dos dentes permanentes (podendo haver aplasia); malformação de raiz dentária; cáries frequentes; e dentes supranumerários. Ainda há aplasia parcial ou completa de clavículas associada a defeito de musculatura, além de caixa torácica pequena com costelas curtas e oblíquas. Nas mãos, é observado o tamanho assimétrico dos dedos com segundo metacarpo longo, falanges médias mais curtas no segundo e quinto dedos e ossificação lenta dos ossos do carpo. Também há um atraso na mineralização dos ossos pubianos, com sínfise púbica alargada, pelve estreita, cabeça de fêmur alargada com colo de fêmur curto. Ainda são citadas outras alterações menos comuns.

SAIBA MAIS

Os indivíduos portadores da síndrome de Aarskog apresentam as seguintes características morfológicas: face redonda, hipertelorismo ocular com graus variados de ptose palpebral, nariz pequeno com narinas antevertidas, hipoplasia maxilar, hipodontia, retardo na erupção dos dentes, incisivos centrais superiores largos em dentição permanente, problemas ortodônticos, braquidactilia com clinodactilia no quinto dedo, prega palmar transversal única, sindactilia cutânea, umbigo proeminente, hérnia inguinal, escroto em chalé, criptorquidia, pescoço curto, anomalia de vértebras cervicais, espinha bífida oculta, tórax escavado, entre outros.

MICROGNATIA E PROGNATIA

No terço inferior da face, ainda se pode observar micrognatia e prognatia. Uma das condições na qual é descrita a micrognatia é a **síndrome de Moebius**, ou paralisia do sexto e sétimo nervos cranianos, que é geralmente bilateral. Nessa condição, a micrognatia é uma característica frequente e pode ser interpretada como secundária à alteração neuromuscular presente desde o desenvolvimento inicial da mandíbula. Tal alteração pode ainda acarretar fissura palatina. Alguns pacientes têm um envolvimento maior dos pares cranianos, incluindo o terceiro, o quarto, o quinto, o nono, o décimo e o décimo segundo. Nesses casos, a língua pode ter sua mobilidade reduzida. Pode haver ainda ptose ocular, lacrimejamento alterado, perda auditiva, pé torto congênito, retardo mental, alterações na linguagem e dificuldades alimentares. A face inexpressiva é uma característica marcante. Também pode ser observada hipodontia. A maioria dos casos é esporádica, havendo relação causal com episódios hipóxico-isquêmicos para o feto durante a gestação.

> **A síndrome de Moebius** é relacionada ao uso de Citotec (misoprostol) durante a gestação, medicamento de uso proibido no Brasil e que é utilizado para fim abortivo. O seu uso leva a contrações uterinas e sangramento vaginal, o qual ocasiona episódio hipóxico-isquêmico ao feto.

Dentre as alterações gênicas que são relacionadas à **prognatia**, será descrita a seguir a acrodisostose, condição na qual há uma deficiência de crescimento de início pré-natal de leve a moderada, que evolui com baixa estatura.

Na **acrodisostose**, podem estar presentes deficiência mental e déficit auditivo. Como alterações craniofaciais, encontram-se braquicefalia, ponte nasal achatada, nariz largo e pequeno com narinas antevertidas, tendência a manter a boca aberta, hipoplasia de maxila com prognatismo e aumento do ângulo mandibular. Além disso, há encurtamento de membros, principalmente distal, com progressiva deformidade em úmero distal, rádio e ulna. As mãos apresentam-se curtas e largas. Também estão presentes alterações vertebrais. Tal condição gênica tem modo de herança autossômico dominante.

ALTERAÇÕES NO FILTRO NASOLABIAL, NA BOCA E NOS LÁBIOS

Ainda na região inferior da face, serão descritas algumas alterações gênicas que afetam o filtro nasolabial, a boca e os lábios. As alterações vistas como fissura labial e palatina são descritas em um capítulo à parte neste livro.

O filtro nasolabial, por vezes, pode encontrar-se apagado, como na **síndrome álcool-fetal** (Fig. 5.3), na qual também se encontram os seguintes achados: retardo de crescimento de início pré-natal, microcefalia, fissuras palpebrais curtas, hipoplasia maxilar e lábio superior fino. Também podem estar presentes alterações esqueléticas e malformações cardíacas. Esse diagnóstico deve ser considerado na presença de tais alterações morfológicas e da associação do uso de álcool pela mãe durante a gestação. Outras variações do filtro nasolabial podem ser encontradas: filtro curto, longo, proeminente.

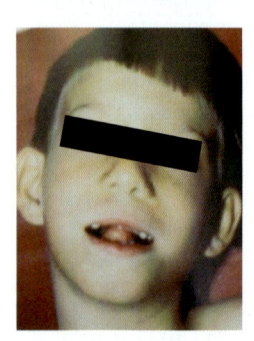

Figura 5.3 – Síndrome álcool-fetal: filtro nasolabial longo e apagado.

Fonte: Jones.²

A seguir, serão descritas as alterações na boca, iniciando com os **lábios**. Estes podem mostrar-se proeminentes, como na **síndrome de Coffin-Lowry**, na qual se encontram atraso de crescimento moderado de início pós-natal, atraso em idade óssea, retardo mental, hipotonia, face de aparência grosseira com fissuras palpebrais inclinadas para baixo com hipertelorismo leve, sobrancelhas proeminentes, nariz alargado com narinas antevertidas, hipoplasia maxilar, boca grande e mantida aberta, lábio inferior evertido e orelhas proeminentes. Também podem estar presentes hipodontia, maloclusão dentária, dentes espaçados e incisivos centrais largos, além de alterações no tórax, nas vértebras e nos membros. Essa condição tem modo de herança ligada ao X, relacionada ao gene *RSK2* (loco Xp22.2).

No lábio inferior, a alteração mais notada é a presença de fovéola (*pits*), que é característica da **síndrome de Van der Woude**, condição que pode ser acompanhada de fissura labial e hipodontia (ausência de dentes pré-molares e de incisivos centrais e laterais). Tal condição tem modo de herança autossômico dominante, e o gene relacionado na maioria dos casos é o *IRF6* (loco 1q32-41), que também está associado à síndrome do pterígio poplíteo, podendo ambas as condições estar presentes na mesma família.

O formato da boca e o seu tamanho também podem estar afetados. A boca com os cantos voltados para baixo, por exemplo, pode ser encontrada na **síndrome de Silver-Russell**. Nesta condição, há baixa estatura de início pré-natal, assimetria esquelética e a presença de clinodactilia de quintos quirodáctilos. A face é triangular, com fronte proeminente e micrognatia. A etiologia não é totalmente conhecida, com a maioria dos casos de ocorrência esporádica, mas, em alguns casos, é documentada alteração cromossômica. É considerado que de 35 a 50% dos casos de síndrome de Silver-Russell têm sido relacionados com a hipometilação de um centro de *imprinting* paterno no loco 11p15.5. Além disso, em cerca de 10% dos indivíduos com a síndrome, ocorre dissomia uniparental do cromossomo 7.

> ## SAIBA MAIS
>
> *Imprinting* é um processo normal causado por alteração na cromatina e que ocorre nas células da linhagem germinativa de um dos progenitores – não ocorre no outro progenitor. Essa alteração inclui uma modificação covalente do DNA, como a metilação da citosina para a forma 5-metilcitosina, ou pela modificação ou substituição de tipos específicos de histonas, o que pode influenciar a expressão gênica em uma região cromossômica específica.
> Notadamente, o *imprinting* afeta a expressão de um gene, mas não a sequência de DNA primária, caracterizando uma forma de inativação reversível de um gene, e não uma mutação. Assim, é caracterizado como um fenômeno epigenético. Já a dissomia uniparental é definida pela presença de uma linhagem de células dissômicas contendo dois cromossomos (ou porções deles) herdados de apenas um progenitor.

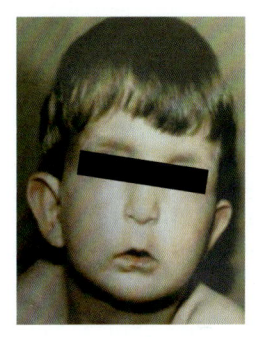

Figura 5.4 – Síndrome otopalatodigital: microstomia.

Fonte: Jones.[2]

Outra condição relacionada ao *imprinting* genômico é a **síndrome de Beckwith-Wiedemann**. Nesta síndrome, nota-se macroglossia, além de onfalocele e visceromegalia. Descreve-se, ainda, a ocorrência de hipoglicemia pós-natal e gigantismo. Esta síndrome é relacionada à alteração de *imprinting* dos genes da região cromossômica 11p15.

O tamanho da boca pode estar alterado, caracterizando microstomia ou macrostomia. Como exemplo de condição que expressa microstomia, destaca-se a **síndrome otopalatodigital** (Fig. 5.4), na qual são descritos retardo mental leve, retardo de crescimento e perda auditiva (de condução e neurossensorial). O crânio é marcado por proeminência frontal e occipital e por ausência de seio frontal e esfenoidal. Há hipoplasia dos ossos da face, hipertelorismo ocular, boca e nariz pequenos, hipoplasia da região média da face e fissuras palpebrais inclinadas para baixo. Na boca, pode haver hipodontia, dentes impactados e ainda fissura em palato mole. As amídalas podem apresentar-se pequenas. São descritas ainda alterações esqueléticas características em mãos e pés. Tal condição é associada à mutação no gene *FLNA*.

Uma das condições que expressam macrostomia é a **síndrome de Angelman**. Essa condição é caracterizada por deficiência mental severa com significativo atraso na aquisição dos marcos motores do desenvolvimento, além de comprometimento importante da linguagem. É descrito ainda o riso inapropriado. Destacam-se ainda microbraquicefalia, anormalidades oculares, hipoplasia maxilar, boca grande com protrusão de língua, espaço aumentado entre os dentes e prognatia, além de uma grande gama de alterações neurológicas. Quase todos os casos são relacionados à alteração cromossômica na região 15q11-q13, sendo a maioria dos casos de ocorrência esporádica.

ALTERAÇÕES NA GENGIVA E NA MUCOSA ORAL

Neste grupo de alterações, será considerada inicialmente a **síndrome C** (síndrome de Opitz com trigonocefalia). Nesta condição, além da trigonocefalia, são características hipotonia, retardo mental, fechamento prematuro das suturas cranianas, fissuras palpebrais inclinadas para cima, epicanto, estrabismo, ponte nasal alargada e deprimida, boca grande, alvéolos dentários alargados, freios labiais acessórios, micrognatia, pescoço curto, polidactilia, membros curtos, contraturas em membros, pele redundante, hemangiomas e defeitos cardíacos, entre outras. Esta síndrome é relacionada à mutação do gene *CD96*, e para ela é considerado o padrão de herança autossômico recessivo.

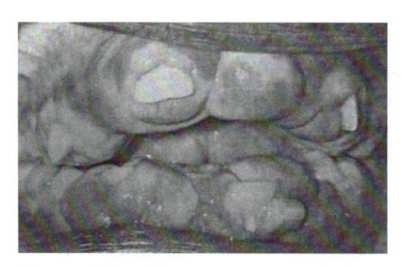

Figura 5.5 – Fibromatose gengival.
Fonte: Hennekan e colaboradores.⁴

Dentre as condições de causa genética que apresentam alteração em gengivas, destaca-se a **fibromatose gengival** (Fig. 5.5), a qual pode estar associada a diferentes alterações genéticas, configurando diversos diagnósticos sindrômicos. Muitos genes têm sido relacionados a esta condição (*GINGF1, GINGGF2, GINGF3, GINGF4* e *SOS1*). O aumento de gengivas pode ocorrer ainda como resultado de inflamação, aumento da vascularização local, gravidez, leucemia, uso de medicações (anticonvulsivantes, imunossupressores e bloqueadores de canais de cálcio), além de estar presente nas doenças de acúmulo lisossômico. Nessas condições, há diminuição do colágeno intersticial, e a gengiva não está tão aumentada e fibrótica como na fibromatose gengival, a qual pode ser severa ao ponto de os afetados apresentarem ausência de dentes.

A patogênese da fibromatose gengival é desconhecida; no entanto, nesta condição, parece haver propriedades anormais nos fibroblastos com modificação do colágeno. Ocasionalmente, são observadas calcificação e atividade fibroblástica acentuada. A extensão da área afetada é variável. A forma sindrômica mais comum de fibromatose gengival é a sua associação com hipertricose.

Algumas alterações gênicas também podem afetar a mucosa oral, como a síndrome de Peutz-Jeghers, na qual ocorre hiperpigmentação mucocutânea – incluindo da mucosa oral –, presença de pólipos gastrintestinais e risco aumentado para ocorrência de câncer. É uma síndrome de herança autossômica dominante, associada à mutação do gene *STK11* na maioria dos casos, sendo que há relato de casos relacionando esta síndrome à deleção em 19p13.3 (incluindo a região onde é localizado o gene *STK11*).

ALTERAÇÕES DENTÁRIAS

Muitas alterações gênicas estão associadas a alterações dentárias. Ao se observar o número de dentes, por exemplo, são descritas condições que apresentam anodontia e hipodontia.

A **anodontia** é uma das características da **picnodisostose**, síndrome caracterizada pela fragilidade óssea (osteoesclerose). Além da baixa estatura, estão presentes proeminência frontal e occipital, atraso no fechamento das suturas cranianas, hipoplasia facial com nariz proeminente, palato estreito, ângulo da mandíbula obtuso, atraso na erupção dos dentes, alta prevalência de cáries e hipodontia. Há ainda alteração em clavículas e em mãos. É considerado o padrão de herança autossômico recessivo.

Mutações no gene *PAX9* são relacionadas à **hipodontia** e à **microdontia** dos dentes posteriores, em especial os molares. A expressão do gene *PAX9* é realizada, durante o desenvolvimento, em um padrão espaçotemporal restrito, sugerindo que este gene tem um papel crucial na morfogênese. Sua expressão também ocorre na formação da coluna vertebral, do crânio, da face (estruturas derivadas do primeiro arco branquial) e dos membros.

Também como alteração no número de dentes é descrita a presença de **incisivo central único** (Fig. 5.6). Tal característica pode ser uma manifestação menor do acometimento de linha média e geralmente associa-se à holoprosencefalia, causada por mutação no gene *SIX*.

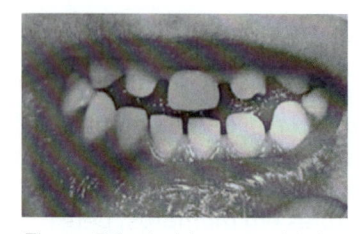

Figura 5.6 – Incisivo central único.
Fonte: Hennekan e colaboradores.⁴

Em algumas mutações gênicas são observadas a **perda precoce dos dentes e a erupção precoce ou tardia dos dentes**, como na hipofosfatasia e na displasia mandibuloacral. A **hipofosfatasia** é uma condição marcada por hipomineralização óssea, dentes malformados, ossos frágeis e hipoplásicos com densidade variável e mineralização metafisária irregular. O espectro clínico é variável; na maioria dos casos, há óbito durante a infância em decorrência de insuficiência respiratória. É uma condição de caráter autossômico recessivo, que está relacionada a várias mutações no gene *TNSALP*, localizado em 1p36.1-1p34.

A **displasia mandibuloacral** é relacionada à mutação do gene *LMNA*, e nela clinicamente são observados baixa estatura, hipoplasia mandibular e acro-osteólise. A perda precoce de dentes também pode ser encontrada em outras condições, como nas síndromes de Hajdu-Cheney e de Werner (relacionada à mutação no gene *RECQL2*), entre outras.

Algumas síndromes genéticas têm como característica a erupção tardia dos dentes, como a observada na **osteodistrofia hereditária de Albright**. Esta síndrome é relacionada à mutação do gene *GNAS* e tem como características metacarpos curtos, face redonda e mineralização vicariante, além de hipocalcemia poder estar presente. Podem ser observadas as seguintes alterações na dentição: atraso na erupção dos dentes e plasia ou hipoplasia de esmalte dentário.

Outra síndrome na qual é observado o atraso na erupção dos dentes é a **síndrome de Ellis-van Creveld**, relacionada à mutação nos genes *LBN* e *EVC*. Nela são observadas baixa estatura de início pré-natal, extremidades desproporcionais com polidactilia e unhas hipoplásicas. Podem estar presentes dentes neonatais ou ainda haver hipodontia e erupção tardia dos dentes. Comumente encontram-se dentes pequenos.

Algumas condições apresentam erupção tardia dos dentes, ao passo que, em outras, os dentes apresentam-se desde o período neonatal, como na **síndrome de Wiedemann-Rautenstrauch**. Esta síndrome é caracterizada por diminuição da gordura subcutânea, dentes neonatais e face envelhecida. Outras síndromes também têm a presença de dentes neonatais como característica: displasia condroectodérmica, síndrome de Hallermann-Streiff, paquioníquia congênita, síndrome de Sotos, entre outras. Na síndrome de Gorlin, pode ser observada a presença de cistos dentários.

O esmalte dentário e a dentina podem estar comprometidos em algumas síndromes genéticas. Osteodistrofia hereditária de Albright, disostose cleidocranial, síndrome de Goltz, hipofosfatasia, síndrome de Lenz-Majewski, síndrome de Levy-Hollister, síndrome de Morquio (Fig. 5.7), síndrome oculodentodigital, síndrome de Prader-Willi, síndrome tricodento-óssea, esclerose tuberosa, síndrome de Williams e síndrome do penta X são exemplos de condições genéticas associadas com alterações no esmalte dentário. A dentina está alterada na síndrome de Sanfilippo, na osteogênese imperfeita e na osteopetrose.

Em algumas síndromes de causa genética, é observado um aumento de frequência de cáries, como na disostose cleidocraniana, na síndrome de Dubowitz, na síndrome de Gorlin e na síndrome de Prader-Willi, entre outras.

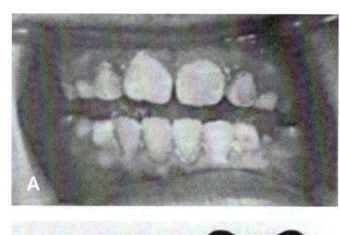

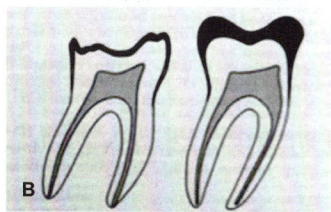

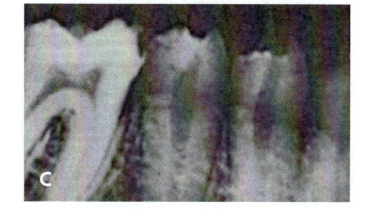

Figura 5.7 – Hipoplasia do esmalte dentário: síndrome de Morquio.
Fonte: Hennekan e colaboradores.[4]

CONCLUSÃO

Com essa enumeração de síndromes genéticas relacionadas a alterações bucais, percebe-se que de forma alguma um achado isolado é suficiente para o estabelecimento de um diagnóstico específico. Muitas das alterações descritas podem estar presentes em um mesmo indivíduo portador de uma condição genética. Por sua vez, cada achado morfológico/estrutural deve ser valorizado. É importante lembrar que, antes do advento das técnicas moleculares, historicamente a forma primeira de identificação individual era por meio da análise da arcada dentária, denotando que esta sempre possui sua especificidade.

É possível antever uma nova era de reconhecimento precoce e específico de alterações genéticas que afetam a cavidade bucal, com a possibilidade, que se torna a cada dia mais real, de realizar-se o sequenciamento completo do genoma em tempo e com custo acessível à boa parte da população. A odontologia será muito impactada com a capacidade de diagnóstico precoce, e o odontólogo do século XXI necessita, desde já, manter-se atualizado com os conceitos da genética tradicional e da nova genética, para que seus pacientes possam usufruir desses avanços que estão por vir.

Cabe ao profissional odontólogo identificar as alterações dentárias que possam estar relacionadas a uma síndrome genética e encaminhar a família para o médico geneticista, para assim ser estabelecido o diagnóstico sindrômico do paciente e o aconselhamento genético de sua família. Em muitos casos, outros indivíduos afetados no mesmo núcleo familiar podem ser identificados, otimizando-se seu acompanhamento clínico. Dessa forma, é aberto o caminho para uma abordagem preventiva em relação às doenças de maior prevalência nos indivíduos com uma síndrome genética em relação à população geral, podendo-se aí atuar de forma preventiva.

6

Câncer bucal e genética

FABIO DAUMAS NUNES
MARIA FERNANDA SETÚBAL DESTRO RODRIGUES

O câncer é uma doença complexa, causada por múltiplos fatores, e que pode acometer todos os órgãos do corpo humano. Pode apresentar-se de maneiras distintas, clínica e histologicamente, sendo que o mesmo tipo de câncer (ou neoplasia maligna, ou tumor maligno) pode ter comportamento clínico diferente em indivíduos diferentes. Esse quadro dificulta a obtenção de dados moleculares consistentes e a compreensão dos mecanismos que dão origem a essas lesões.

A boca é um local de aparecimento de grande número de neoplasias malignas. A mais frequente delas é denominada **carcinoma epidermoide**, ou carcinoma espinocelular, originada das células do epitélio de revestimento da mucosa. Essa lesão responde por mais de 90% das neoplasias malignas que acometem a boca. Devido a essa frequência e às implicações clínicas para os indivíduos que a desenvolvem, essa é a lesão maligna de boca mais estudada, e é a que vamos abordar neste capítulo.

O carcinoma epidermoide de boca acomete com mais frequência a língua e o assoalho de boca. O principal fator associado com o desenvolvimento dessa neoplasia é o uso do fumo e álcool, embora também sejam considerados outros fatores, incluindo suscetibilidade genética do indivíduo, dieta e vírus (HPV). O carcinoma epidermoide pode ser precedido de lesões esbranquiçadas (leucoplasias), branco-avermelhadas (eritroleucoplasias) ou avermelhadas (eritroplasias), denominadas lesões cancerizáveis, por apresentarem um potencial variável de sofrer transformação maligna.

Os carcinomas são classificados clinicamente segundo o sistema TNM (tamanho do tumor, número de linfonodos comprometidos e presença ou ausência de metástase). A Organização Mundial da Saúde (OMS)[1] classifica histologicamente essa lesão em bem diferenciada, moderadamente diferenciada e pouco diferenciada.

Quanto mais diferenciada for uma célula, mais especializada ela é para realizar sua função. Assim, quanto menos diferenciada for uma

OBJETIVOS DE APRENDIZAGEM:

- Compreender de que maneira a genética determina o desenvolvimento de câncer, especialmente na boca
- Conhecer as alterações genéticas que ocorrem especificamente no carcinoma epidermoide de boca
- Identificar as alterações genéticas e epigenéticas envolvidas nesse processo

GENES MENCIONADOS NO CAPÍTULO:

CCND1	MICA	p53
DNMT3B	MMP7	pRb
HLA	p14	PTEN
LAMA3	p16	TLN1

Eritroplasia

Placa de coloração avermelhada que não é possível ser diagnosticada, clínica ou patologicamente, como qualquer outra condição.

Leucoplasia

Mancha ou placa de aspecto esbranquiçado localizada na superfície da pele ou mucosa, não removível por raspagem, e que não pode ser caracterizada clinicamente como outro tipo de doença.

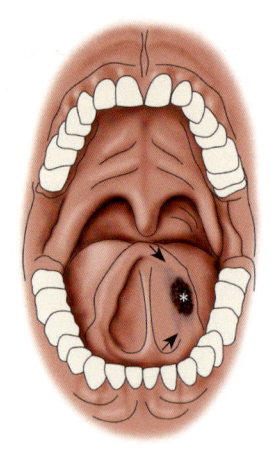

Figura 6.1 – Carcinoma epidermoide no ventre da língua.

Fonte: Angadi e colaboradores.[2]

neoplasia, mais longe as células estarão das suas funções normais; consequentemente, mais agressivo será seu comportamento, com infiltração nos tecidos adjacentes e metástase para outros órgãos. Os pacientes acometidos por essa doença também podem desenvolver uma segunda neoplasia primária devido a um fenômeno denominado **cancerização de campo** que, possivelmente pela ação dos carcinógenos, torna a mucosa próxima e distante do tumor suscetível à transformação maligna (Fig. 6.1).

Outras regiões da boca podem apresentar a cancerização de campo, que não é possível ver clinicamente. O epitélio que reveste a mucosa apresentaria histologicamente um aspecto normal, mas teria alterações genéticas nas suas células. Devido a esse fenômeno, alguns pacientes apresentam a chance de desenvolver uma lesão cancerizável ou um segundo carcinoma epidermoide. Dependendo da localização da lesão e da idade do paciente, a incidência do segundo tumor varia de 10 a 35% dos pacientes. Várias alterações genéticas foram observadas no epitélio morfologicamente normal de pacientes com carcinoma epidermoide de boca.

Atualmente, muitos estudos estão sendo conduzidos sobre as alterações genéticas responsáveis pela carcinogênese oral, em busca de marcadores que possam ser utilizados na detecção de lesões pré-malignas, comportamento tumoral, avaliação do prognóstico do paciente e também como possíveis alvos terapêuticos.

ALTERAÇÕES GENÉTICAS NO CARCINOMA EPIDERMOIDE DE BOCA

Apoptose

Também chamada de "morte celular programada", é uma via de morte celular induzida e controlada por um programa intracelular no qual as células destinadas à morte ativam enzimas que degradam o DNA e proteínas nucleares e citoplasmáticas.

Amplificação gênica

Processo celular caracterizado pela produção de múltiplas cópias de um gene específico ou grupo de genes com a finalidade de amplificar o fenótipo produzido por ele.

Displasia

Alteração no padrão de diferenciação das células epiteliais.

São várias as alterações genéticas presentes no carcinoma epidermoide de boca, muitas provavelmente decorrentes do acúmulo de mutações devido ao contínuo crescimento da neoplasia (Fig. 6.2). Esse acúmulo de alterações genéticas resulta na inativação de genes que inibem a divisão celular, chamados de supressores de tumor, e na ativação de genes que favorecem a proliferação celular (proto-oncogenes – ver a seguir), por deleções, mutações e amplificação gênica.

Essas alterações genéticas promovem uma proliferação descontrolada e autônoma, bem como distúrbios nos mecanismos de reparo do DNA e morte celular programada (apoptose) e de invasão dos tecidos adjacentes. Além disso, estimulam a formação de novos vasos (angiogênese). Assim, em decorrência do acúmulo de alterações genéticas e da instabilidade genômica, ocorre a transformação maligna da mucosa oral normal para displasia e carcinoma epidermoide (Quadro 6.1 e Fig. 6.3).

Genética odontológica

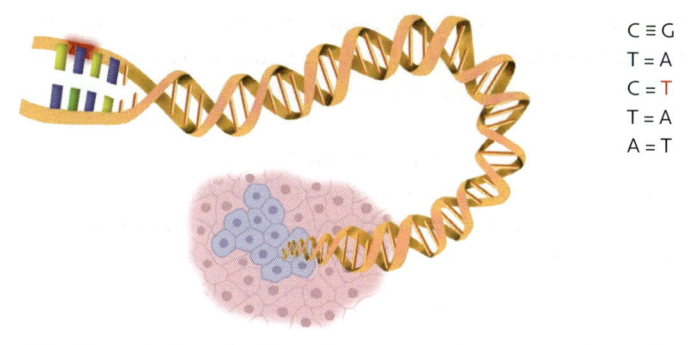

C ≡ G
T = A
C = T
T = A
A = T

Figura 6.2 – Exemplo de mutação pontual, em que houve troca de uma base G por outra T.

Mucosa com alteração genética → Displasia → Carcinoma epidermoide invasivo

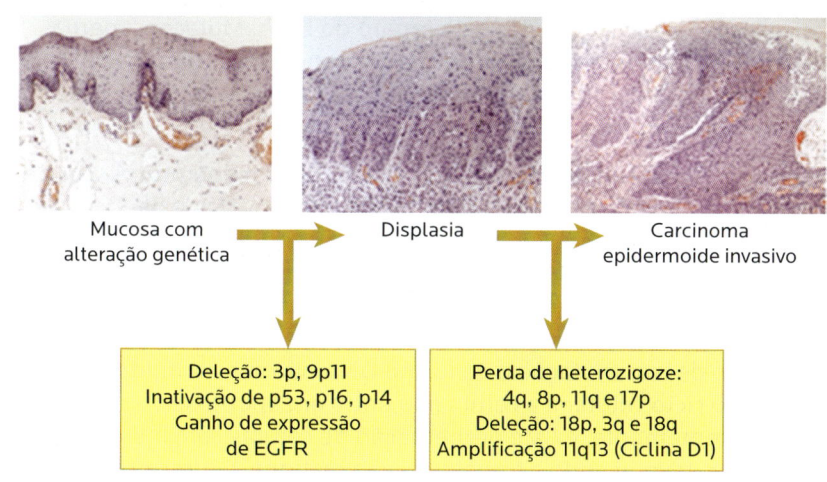

Deleção: 3p, 9p11
Inativação de p53, p16, p14
Ganho de expressão de EGFR

Perda de heterozigoze: 4q, 8p, 11q e 17p
Deleção: 18p, 3q e 18q
Amplificação 11q13 (Ciclina D1)

Figura 6.3 – Carcinoma epidermoide de boca.

LEMBRETE

O câncer é causado por alterações genéticas denominadas mutações, que ocorrem em proto-oncogenes e genes supressores de tumor, entre outros. Uma única mutação geralmente não é suficiente para provocar uma neoplasia maligna. As mutações são geralmente somáticas, isto é, ocorrem nos tecidos em que o câncer se desenvolve, mas podem se dar também nas células germinativas, quando o indivíduo fica predisposto a um câncer familiar ou hereditário.

RESUMINDO

O carcinoma epidermoide de boca se desenvolve como resultado do acúmulo progressivo de alterações genéticas. Inicialmente, ocorre uma alteração durante a duplicação do DNA, a qual não é corrigida pela maquinaria de reparo da célula. A instabilidade genômica favorece o estabelecimento de outras alterações genéticas, incluindo a ativação de oncogenes e a inativação de genes supressores de tumor, que ocorrem durante a transformação maligna, ou seja, desde a célula epitelial normal até a instalação do carcinoma epidermoide.

QUADRO 6.1 – Alterações genéticas mais frequentes encontradas no carcinoma epidermoide de boca

Alterações genéticas	Descrição	Exemplos em carcinoma epidermoide de boca
Mutação pontual	Mutação que altera uma única base na sequência de DNA. Pode causar ou não mudança no aminoácido correspondente	p53, EGFR, p14
Amplificações	Produção de múltiplas cópias de uma sequência de DNA	8q22, 11q13 (ciclina D1) e genes envolvidos com adesão e migração celular (*TLN1*, *LAMA3*, *MMP7*)
Perda de heterozigose	Uma célula tem normalmente dois alelos de um gene. Em uma célula com um alelo inativado (mutado), denomina-se perda de heterozigose a perda por mutação do outro alelo normal (selvagem)	4q, 9p, 3p, 17p, 11q, 14q, 21q e 17p
Deleções em genes e cromossomos	Deleção é uma mutação com perda de material genético, como um pedaço do cromossomo	2q21-24, 2q33-35, 3p, 4q, 8p e cromossomo 13 e 18, p16 (CDKN2A)
Polimorfismos ou polimorfismo de nucleotídeo único (SNP)	Variação de uma base na sequência de DNA frequente em uma dada população. Difere da mutação por ser mais frequente	Genes *HLA*, *MICA*, *DNMT3B*, *CCND1*

GENES SUPRESSORES DE TUMOR E ONCOGENES

Os genes supressores de tumor e proto-oncogenes são responsáveis pelo controle de funções cruciais para a célula, como o ciclo celular e a diferenciação. A combinação de alterações genéticas nesses genes promove a transformação maligna em decorrência da ativação e da expressão aberrante de proteínas que normalmente controlam a homeostase celular.

Os genes supressores de tumor são denominados guardiões da proliferação celular, podendo inibir a proliferação e promover a morte celular por meio da regulação do ciclo celular, das vias de apoptose, da adesão celular e do reparo do DNA. Mutações, perda ou inativação de ambos os alelos de um gene supressor tumoral (perda de heterozigose) promovem proliferação descontrolada e inibição da apoptose.

O gene *TP53*, localizado no cromossomo 17, é um gene supressor de tumor que codifica a proteína p53, a qual está envolvida na manutenção da estabilidade genômica, no controle do ciclo celular, na diferenciação celular, no reparo do DNA e na apoptose. Sua inativação é frequente no carcinoma epidermoide bucal, sendo causada principalmente por mutações e deleções (50%). Como resultado dessas mutações, danos no DNA não são corrigidos durante o ciclo celular e a célula não entra em apoptose. Consequentemente, existe perpetuação de células com instabilidade genômica, favorecendo a transformação maligna. Outros genes supressores de tumor, como o *p16* e o *p14*, também estão frequentemente alterados no carcinoma epidermoide bucal, promovendo a proliferação celular descontrolada.

Oncogenes, definidos como as versões alteradas dos proto-oncogenes, são representados por fatores de crescimento e seus respectivos receptores, moléculas de sinalização intracelulares, fatores de transcrição e reguladores do ciclo celular. Esses genes encontram-se frequentemente ativados no carcinoma epidermoide bucal por meio de mutações, translocações cromossômicas e amplificação gênica. O receptor do fator de crescimento epitelial (EGFR) encontra-se frequentemente amplificado e superexpresso no carcinoma epidermoide bucal, resultando na ativação aberrante de sua respectiva via de sinalização.

Além dos genes supressores de tumor e oncogenes, outros genes, como genes de reparo do DNA e microRNA podem estar associados à gênese e progressão do câncer. Por exemplo, no carcinoma epidermoide bucal, a enzima telomerase, responsável pela síntese dos telômeros, encontra-se ativada, permitindo que as células tumorais escapem da senescência (envelhecimento natural das células) e proliferem de maneira descontrolada e contínua.

Telômeros constituem sequências repetidas de DNA localizadas nas extremidades dos cromossomos, com papel importante em sua estabilidade estrutural. A cada divisão celular, os telômeros são ligeiramente encurtados, até a perda da capacidade de proliferação

---

Deleção

Tipo de mutação na qual ocorre perda de material genético, podendo haver desde a perda de um único nucleotídeo até de regiões cromossômicas inteiras.

Homeostase celular

Manutenção do equilíbrio celular interno dentro de limites toleráveis.

Fator de transcrição

Proteína envolvida no processo de transcrição de DNA para RNA. Possui domínios de ligação ao DNA que permitem sua ligação a sequências específicas do DNA, denominadas regiões promotoras. Alguns fatores de transcrição se ligam a sequências promotoras do DNA e auxiliam na formação do complexo de transcrição. Outros se ligam a sequências reguladoras, ativando ou inibindo a transcrição de genes-alvo.

MicroRNA

Sequência pequena de RNA, composta por 21 ou 22 bases, produzida pela clivagem do RNA de fita dupla. Liga-se a proteínas específicas formando complexos que se associam às moléculas de mRNA e inibem a translação.

ATENÇÃO

Atualmente, o EGFR tem sido considerado um fator prognóstico do carcinoma epidermoide bucal e também alvo direto de terapias antineoplásicas.

celular, induzindo a célula à senescência e à morte. Assim, muitos estudos têm utilizado a disfunção da atividade da telomerase como alvo de agentes quimioterápicos.

MUTAÇÕES CROMOSSÔMICAS

O mapeamento dos cromossomos das células neoplásicas do carcinoma epidermoide pode ser feito por várias técnicas, fornecendo um mapa detalhado das perdas, ganhos ou translocações (trocas) de regiões cromossômicas. As regiões comumente perdidas nessa neoplasia são 1p, 3p, 4p, 9p, 5q, 8p, 10p, 11q, 13q e 18q, com ganho de material genético em 1q, 3q, 5p, 7q, 8q, 9q, 11q, 12p, 14q e 15q. Em decorrência disso, já foram identificadas alterações na expressão de mais de 100 genes, incluindo oncogenes e genes supressores de tumor, contribuindo para a transformação maligna.

A perda da região cromossômica 9p21-22 representa a alteração genética mais comum no carcinoma epidermoide bucal, com uma frequência de 70% dos casos, além de representar uma das alterações precoces envolvidas com a progressão desta neoplasia. Nessa região, localizam-se os genes *p14* e *p16*, importantes reguladores negativos do ciclo celular. A inativação desses genes está associada com a proliferação celular no carcinoma epidermoide.

A amplificação da região cromossômica 11q13, na qual já foram identificados vários oncogenes, é observada em 30-50% dos casos de carcinoma epidermoide. Um dos oncogenes mais importantes localizados nesta região corresponde à ciclina D1, responsável pela progressão do ciclo celular. O ganho de expressão deste gene promove a proliferação celular, reduzindo o tempo em que a célula permanece na fase G1 (inicial) do ciclo celular, e ainda reduz a dependência da célula de sinais mitogênicos extracelulares.

Ciclina D1

Proteína pertencente à família de ciclinas, as quais são caracterizadas por uma periodicidade específica durante a progressão do ciclo celular. Funcionam como reguladoras das ciclinas dependentes de cinases (CDK). A ciclina D1 forma complexos e atua como subunidade reguladora das proteínas CDK4 e CDK6, cuja associação é necessária para que haja a transição do ciclo celular da fase G1/S.

Mitogênico

Indução da proliferação celular.

ALTERAÇÃO NA EXPRESSÃO DE GENES

Para que alterações genéticas tenham efeito, os genes afetados por mutações devem ter alterada, na maior parte das vezes, a expressão do seu produto final – as proteínas. Essas alterações, muitas vezes, se mostram como aumento ou diminuição na expressão do mRNA ou das proteínas.

Existem várias técnicas laboratoriais para estudar essas modificações de expressão, entre elas a reação em cadeia da polimerase (PCR), convencional ou em tempo real, a hibridização *in situ*, o sequenciamento, o microarranjo e o *western blot* (Técnica de biologia molecular para detectar proteínas a partir de extrato de células ou tecido biológico. Utiliza eletroforese em gel para separar as proteínas desnaturadas por massa. Após a separação, as proteínas são transferidas do gel para uma membrana de nitrocelulose, a qual é posteriormente incubada com o anticorpo específico à proteína a ser analisada). A técnica do microarranjo permite analisar, em um único experimento, a expressão de milhares de genes, fornecendo um vasto perfil da expressão gênica em uma determinada neoplasia. Os estudos normalmente utilizam várias metodologias simultâneas

Hibridização *in situ*

Técnica de biologia molecular que permite detectar sequências específicas de DNA ou RNA utilizando uma sequência complementar de ácidos nucleicos marcados radiativa ou quimicamente, denominada sonda.

Reação em cadeia da polimerase (PCR)

Método de amplificação do DNA no qual é possível obter inúmeras cópias de DNA correspondente a determinado gene.

Sequenciamento

Determinação da ordem sequencial de nucleotídeos de uma molécula de DNA ou RNA.

e comparam amostras da neoplasia com amostras de tecidos não tumorais, ou normais. Esses genes estão envolvidos com vários processos celulares (Tab. 6.1).

TABELA 6.1 – Categoria funcional e número de genes que mostraram diferença significativa na expressão entre amostras de carcinoma epidermoide de boca e tecido normal, em um microarranjo com aproximadamente 3.900 genes

Função	Número de genes
Antígenos da superfície celular	8
Fatores de transcrição	52
Proteínas do ciclo celular	3
Proteínas de adesão celular	22
Proteínas do sistema imunológico	8
Proteínas de transporte extracelular	17
Oncogenes e genes supressores de tumor	11
Proteínas de resposta ao estresse	14
Proteínas da matriz extracelular	8
Proteínas do metabolismo	80
Proteínas de modificação pós-traducional	18
Proteínas associadas à apoptose	6
Processamento, modificação e transporte do RNA	11
Proteínas da cromatina e de ligação ao DNA	5
Sinalização celular e comunicação extracelular	19
Síntese, reparo e recombinação de DNA	11

Fonte: Baseada em Somoza-Martín e colaboradores.[3]

ALTERAÇÕES EPIGENÉTICAS

Alterações epigenéticas constituem modificações na expressão gênica sem alteração da sequência de DNA. Ocorrem com maior frequência do que as mutações gênicas e podem persistir por longos períodos. Por meio das alterações epigenéticas, a expressão gênica é reduzida, podendo até mesmo se tornar ausente, dependendo da influência dessas alterações em regiões específicas da cromatina. Dentre as alterações epigenéticas, estão incluídas metilação do DNA, silenciamento mediado por RNA e modificações em histonas. Alteração em qualquer um desses mecanismos epigenéticos resulta em expressão gênica inapropriada, favorecendo o desenvolvimento de neoplasias (Fig. 6.4).

A metilação do DNA representa a alteração epigenética mais comum. Consiste na adição de um grupo metil ao nucleotídeo citosina localizado em sequências genômicas ricas em C-G, denominadas ilhas CpG. Essas ilhas, localizadas frequentemente em regiões promotoras de genes supressores de tumor, encontram-se hipermetiladas em tumores, resultando na inativação da transcrição desses genes. Por outro lado, a desmetilação de proto-oncogenes também contribui para o desenvolvimento tumoral, uma vez que promove a expressão de genes associados com a aquisição do fenótipo maligno.

No carcinoma epidermoide bucal, muitos genes já foram identificados como hipermetilados, incluindo os genes supressores de tumor *p16*, *p14*, *pRb*, *PTEN* e *p53*. A redução da expressão ou o silenciamento desses genes promove desregulação de processos celulares associados com a carcinogênese, como proliferação celular, apoptose e reparo do DNA, favorecendo a transformação maligna.

Os **microRNAs** representam sequências pequenas não codificantes de RNA, com papel crucial no controle da expressão gênica. Estão envolvidos em muitos processos celulares, como proliferação, desenvolvimento, diferenciação e apoptose, tanto em células normais quanto em células neoplásicas. Atuam na transformação neoplásica tanto por aumentar a expressão de oncogenes como por reduzir a expressão de genes supressores de tumor.

Os microRNAs foram descobertos recentemente e, por isso, pouco se sabe sobre seu papel na carcinogênese oral. Entretanto, alguns

Sequência não codificante

Também denominada íntron, é uma sequência da molécula de DNA que não é transcrita em RNA durante o processo de transcrição.

Transcrição

Processo de formação do mRNA a partir de uma cadeia molde de DNA.

Nucleossomo

Unidade estrutural de um cromossomo eucariótico composto por um pequeno fragmento do DNA enrolado ao redor de um núcleo de histonas formando uma subunidade da cromatina.

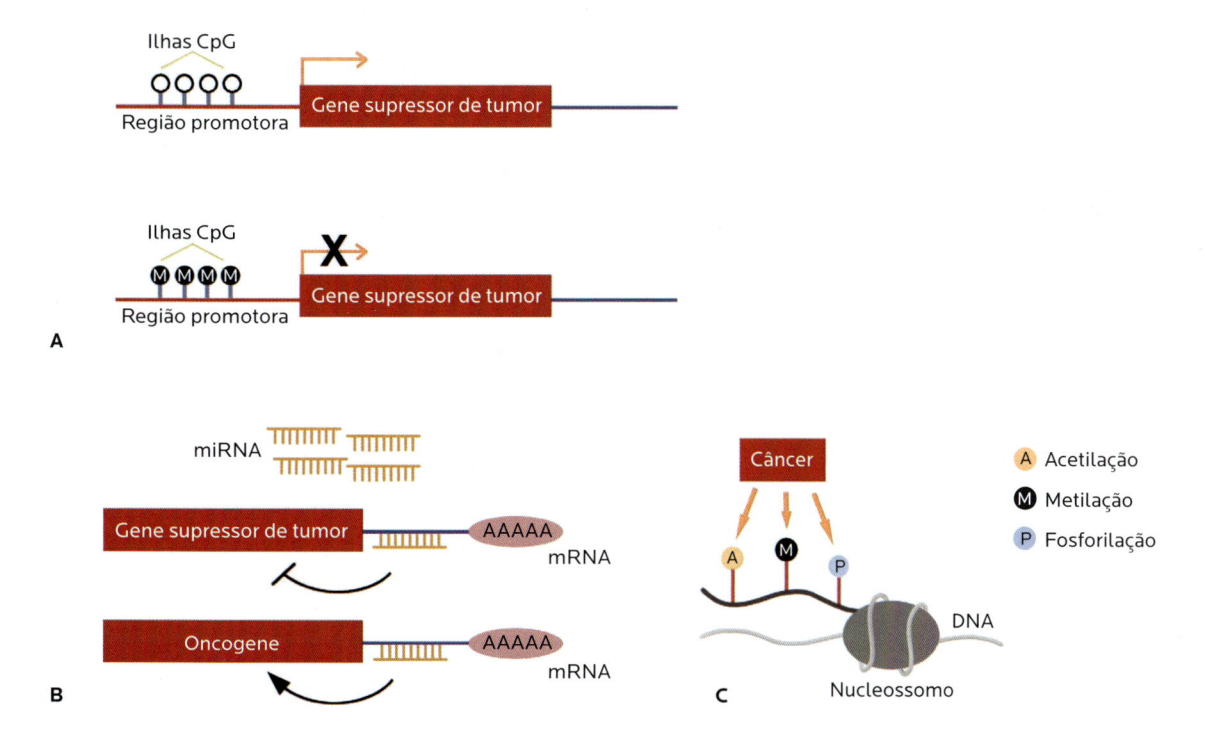

Figura 6.4 – Alterações epigenéticas comumente encontradas no carcinoma epidermóide bucal. (A) Hipometilação de regiões genômicas ricas em C-G, denominadas ilhas CpG, permitem a transcrição de gene supressor de tumor. Em células tumorais, as ilhas CpG encontram-se hipermetiladas promovendo o silenciamento do gene supressor de tumor. (B) Os micro RNAs constituem sequências pequenas de RNA que se ligam à molécula de RNA mensageiro (RNAm) para controle da expressão gênica. Em células neoplásicas, atuam inibindo a transcrição de genes supressores de tumor e ativando a transcrição de oncogenes. (C) Histonas correspondem às principais proteínas dos nucleossomos. Por meio de modificações destas proteínas, dentre elas, metilação, acetilação e fosforilação, há modulação da expressão gênica. No carcinoma, modificações das histonas favorecem a compactação do DNA e consequentemente inibição da transcrição de genes importantes para a transformação neoplásica, incluindo genes supressores de tumor.

Acetilação

Adição de um grupo acetila, comumente encontrado em proteínas, ocasionando modificações pós-traducionais.

Fosforilação

Adição de um grupo fosfato à proteína. Um dos principais mecanismos de regulação proteica.

Ubiquitinação

Processo de degradação de proteínas por meio da marcação com moléculas de ubiquitina.

microRNAs já foram identificados como superexpressos ou hipoexpressos no carcinoma epidermoide bucal e associados com proliferação, metástase e resistência à quimioterapia das células tumorais.

Histonas são proteínas com função estrutural na arquitetura da cromatina e como componente principal dos nucleossomos. Acetilação, metilação, fosforilação e ubiquitinação são as principais modificações dessas proteínas que modulam o código genético. A acetilação de histonas por enzimas denominadas desacetilases impede a condensação de cromatina e, consequentemente, a duplicação do DNA. Muitas evidências têm mostrado alterações na modulação das histonas no carcinoma epidermoide bucal.

CONCLUSÃO

A carcinogênese oral é um processo multifatorial envolvendo diferentes alterações genéticas que se acumulam na célula e alteram a função de oncogenes, genes supressores de tumor e outras moléculas, incluindo fatores de crescimento e receptores de superfície celular. O resultado dessas alterações consiste no desenvolvimento do carcinoma epidermoide bucal, que apresenta perfil molecular distinto em diferentes pacientes, sendo extremamente importante o conhecimento das alterações moleculares desta neoplasia para que haja o desenvolvimento de fármacos quimioterápicos mais eficientes e específicos, e também para que marcadores possam ser usados para previsão do comportamento clínico, para diagnóstico precoce, entre outros.

O conhecimento das características genéticas das neoplasias é importante para aqueles que lidam com os pacientes acometidos por essa doença, e também para todos os profissionais de saúde, pois permite que eles orientem adequadamente a população, que frequentemente está desinformada sobre seus riscos, causas e consequências.

7

Imunogenética

CARLOS EDUARDO REPEKE
ANA PAULA FAVARO TROMBONE
GUSTAVO POMPERMAIER GARLET

Assim como a genética vem fazendo parte do cotidiano do profissional da saúde, a imunologia está presente em diversos procedimentos realizados pelo cirurgião-dentista na clínica odontológica. Desde procedimentos restauradores ou cirúrgicos relativamente simples até a mais complexa infecção, a individualidade da resposta imune e inflamatória demonstra ter papel importante para determinar o desfecho clínico dessas situações, que podem influenciar diretamente o sucesso da intervenção do cirurgião-dentista, e, consequentemente, interferir de forma significativa na recuperação e no bem-estar do paciente.

Atualmente, os campos de estudo da imunologia e da genética estão sendo pesquisados de uma maneira integrada, objetivando uma visão ampla de como os indivíduos respondem de maneira e intensidade diferentes diante de um mesmo desafio. Essa integração vem sendo chamada pelos pesquisadores de imunogenética.

Apesar de fatores genéticos estarem presentes e influenciarem de forma direta ou indireta os processos celulares, coordenando, consequentemente, as mais diversas atividades corporais (fisiológicas ou patológicas), alguns tópicos em especial, despontam nas pesquisas que relacionam a genética com a imunologia. Dentre esses, destacam-se a suscetibilidade a doenças infecciosas e a interferência da genética na modulação da resposta imunológica e inflamatória, desde a recombinação gênica no processo de apresentação de antígenos até, mais recentemente, a modulação da produção de fatores envolvidos na resposta pelas células de defesa.

OBJETIVOS DE APRENDIZAGEM:

- Compreender a integração entre genética e imunologia, ou seja, por que os indivíduos respondem de maneiras diferentes diante de um mesmo desafio
- Entender o papel da genética na suscetibilidade a doenças e na modulação da resposta imunológica, inclusive a resposta imune inata e a adaptativa
- Conhecer a influência da imunogenética em casos de transplantes

GENES MENCIONADOS NO CAPÍTULO:

| IFN | MMP1 | TLR4 |
| MHC | TLR2 | |

Imunogenética

Campo de estudo integrado entre a imunologia e a genética que estuda a evolução e a individualidade da resposta imunológica.

A observação de que algumas doenças infecciosas parecem ter elementos hereditários e de que indivíduos respondem de maneira diferente a uma infecção em particular, embora pareça altamente contemporânea, foi relatada há séculos em ensaios médicos. De fato, **Louis Pasteur**, autor da teoria microbiana, em 1866, já enfatizava a importância de fatores não microbianos, incluindo a constituição genética do hospedeiro, na suscetibilidade e na severidade das doenças. Ele sugeria que a presença de um microrganismo agressor é uma condição necessária, mas não suficiente, para a instalação de uma doença infecciosa. O comportamento dos agentes agressores frente ao hospedeiro pode variar não só de acordo com a espécie do microrganismo (como classicamente descrito pela microbiologia), mas também de acordo com a intensidade e o tipo de resposta imunológica gerada pelo hospedeiro.

Recentemente, passamos por um considerável progresso nas pesquisas sobre a imunidade aos processos infecciosos e sobre a interferência da genética na resposta imune, tanto *in vitro* quanto *in vivo*. O papel individual de determinado gene tem sido investigado em diversos organismos, como plantas e animais. Uma das ferramentas fundamentais para os estudos de imunogenética é o modelo experimental, por meio da utilização de camundongos (*Mus musculus*) geneticamente modificados. Diversos aspectos imunogenéticos têm sido descobertos em camundongos, como o sistema de apresentação e reconhecimento de antígenos, que exerce um papel fundamental na resposta imune adaptativa e que também contribuiu para a descoberta dos mecanismos de rejeição de tecidos transplantados.

Camundongo *knockin*

Camundongo de experimentação que apresenta um ou mais genes inseridos propositalmente no código genético, fazendo com que esse camundongo expresse um determinado RNAm.

Camundongo *knockout*

Camundongo de experimentação que apresenta um ou mais genes rompidos propositalmente, interferindo dessa forma na expressão de RNAm e da proteína correspondente.

LEMBRETE

Nas últimas décadas, diversos estudos na área da imunogenética vêm aumentando o conhecimento e esclarecendo diversas dúvidas sobre como se originou o sistema imune, como ele se modificou ao longo das gerações e qual foi o impacto dessas modificações no processo evolutivo de diversas espécies. Estudos descrevem que o sistema imune vem se desenvolvendo passo a passo, em um progressivo aperfeiçoamento de funções básicas que ajudaram organismos ancestrais a sobreviverem em um ambiente hostil ao longo de milhares de anos.

Citocina

Proteína que medeia reações imunológicas diversas, produzida por um amplo cartel de células. Didaticamente, são os 'hormônios' do sistema imunológico.

Os camundongos são animais que possuem um *background* genético bem conhecido e manipulável, permitindo a alteração desse *background* por meio da deleção (camundongos *knockout*, também chamados de KO) ou da introdução (camundongos *knocking*) de algum gene de interesse. Na odontologia, não tem sido diferente, e a utilização de camundongos KO para genes relacionados à resposta imune vem esclarecendo a participação de fatores ligados à resposta imune em situações clínicas, como doença periodontal, lesões endodônticas, carcinomas, movimentação ortodôntica, entre outras. Além disso, o uso de camundongos tem direcionado o desenvolvimento de estratégias preventivas e terapêuticas para a intervenção em tais condições.

De forma interessante, até em linhagens de camundongos são observadas diferenças fenotípicas. Para a elaboração de determinados experimentos imunológicos, é necessário homogeneizar o código genético dos animais de experimentação por meio de linhagens de descendentes consanguíneos. Mesmo sendo constituídas por um código genético muito semelhante, duas linhagens de camundongos muito utilizadas em pesquisas, denominadas Balb/c e C57Bl/6, apresentam diferenças fenotípicas significativas. Assim, a resposta imunológica em tais animais pode variar, dependendo do desafio enfrentado.

Por exemplo, a densidade de células T no baço e a produção de determinadas citocinas de camundongos Balb/c são mais elevadas quando comparadas com camundongos C57Bl/6. Cientificamente, isso implica que a resposta observada pode variar dependendo da linhagem de camundongos estudada, resultando em respostas imunes e/ou inflamatórias mais intensas ou mais amenas, o que pode reproduzir em laboratório a variabilidade encontrada em humanos.

Motivados pela diferença fenotípica entre camundongos, pesquisadores observaram que, ao realizar de forma seletiva o cruzamento de camundongos de diferentes linhagens e observar o comportamento de tais animais diante de estímulos inflamatórios, eram perceptíveis diferenças na intensidade da resposta entre eles. Selecionando, assim, os animais que apresentavam um perfil inflamatório moderado ou intenso, e realizando sequencialmente os cruzamentos entre animais que apresentavam o mesmo perfil de resposta, tais fenótipos foram sendo selecionados e se tornaram mais evidentes, resultando, finalmente, em duas linhagens distintas.

Tais novas linhagens compreendiam camundongos que apresentavam uma reação aguda inflamatória muito intensa (chamados de AIRmax) e camundongos que geravam uma resposta muito amena (AIRmin). Esse é um exemplo de como foram geradas duas novas linhagens de camundongos que reproduzem de forma extremamente interessante a diversidade genética que pode influenciar a magnitude das respostas imunológicas e inflamatórias em uma determinada população humana. De fato, ao induzir doença periodontal experimental nas duas linhagens de camundongos com um mesmo periodontopatógeno e na mesma quantidade de carga bacteriana, observa-se que os camundongos AIRmax apresentam uma resposta imune e inflamatória muito mais intensa do que os camundongos AIRmin. Consequentemente, os animais da linhagem AIRmax apresentam maior severidade da doença periodontal devido à resposta inflamatória exacerbada.

Carga bacteriana
Quantidade de bactérias.

Periodontopatógeno
Bactérias precursoras das doenças periodontais.

Porém, apesar de modelos experimentais estarem evoluindo rapidamente e serem fundamentais para novas descobertas no campo da imunogenética, são necessários **estudos epidemiológicos em humanos**. Estudos futuros sobre a genética humana deverão nos ajudar a entender a função dos genes que estão envolvidos na defesa do organismo contra microrganismos, os quais se apresentam parte em desenvolvimento e parte conservados ao longo da evolução. O quebra-cabeça da genética relacionada à imunidade à infecção está sendo composto peça por peça, levando em conta que não há apenas um modelo humano para determinada infecção ou situação. É necessário, também, considerar a história, a geografia e a individualidade dos seres humanos.

GENÉTICA DA SUSCETIBILIDADE ÀS DOENÇAS

Considerando toda a história da humanidade, agentes infecciosos apresentam-se como grandes responsáveis pela morte de grande parte da população ao longo do processo evolutivo. Com os avanços no conhecimento científico, principalmente devido à teoria microbiana de Louis Pasteur, doenças de origem infecciosa começaram a ser mais bem entendidas, prevenidas e controladas. Assim, da mesma forma que a teoria microbiana das doenças identificou a causa das infecções, revolucionando a medicina, também abriu um leque enorme de perguntas quanto à heterogeneidade entre pessoas e famílias expostas a um mesmo ambiente microbiano, que desenvolviam ou não doenças e em diferentes graus de severidade.

Inicialmente, considerava-se que a variabilidade clínica entre indivíduos e entre populações expostos a um determinado microrganismo devia-se à variabilidade do microrganismo infeccioso (e seus fatores de virulência) ou à quantidade de microrganismos (que também pode ser chamada de carga bacteriana, viral ou parasitária, dependendo do microrganismo em questão) às quais o hospedeiro estava exposto.

Entretanto, estudos científicos ao longo do tempo demonstraram que um mesmo patógeno era capaz de provocar uma infecção sintomática ou assintomática em indivíduos diferentes ou, em outros termos, que existiam indivíduos naturalmente suscetíveis ou resistentes a determinados microrganismos. Com a evolução dos estudos, sabe-se agora, de forma geral, que a individualidade na resposta imunológica resulta de um complexo sistema dependente de fatores relacionados com o ambiente microbiano e fatores genéticos do hospedeiro.

Fator de virulência
Componente de um organismo que determina sua capacidade para provocar doença.

Patógeno
Microrganismo causador de patologia.

Dessa forma, surgiu um promissor campo de pesquisa de genética humana de infecções, explorado inicialmente por geneticistas e imunologistas, objetivando a identificação de "genes de suscetibilidade" ou "genes de resistência", ou seja, genes que resultem na suscetibilidade ou ofereçam resistência a doenças causadas por diferentes microrganismos. Didaticamente, esse campo científico de genética de suscetibilidade a doenças pode ser dividido em três áreas de pesquisa: clínica, epidemiológica e evolucionária (Fig. 7.1).

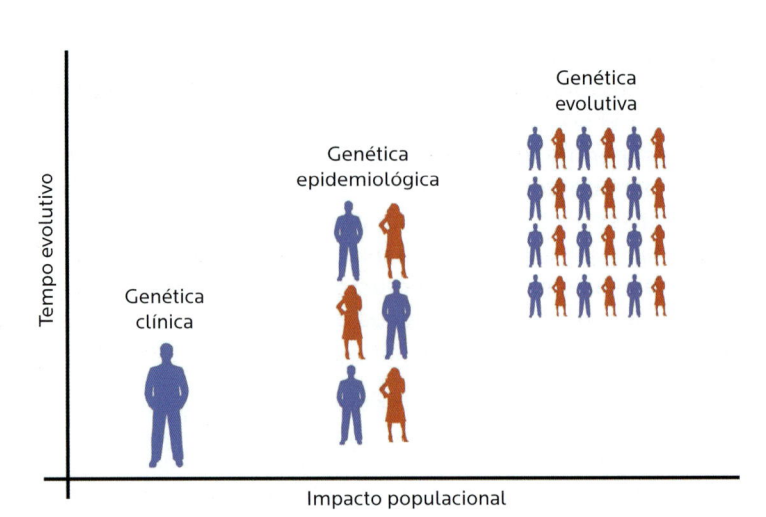

Figura 7.1 – Gráfico demonstrativo do tempo evolutivo e do impacto populacional dos casos estudados pela genética clínica, epidemiológica e evolutiva.

Fonte: Modificada de Quintana-Murci e colaboradores.[1]

Alelo

Cada uma das várias formas alternativas do mesmo gene, ocupando um dado loco em um cromossomo.

A **genética clínica** fundamenta-se amplamente na genética mendeliana (herança monogênica simples, relacionada a apenas um par de alelos de um único gene), que visa identificar alelos mutantes que tornam o indivíduo vulnerável a uma determinada infecção ou doença. Dessa forma, pesquisas no campo da genética clínica objetivam encontrar alelos individuais que representem algum tipo de vulnerabilidade à infecção, focando em um ou poucos indivíduos.

Tais alelos normalmente apresentam um efeito sobre a função do gene e ocorrem em uma frequência muito baixa. Pode-se considerar que seu impacto na totalidade da população é muito pequeno, ou até mesmo insignificante. Em geral, esses alelos apareceram muito recentemente na história evolutiva e, portanto, fazem parte do *background* genético de uma parcela muito restrita da população.

Do ponto de vista **imunológico**, podemos supor que, como tais variações genéticas podem contribuir de forma significativa na determinação da suscetibilidade do hospedeiro a processos infecciosos, existe uma grande possibilidade de que tal indivíduo tenha uma estimativa de vida reduzida, o que, consequentemente, diminuirá as chances de que tais alelos sejam passados às gerações seguintes. Por outro lado, se tal variação confere uma resistência aumentada a agentes infecciosos, pode-se supor que sua presença seja uma vantagem evolutiva, que aumentaria a estimativa de vida de seu portador e, por conseguinte, possibilitaria uma transmissão efetiva de tal variação para outras gerações.

Nesse contexto, se após múltiplas gerações um determinado alelo individual impactar substancialmente ou representar parte de alguma população ou comunidade, demonstrando alguma funcionalidade na resistência a doenças infecciosas, a questão passa a ser de um estudo genético epidemiológico.

Estudos combinando genética e epidemiologia surgiram no começo do século XX, tornando-se uma disciplina em meados da década de 1980. Este campo de estudo investiga a interação de fatores genéticos e fatores ambientais e o papel dessa interação dentro do desenvolvimento de doenças na população humana. Assim, a genética epidemiológica concentra-se na identificação de alelos que conferem uma predisposição em magnitude populacional, baseando-se em grandes estudos caso-controle e/ou familiares, incluindo tanto indivíduos afetados quanto não afetados por determinadas doenças.

Os alelos identificados, normalmente, têm um efeito moderado em relação à função do gene, mas se apresentam mais frequentes quando comparados com os genes identificados pela genética clínica. Dessa forma, os alvos da genética epidemiológica apresentam um impacto moderado sobre a totalidade da população e podem ser largamente transmitidos através de gerações.

Por fim, o último campo estudado pela imunogenética é o da **genética evolutiva**. O campo da genética evolutiva de doenças infecciosas identifica "marcas genéticas" (*footprints*) da seleção natural provindas de infecções passadas incorporadas no genoma da população humana saudável. Pode-se considerar, no contexto da imunogenética evolutiva, o exemplo citado anteriormente, no qual o surgimento de uma determinada variação genética pode tornar inicialmente um indivíduo, mas ao longo do tempo, uma grande parcela da população resistente a um determinado agente infeccioso e, assim, aumentar a expectativa de vida de tais indivíduos na forma de uma vantagem evolutiva que tende a se perpetuar na espécie. Assim, observa-se um grande impacto populacional em diferentes etnias. Uma limitação para estudos sobre evolução do sistema imune é a dificuldade em caracterizar o patógeno envolvido nas infecções passadas, particularmente os patógenos já extintos.

Ao longo de gerações, observam-se, por meio da seleção natural positiva, determinadas mutações de genes que podem conferir uma nova característica ou alterar uma característica já existente, o que é denominado **evolução genética**. Não diferentemente, o sistema imune sofreu diversas mudanças, conferindo ao hospedeiro uma maior proteção, na tentativa de aumentar a expectativa de vida dos antepassados. Ao longo dos tempos, a seleção natural fez com que humanos que respondiam a desafios de patógenos de uma maneira mais intensa remanescessem.

De fato, grande parte da população, ao longo do tempo, foi exterminada por infecções por diferentes microrganismos, e ao considerar-se a idade total da permanência da população humana no planeta Terra, teorias como a microbiana e a hipótese da higiene, assim como medidas de desinfecção de instrumentais médicos/odontológicos, foram conhecidas muito recentemente, entre o século XIX e o começo do século XX. Da mesma forma, com a descoberta da penicilina (por Alexander Fleming, em 1928) e posteriores medidas para o controle da carga do agente infectante, anos de evolução genética do sistema imune vieram abaixo de uma maneira fulminante.

Nesse contexto, existem teorias de que, atualmente, a população humana apresenta predominantemente variações em genes relacionados ao sistema imune que conferem uma alta capacidade de resposta a diversos tipos de microrganismos ou, em outras palavras, apresentam genótipos potencialmente hiper-reativos. Ao passo que o desenvolvimento de tais genótipos possibilitou a sobrevivência da linhagem humana ao longo da evolução, acredita-se que o acúmulo de variantes gênicas hiper-responsivas ao longo do tempo resulte, atualmente, em algumas consequências indesejáveis. De fato, novas enfermidades tornaram-se frequentes, e a população, que hoje está "moldada" para responder a desafios antigênicos de uma forma intensa, sofre com patologias decorrentes de uma resposta imunológica exacerbada, como é o caso de diversas doenças autoimunes e inflamatórias.

Em razão disso, novas estratégias estão sendo traçadas, e novos estudos estão sendo conduzidos no campo da imunogenética, focando agora em uma maneira de modular o sistema imunológico, fazendo com que ele responda de maneira eficiente no combate ao patógeno sem destruir tecidos sadios, diminuindo, dessa forma, a severidade/gravidade da doença.

Nos dias de hoje, com o avanço tecnológico e com a **globalização**, a troca de informação e a migração populacional são atos relativamente comuns. Não é estranho observar diversas etnias e diversos aspectos culturais nas ruas de qualquer grande cidade mundial. No continente americano, e consequentemente, no Brasil, a população atual apresenta-se amplamente miscigenada. Assim, ao genotipar um determinado indivíduo, indiferentemente de seus traços fenotípicos, são observadas "marcas" genéticas das diferentes etnias.

Patologia
Doença causada por um patógeno.

Genotipar
Identificar o conjunto dos genes.

Fenótipo
Conjunto de características observáveis de um organismo que resulta da interação entre o genótipo e o ambiente.

Da mesma forma, patógenos que, primariamente, possam ter aparecido em uma determinada região do globo são espalhados de uma maneira rápida. E, mesmo com a individualidade da resposta imunológica, de forma geral esses patógenos geram uma resposta aproximada nas diferentes populações. Por exemplo, as mesmas doenças que hoje ocorrem no continente europeu também aparecem no continente americano, com uma resposta imune muito similar de ambas as populações. Porém, nem sempre foi dessa maneira.

Há alguns séculos (tempo relativamente recente, se comparado com a história da população humana), a dificuldade de transporte entre os continentes, em especial do Novo Mundo, fazia com que a população se mantivesse isolada, reduzindo a diversidade genética e conservando, de certa forma, patologias específicas da região. Nesse contexto, devemos considerar que, ao longo do processo evolutivo, diferentes populações se desenvolveram em distintas regiões do globo terrestre e sob a pressão evolutiva de diferentes microrganismos. Assim, pode-se considerar que o *background* imunogenético dessas populações foi moldado em resposta a diferentes pressões, que até pouco tempo (considerando os milhões de anos envolvidos no processo evolutivo da linhagem humana) eram restritas a determinadas regiões, uma vez que o deslocamento de longas distâncias era extremamente complexo, e o contato entre diferentes populações era reduzido.

Um fato interessante ocorreu durante a colonização do continente americano. A teoria mais aceita para a formação da população do continente americano afirma que esta ocorreu em três ondas de migração provindas da Ásia. A primeira, há aproximadamente 11 mil anos, foi denominada migração família do dialeto ameríndio, estabelecendo-se na maior parte do continente, incluindo as Américas do Sul e Central, os Estados Unidos em sua totalidade e a parte sul do Canadá.

A segunda onda migratória foi de uma população do dialeto na-dene, há aproximadamente 9 mil anos, a qual se concentrou no Alasca, no nordeste do Canadá e, de uma forma mais amena, no nordeste do Pacífico (população de apaches e navajos). A última e mais recente onda foi há aproximadamente 4 mil anos. Seus descendentes modernos são os esquimós, estabelecidos no Ártico (norte do Alasca e Groelândia). Dessa forma, a população americana se manteve intacta por milhares de anos em sua forma nativa em todos os aspectos: ambiental, cultural, patológico e genético.

Com a chegada dos europeus no continente americano, entre os séculos XV e XVI, uma mudança populacional drástica foi observada em um curtíssimo período. Três aspectos foram fundamentais para tal mudança. O primeiro aspecto é relativo à aniquilação da população nativa americana. Apesar da dificuldade de obtenção de dados populacionais no século XVI, a estimativa era de aproximadamente 54 milhões de nativos antes da colonização europeia, havendo uma redução de 80% na população (aproximadamente 10,8 milhões de pessoas remanescentes). Somente no ano de 1800, a população chegou novamente a 17 milhões de pessoas. Dessa forma, junto com a aniquilação da população, houve um sepultamento de grande parte do código genético nativo-americano conservado.

O segundo aspecto, e o mais interessante do ponto de vista imunológico, foi o contato da população nativa com novos microrganismos e, consequentemente, com novas patologias. Há alguns séculos, antes da chegada dos europeus na América, a Europa passou por uma seleção natural forçada, com a pandemia da peste bubônica (também chamada de peste negra). Milhões de europeus foram dizimados, mas tal enfermidade se encontrava praticamente restrita ao território europeu, não chegando aos domínios americanos. Assim, os colonizadores do continente americano, descendentes dos remanescentes da peste bubônica, tinham uma resistência na suscetibilidade a essa doença, o que não acontecia com os nativo-americanos.

Junto com a chegada dos grandes navios, uma população enorme de ratos e de diferentes doenças (varíola, febre amarela, gripe, tifo, sarampo, etc.) entrou em contato com os nativos, dizimando grande parte da população americana e fazendo, assim, uma seleção natural negativa instantânea. Dessa forma, a introdução de agentes infecciosos, como o vírus causador da gripe, em uma população não resistente mostrou-se desastrosa, ao passo que a circulação de tal vírus em populações resistentes apresentava um impacto muito pequeno em termos de morbidade da patologia desenvolvida.

> Após tal contato inicial com novos microrganismos, o terceiro aspecto a ser considerado foi o cruzamento da população nativa americana com os europeus e, especialmente nas Américas do Sul e Central, com os afrodescendentes, que eram transportados como escravos em navios negreiros. Assim, o código genético da população americana começou a ampliar sua diversidade e, junto com ele, o sistema imunológico teve de adaptar-se rapidamente a um novo ambiente.

GENÉTICA NA MODULAÇÃO DA RESPOSTA IMUNOLÓGICA

Para salientar como a genética pode alterar ou modular o sistema imune diante de um patógeno, são extremamente necessários alguns conceitos básicos de imunologia. O sistema imune responde a um invasor basicamente por meio de dois pontos cruciais: a detecção do invasor e a elaboração de uma resposta efetiva com o intuito de eliminá-lo. O contato com microrganismos pode resultar no desenvolvimento de patologias, sendo tais microrganismos denominados microrganismos patogênicos ou patógenos.

Para simplificar o entendimento do mecanismo de defesa do corpo, os imunologistas dividiram didaticamente a resposta imunológica em duas partes, com características distintas: a resposta imune inata ou natural e a resposta imune adaptativa ou adquirida.

Apesar de terem diferentes características, as duas respostas se complementam e se sobrepõem, interagindo por meio de diversas moléculas, células e fatores pró e anti-inflamatórios. A cada molécula e fator gerado pela resposta imunológica, a genética faz-se presente de maneira pontual, pois alterações em regiões codificadoras de um gene que transcreverão um RNAm (ou em outras regiões não codificadoras dos genes, como os promotores), que futuramente traduzirão uma proteína da resposta imune, poderão desenvolver um papel modulador em tal resposta, intensificando-a ou amenizando-a.

CONCEITOS SOBRE A RESPOSTA IMUNE INATA

A imunidade inata é o primeiro evento de defesa celular e bioquímica, preexistente ao estabelecimento de um desafio, e está programada para responder de maneira rápida. Os mecanismos da resposta inata são específicos para estruturas comuns a grupos de microrganismos semelhantes, não distinguindo pequenas diferenças entre substâncias estranhas, o que difere da especificidade do sistema imune adaptativo em vários aspectos.

Assim, células residentes do tecido conjuntivo e células características da resposta inata, como neutrófilos, fagócitos mononucleares e células *natural killer* (NK), reconhecem moléculas (ou parte delas) conservadas entre diferentes grupos de patógenos (chamadas de PAMPs), por meio de um repertório limitado de receptores de membrana.

O entendimento molecular da resposta imune inata avançou consideravelmente na metade da década de 1990, quando a proteína Toll foi descoberta na *Drosophila melanogaster* (mosca-da-fruta) e demonstrou ser crítica para a defesa dessa mosca contra a infecção por alguns fungos. Essa observação abriu caminhos para a identificação de proteínas semelhantes em células de mamíferos. Em humanos, a família de receptores do tipo Toll (TLRs) é extremamente importante para a resposta imune inata, reconhecendo e respondendo a diversos PAMPs. Atualmente, 11 diferentes TLRs são conhecidos, e cada um reconhece um limitado repertório de PAMPs (Fig. 7.2).

De acordo com o TLR ao qual um determinado PAMP se liga, uma cascata de sinalização intracelular é desencadeada e ativa um fator de transcrição. Este, por sua vez, liga-se a uma região promotora de genes relacionados à defesa do organismo, traduzindo, posteriormente, uma proteína que exerce papel na resposta imune e inflamatória do hospedeiro.

Uma situação odontológica que exemplifica essa situação e é de fácil entendimento é a doença periodontal. Duas bactérias gram-negativas características das doenças periodontais são *Aggregatibacter actinomycetemcomitans* e *Porphyromonas gingivalis*. Ambas possuem, na composição de sua membrana, uma estrutura característica, chamada lipopolissacarídeo (LPS). Como foi observado na Figura 7.2, o LPS é reconhecido pelos receptores TLR4 e TLR2, e, quando reconhecido, essa ligação entre LPS e TLR gera uma sinalização intracelular que ativa, entre outros fatores de transcrição, aquele

PAMPs

Padrões moleculares associados patógenos, do inglês *pathogen associated molecular patterns*.

Receptor do tipo Toll (TLR)

Do inglês *Toll like receptor*, é um receptor expresso em diversos tipos de células que reconhece partes conservadas de patógenos, responsável pelo início da resposta imunológica.

Fator de transcrição

Proteína intracelular que, por meio da ativação de uma cascata de sinalização intracelular, invade o núcleo celular e se liga à região promotora de um gene.

Lipopolissacarídeo (LPS)

Epítopo presente na membrana celular bacteriana, altamente responsivo pelo sistema imune humano.

TLR1	TLR2	TLR3	TLR4	TLR5	TLR6	TLR7	TLR8	TLR9
Lipoproteína Lipopeptídeos	Lipoproteínas Bacteriana LAM MALP2 GPI Glicopeptídeo STF LPS	RNA fita dupla Poly (I:C) mRNA/tRNA	LPS Lipídeo A MPL-A Flavolipídeo Ácido Hialurônico GIPLs	Flagelina	MALP-2 Lipoproteína STF	Ácido Poliuridílico	3M-2 RNA fita simples Ácido Poliuridílico	CpG DNA CpG ODNs

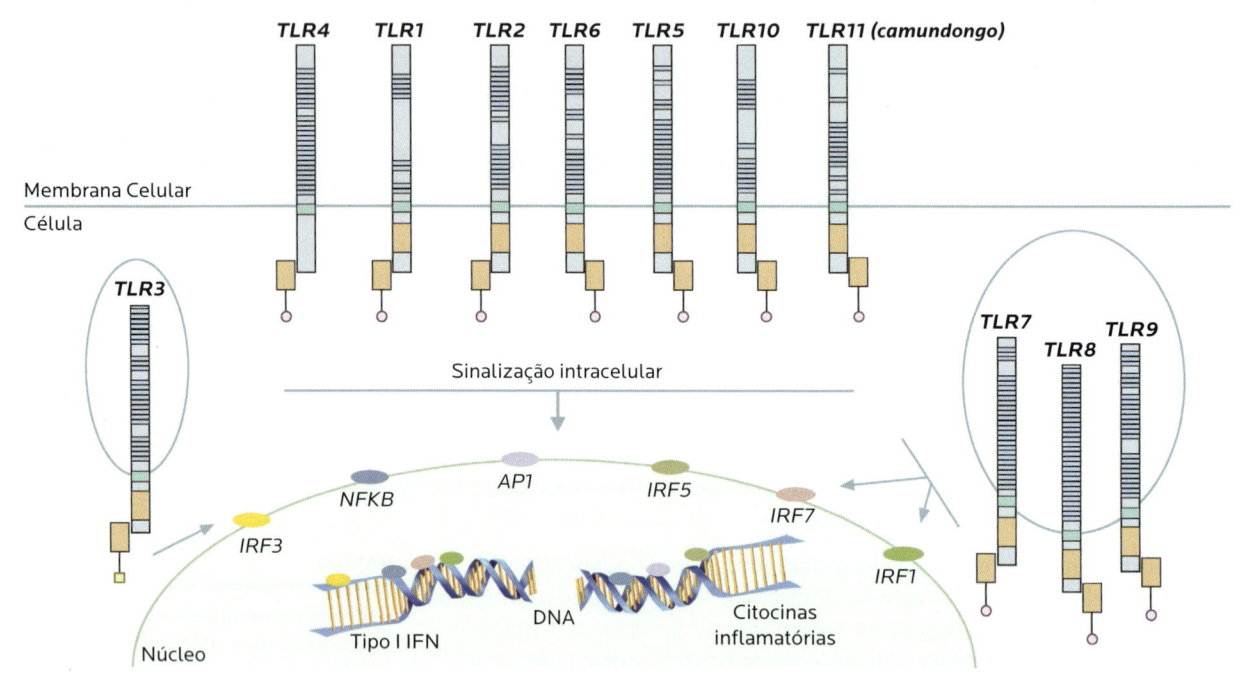

TLR10
peptídeo bacteriano

TLR11
Profilina

Figura 7.2 – Demonstração do repertório de TLRs e dos PAMPs por eles reconhecidos, gerando uma cascata de sinalização intracelular e atingindo os diferentes fatores de transcrição, que entrarão no núcleo e se ligarão à região promotora dos genes IFN e codificadores de citocinas pró-inflamatórias.

Fator nuclear kB (NFkB)

Proteína intracelular que, por meio de uma ativação da cascata de sinalização intracelular, invade o núcleo celular e se liga à região promotora de um gene, preferencialmente de caráter inflamatório.

Óxido nítrico (NO)

Potente molécula antimicrobiana produzida por diversos tipos de células, em especial macrófagos.

chamado NFkB (fator nuclear kB), que, por sua vez, transcreve RNAm de diversos fatores inflamatórios, como é o caso de algumas citocinas pró-inflamatórias.

As citocinas são um amplo grupo de pequenas proteínas secretadas por células da resposta imune em resposta a um determinado estímulo. No exemplo da doença periodontal, esse estímulo é a ligação de um PAMP a um TLR. Nesse caso específico, a resposta celular frente ao LPS resulta na produção predominante de citocinas pró-inflamatórias (TNF, IL-1, IFN, IL-6). Tais citocinas desempenham um papel de amplificação da resposta inflamatória e estimulam células da resposta imune inata (macrófagos e neutrófilos) a produzir agentes antimicrobianos, como é o caso do óxido nítrico e da mieloperoxidase.

Esses agentes antimicrobianos têm como principal função proteger o hospedeiro da ameaça microbiana. Entretanto, em diversas situações, nas quais se incluem as doenças periodontais, a resposta imune inflamatória crônica contra tais patógenos apresenta efeitos colaterais, como a destruição de tecidos sadios, típica característica de uma resposta imunológica crônica exacerbada. De fato, como já elucidado, por meio da seleção natural e após gerações, os seres humanos obtiveram uma tendência de resposta imunológica intensa que, em algumas situações, aumenta a severidade da patologia, similar ao ocorrido nas doenças periodontais.

No entanto, apesar de grande parte da população responder de forma intensa a um desafio, a individualidade de cada um deve ser levada em consideração; nesse aspecto, mais uma vez, a genética faz-se presente. Cada gene que codifica e é responsável pela produção de uma proteína (seja um receptor, seja uma citocina supracitada) pode apresentar variações genéticas, as quais podem ou não interferir na funcionalidade da proteína ou alterar a quantidade dessa proteína que será produzida.

Por exemplo, alterações genéticas de um único nucleotídeo, chamadas de SNPs no gene *TLR4* (*Asp299Gly*; *Thr399Ile*) e no gene *TLR2* (Arg677Trp; Arg753Gln) vêm sendo descritas em estudos científicos[2] como responsáveis por uma deficiência no reconhecimento de LPS. Estudos *in vitro*[2] demonstram que células da resposta imune inata que apresentam tais variações polimórficas, quando desafiadas com LPS, apresentam uma produção menor de citocinas pró-inflamatórias em comparação com as células que não apresentam tais polimorfismos. Isso, na prática, significa que esses polimorfismos podem diminuir a severidade de doenças de caráter inflamatório, como aterosclerose, doenças ósseas inflamatórias e artrite reumatoide; porém, em contrapartida, oferecem uma menor resistência a infecções pulmonares e outros tipos de infecções.

De fato, na odontologia, não só esses quatro polimorfismos, mas também outros locos polimórficos nestes dois genes (*TLR4* e *TLR2*), estão associados à alteração no desenvolvimento da doença periodontal. Além disso, a ausência do receptor TLR4 em animais *knockout* aumenta consideravelmente a severidade na doença periodontal experimental, e a ausência de TLR2 diminui tal severidade.

Da mesma forma com o ocorrido com os TLRs, diversos estudos focam no papel de um determinado SNP na modulação ou associação desse polimorfismo com determinadas doenças, incluindo as doenças periodontais. Por exemplo, o SNP na posição 3954 no gene da citocina pró-inflamatória IL-1β [IL1B(3954)SNP] demonstrou estar associado ao aumento nos escores clínicos da doença periodontal em humanos e nos níveis de IL-1β produzidos. Isso significa que pacientes portadores de tal polimorfismo podem apresentar uma severidade clínica na doença periodontal maior do que pacientes não portadores desse SNP, em condições exatamente iguais em relação aos fatores microbiológicos e ambientais.

No entanto, nem sempre um SNP associado a uma determinada doença estará associado a outras doenças de mesmas características ou à mesma doença em populações de diferentes etnias. O SNP na posição -308 da citocina TNF-α (TNFA-308G/A), que está associado a doenças inflamatórias ósseas – como é o caso da artrite reumatoide –, não está associado à doença periodontal na população brasileira. No entanto, isso não quer dizer que não tenha associação com a mesma doença periodontal em uma população de diferente etnia, como a população chinesa, por exemplo.

Um fato bem ilustrativo é o ocorrido com a enzima MMP-1 (metaloproteinase da matriz). Essa enzima é produzida principalmente por fibroblastos e é responsável pela degradação das fibras colágenas do tecido conjuntivo. Sua intensa produção na doença periodontal acarreta o agravamento da doença pela perda de tecidos moles de sustentação e também pela participação na degradação da matriz orgânica do tecido ósseo pelos osteoclastos. Culturas de fibroblastos que possuem um polimorfismo no promotor do gene que codifica a MMP-1, na posição -1607 (MMP1-1607 1G/2G), quando estimuladas com LPS, produzem uma quantidade maior de MMP-1 em comparação com os fibroblastos não polimórficos estimulados da mesma forma (Fig. 7.3).

SNP

Polimorfismo de nucleotídeo único, do inglês *single nucleotide polymorphism*.

Loco/locos

Posição de determinado gene em um cromossomo.

Fator de necrose tumoral α (TNF-α)

Citocina pró-inflamatória responsável por uma série de fatores, entre eles a indução de agentes antimicrobianos, a reabsorção óssea e o recrutamento de células inflamatórias.

Metaloproteinase da matriz 1 (MMP-1)

Enzima zinco-dependente, produzida preferencialmente por fibroblastos, responsável pela degradação do colágeno do tipo I.

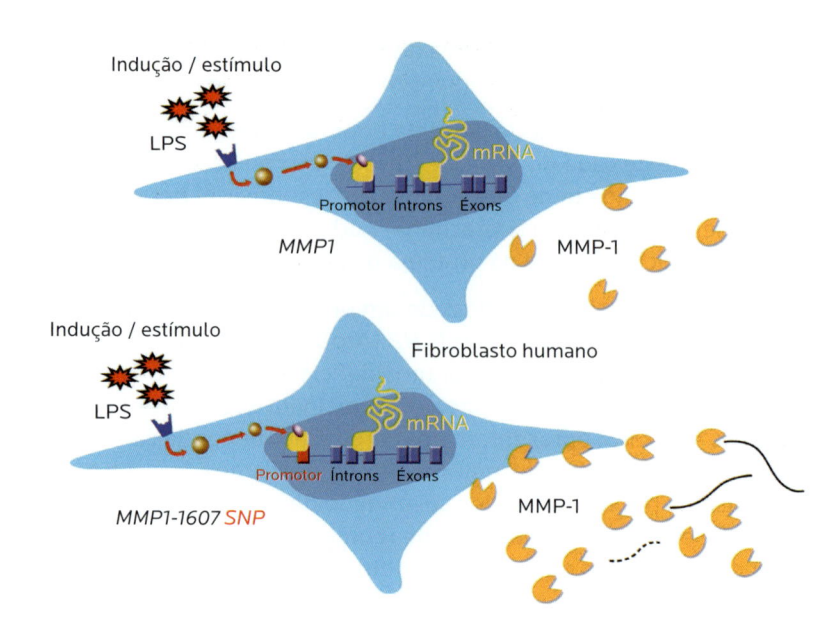

Figura 7.3 – Desenho esquemático representando a diferença na produção de MMP-1 entre fibroblastos humanos não polimórficos e outros apresentando polimorfismo na região -1607 do gene MMP1 (MMP1 -1607 SNP), ambos estimulados com a mesma quantidade de LPS.

> Isso significa que esse polimorfismo pode interferir na resposta imunológica, por meio da maior produção da enzima MMP-1, podendo agravar doenças relacionadas à degradação do colágeno. E, por fim, demonstra um meio de como a genética interfere na resposta imunológica diante de doenças infecciosas, podendo, de certa forma, explicar, mesmo que de maneira simples, a individualidade humana na resposta imune.

CONCEITOS SOBRE A RESPOSTA IMUNE ADAPTATIVA

A resposta adaptativa oferece uma **vantagem competitiva** para os animais que a possuem, fazendo com que eles estejam aptos a lutar contra patógenos de uma maneira muito mais eficiente e com muito menos custo, quando comparado com uma resposta exclusivamente inata. Porém, a resposta inata e a resposta imune adaptativa não operam de forma independente uma da outra.

A interação entre receptores de reconhecimento de agentes microbianos das células da resposta inata (p. ex., macrófagos) gera diversos fatores que estimulam de forma direta a realização da resposta imune adaptativa. É comumente aceito que a resposta adaptativa tem como papel principal o reconhecimento do próprio e do não próprio. Seus componentes celulares são os linfócitos T e B e, por meio deles, a resposta adquirida é dividida em duas partes: a imunidade humoral e a imunidade celular.

Imunoglobulina
Glicoproteína sintetizada por linfócitos B maduros em resposta a algum estímulo microbiano.

Ponte dissulfeto
Ligação covalente simples resultante de uma ligação entre dois compostos orgânicos.

A **resposta humoral** é mediada pelas imunoglobulinas (Ig), proteínas presentes no sangue e nas secreções das mucosas, secretadas pelos linfócitos do tipo B (também chamadas de células B). As Igs possuem uma característica estrutural similar básica: são compostas por duas cadeias pesadas e duas cadeias leves formando uma estrutura simétrica (Fig. 7.4). A ligação entre as duas cadeias pesadas é feita por duas pontes dissulfeto, semelhante à ligação entre as cadeias leves e pesadas, com a diferença de que apenas uma ponte dissulfeto as une. Observa-se também ponte dissulfeto nas regiões de domínio das Igs; essas regiões são uma série de unidades homólogas repetidas em forma globular.

Tanto a cadeia pesada quanto a cadeia leve possuem regiões variáveis (V) e regiões constantes (C). As regiões V participam do reconhecimento dos antígenos e são responsáveis pela grande diversidade entre as moléculas. O repertório de Igs no corpo humano varia muito, mas se estima que um adulto apresente um número entre 10^7 e 10^9 de diferentes anticorpos. As regiões V das cadeias pesadas e leves se apresentam paralelas e justapostas umas às outras com apenas um domínio Ig. As regiões constantes

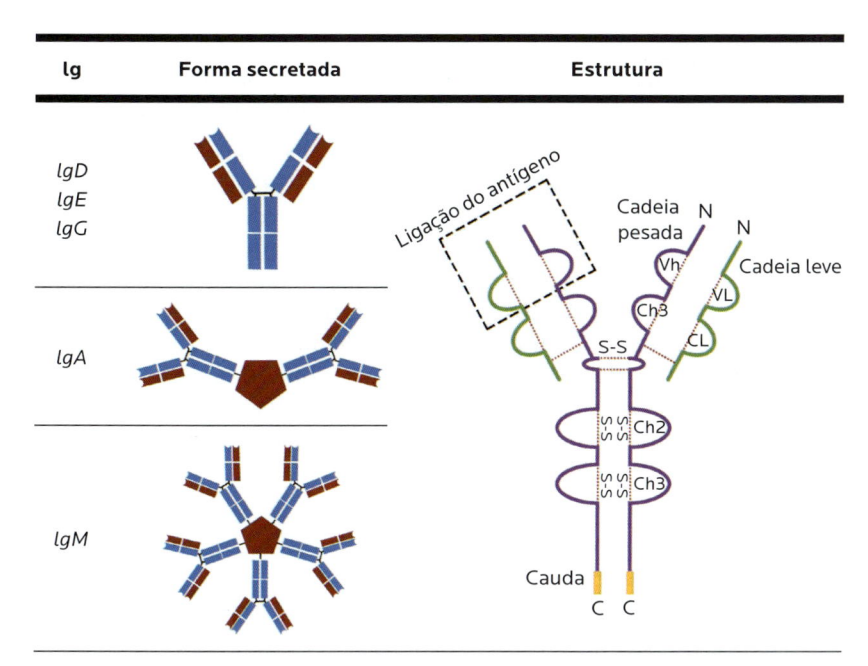

Ig	Forma secretada	Estrutura
IgD, IgE, IgG		
IgA		
IgM		

Figura 7.4 – Representação dos cinco isotipos de Igs e a forma na qual são secretadas (esquerda); disposição estrutural da IgG. C: região constante; V: região variável; h: cadeia pesada; L: cadeia leve; s-s: pontes dissulfeto (direita).

formam a maior parte da Ig, apresentando de 3 a 4 domínios Igs e sendo responsáveis pela parte funcional de tais moléculas.

As Igs são divididas em cinco isotipos de funções e formas variadas: IgA (dímero); IgD, IgE e IgG (monômeros); e IgM (pentâmero). A IgA apresenta uma função principal de imunidade em mucosas; a IgD participa do reconhecimento de antígenos em células B *naïve;* IgE é responsável pela desgranulação de mastócitos e pela citotoxicidade mediada por células; a IgG faz a opsonização de antígenos, a ativação da via clássica do complemento, a imunidade neonatal e o *feedback* para inibição de células B; por fim, a IgM também ativa a via do complemento e o receptor de antígeno para células B.

O outro tipo de imunidade adaptativa é a **imunidade celular**, a qual é mediada por linfócitos T, cujo papéis principais são a defesa contra microrganismos e a ativação de outras células do sistema imune. Para desempenhar tais papéis, é fundamental a interação entre os linfócitos T e outras células, pois, para que os linfócitos T reconheçam um determinado antígeno, é necessário que outra célula o apresente. A função de apresentação de antígeno para os linfócitos T é desempenhada por moléculas especializadas, chamadas de complexo principal de histocompatibilidade (MHC), a qual, em humanos, é denominada antígenos leucocitários humanos (HLA).

Células B *naïve*

Linfócito B que não está polarizado para uma função, ou seja, que nunca encontrou um antígeno diferente.

Opsonização

Processo que se dá pela liberação de opsoninas ou fragmentos que agem facilitando a fagocitose.

Complexo de compatibilidade principal (MHC)

Do inglês *major histocompatibility complex*, conjunto de genes localizados no braço curto do cromossomo 6 responsável pela apresentação de antígeno para os linfócitos T.

Antígeno leucocitário humano (HLA)

Molécula de MHC expressa nas células humanas.

Este complexo é uma evidência concreta da participação da genética no sistema imunológico, já que os genes MHC são os mais polimórficos do genoma humano, com mais de 250 alelos para alguns desses genes na população. O MHC foi descoberto em 1940 por George Snell e colaboradores, que estudavam rejeição de tumores e de tecidos transplantados entre diferentes linhagens de camundongos.[3] Nos anos subsequentes, a rejeição a implantes foi o único papel atribuído aos MHC; porém, não havia razão óbvia para que um conjunto de genes fosse conservado durante toda a evolução com um simples papel não fisiológico de rejeição a transplantes.

Realmente, entre as décadas de 1960 e 1970, foi descoberto que os genes *MHC* eram essenciais para a resposta imunológica adaptativa. Os genes das moléculas de MHC humanas, ou HLA, estão localizados no braço curto do cromossomo 6 e ocupam um enorme segmento de DNA, com aproximadamente

3.500 quilobases (kb). Isso significa que há uma considerável frequência de *crossing over* no MHC, de aproximadamente 4% em cada meiose celular. A molécula HLA é dividida em três classes, com características e estruturas diferentes: HLA de classe I, HLA de classe II e HLA de classe III.

Célula apresentadora de antígeno (APC)

possui MHC I ou II e é responsável pela apresentação dos epítopos para os linfócitos T.

O HLA de classe I apresenta peptídeos dispersos no citosol das células apresentadoras de antígeno (APCs) aos linfócitos T CD8+ (citolíticos). Está expresso em todas as células nucleadas, definido sorologicamente como HLA-A, HLA-B, HLA-C e, posteriormente, HLA-E, HLA-F e HLA-G. O HLA de classe II apresenta peptídeos extracelulares endocitados para os linfócitos T CD4+ (linfócitos T *helper*), estando expresso, em sua maioria, em macrófagos e linfócitos B. É definido por reação leucocitária mista em HLA-DR, HLA-DQ, HLA-DP e, posteriormente, HLA-DZ/DO, entre outros. Por fim, o HLA de classe III corresponde aos locos que produzem os componentes do sistema complemento, algumas citocinas e proteínas de choque térmico (Fig. 7.5).

De uma maneira muito simples, pode-se entender que, na prática, toda essa diversidade genética e eventuais polimorfismos nos genes que codificam os HLAs podem oferecer uma resistência a diferentes doenças de diversas etiologias. Em termos didáticos, diferentes moléculas de HLA/MHC se ligam a diferentes antígenos de um determinado microrganismo, e esses diferentes antígenos podem ser mais ou menos eficientes na indução da resposta imune ou, em outras palavras, mais ou menos imunogênicos.

Dessa forma, dois indivíduos apresentando um repertório diferente de moléculas de HLA/MHC (determinado por seu *background* genético), quando em contato com um mesmo microrganismo, podem apresentar grandes variações na resposta imune e inflamatória gerada contra tal microrganismo. Por exemplo, dependendo da variação genética encontrada nos HLAs, um indivíduo pode ser menos suscetível à malária (HLA-B53, DRB1 1302), mais suscetível à tuberculose e à hanseníase (HLA-DR2) ou, até mesmo, apresentar uma diminuição na progressão da infecção pelo HIV (HLA-B27), entre outras situações.

Porém, para o linfócito reconhecer o epítopo apresentado pelo HLA, é necessário um complexo de estímulos e coestímulos que se fazem presentes na apresentação. A apresentação de tal antígeno se faz, de fato, por meio de duas moléculas principais: uma é o HLA já descrito, presente na APC; a outra é o receptor de células T (TCR), distribuído clonalmente nos linfócitos T (ver Fig. 7.5).

Epítopo

Porção específica de um antígeno apresentada por um MHC para o reconhecimento de um linfócito T.

TCR

Molécula expressa em linfócitos responsável pelo reconhecimento de epítopos apresentados por células APC por meio das moléculas de MHC/HLA.

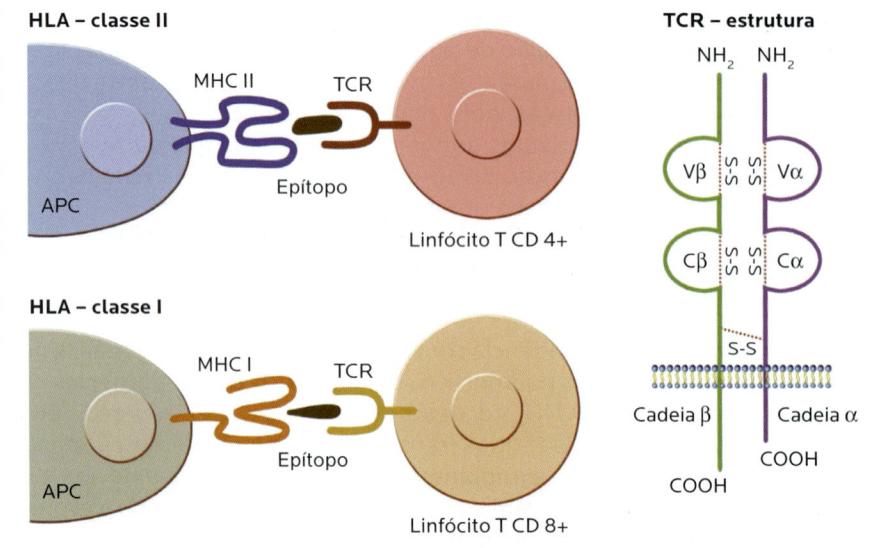

Figura 7.5 – Esquema representativo da apresentação de antígeno por HLA/MHC de classe II e de classe I de APCs, para os linfócitos T CD4+ e T CD8+, respectivamente. À direita, a disposição estrutural de um receptor de células T (TCR). C: região constante; V: região variável; s-s: pontes dissulfeto.

O TCR é um receptor transmembrânico heterodímero, consistindo em duas cadeias polipeptídicas (α e β) ligadas por pontes dissulfeto. Tanto a cadeia α quanto a β são compostas por um domínio N terminal variável, um domínio constante e uma cauda transmembrana hidrofóbica. A porção do TCR que se liga ao antígeno é composta pelos domínios variáveis (V) presentes nas duas cadeias. Porém, apesar de ambas as cadeias (α e β) serem responsáveis por mediar o reconhecimento do epítopo, a afinidade do TCR pelo complexo MHC é relativamente baixa, necessitando de moléculas acessórias de adesão e de um tempo bastante prolongado para tornar a ligação estável.

RECOMBINAÇÃO E EXPRESSÃO DOS GENES RELATIVOS À IG E AO TCR

A capacidade de diversificação de um ser humano ao gerar uma resposta específica a antígenos altamente específicos de um determinado patógeno é ampla a ponto de o número de receptores ser bem maior do que o número de genes responsáveis pela produção de tais receptores. Caso contrário, seria necessária uma grande parte do código genético somente para a função de gerar diferentes tipos de Igs e TCRs. Essa capacidade é devida à recombinação gênica ocorrida nos locos de Ig e TCR (Fig. 7.6). Para entender melhor como ocorre essa recombinação, é necessário esclarecer como está disposto cada loco nessas moléculas, o que será feito a seguir.

DISPOSIÇÃO DOS SEGMENTOS GÊNICOS DE IG

Os locos de Ig contidos em cada linhagem germinativa são compostos por três diferentes tipos de segmentos gênicos em ambas as cadeias (leve e pesada): o segmento V, o C e o segmento juncional (J); na cadeia pesada, ainda há um segmento adicional, o segmento de diversidade (D). Cada segmento gênico é separado por um DNA não codificante.

O segmento V está localizado perto da região 5' terminal e é composto por aproximadamente 300 pares de bases. Em seres humanos, o número aproximado de segmentos V é de 35 na cadeia leve κ e 45 na cadeia pesada μ, sendo que de 70 a 80% dos segmentos V apresentam-se homólogos, conservados durante a evolução. Ainda na região terminal 5', anteriormente aos segmentos V, observa-se uma sequência de nucleotídeos que codifica uma pequena parte, de aproximadamente 20 a 30 resíduos hidrofóbicos da proteína traduzida. Essa sequência de nucleotídeos é chamada de segmento líder (L).

Em toda proteína Ig imatura secretada é encontrada essa região L, que será clivada posteriormente na fase de glicolisação. Outro segmento comum entre as duas cadeias da Ig é o segmento C. Nos seres humanos, observamos nove genes C na cadeia pesada, sendo que a cadeia leve Ig κ apresenta apenas um loco C (Cκ) e a cadeia leve λ apresenta quatro locos (Cλ), codificando as regiões C em cinco diferentes isotipos de Ig.

Entre os segmentos V e C, encontramos uma região de aproximadamente 40 pares de bases de comprimento, chamada de segmento J. Nas cadeias pesadas, também observamos os segmentos D. Assim, dentro da cadeia pesada Ig, existe um agrupamento de seis segmentos J e mais de 20 segmentos D. Já as cadeias leves apresentam cinco segmentos J na cadeia κ e um único segmento J na cadeia λ, todos a 3' dos segmentos C respectivos. Nessa disposição gênica, ao observarmos uma proteína Ig madura, percebemos que as regiões constantes das cadeias leves e pesadas são sempre formadas pelos segmentos C. Já a região variável é formada pelos segmentos V e J, nas cadeias leves, e V, J e D, nas cadeias pesadas.

DISPOSIÇÃO DOS SEGMENTOS GÊNICOS DOS RECEPTORES DE CÉLULAS T (TCR)

Assim como na disposição dos segmentos Ig, cada loco do TCR na linhagem germinativa inclui os segmentos V, J e C. Os segmentos D também estão presentes nas cadeias pesadas do TCR. Na porção

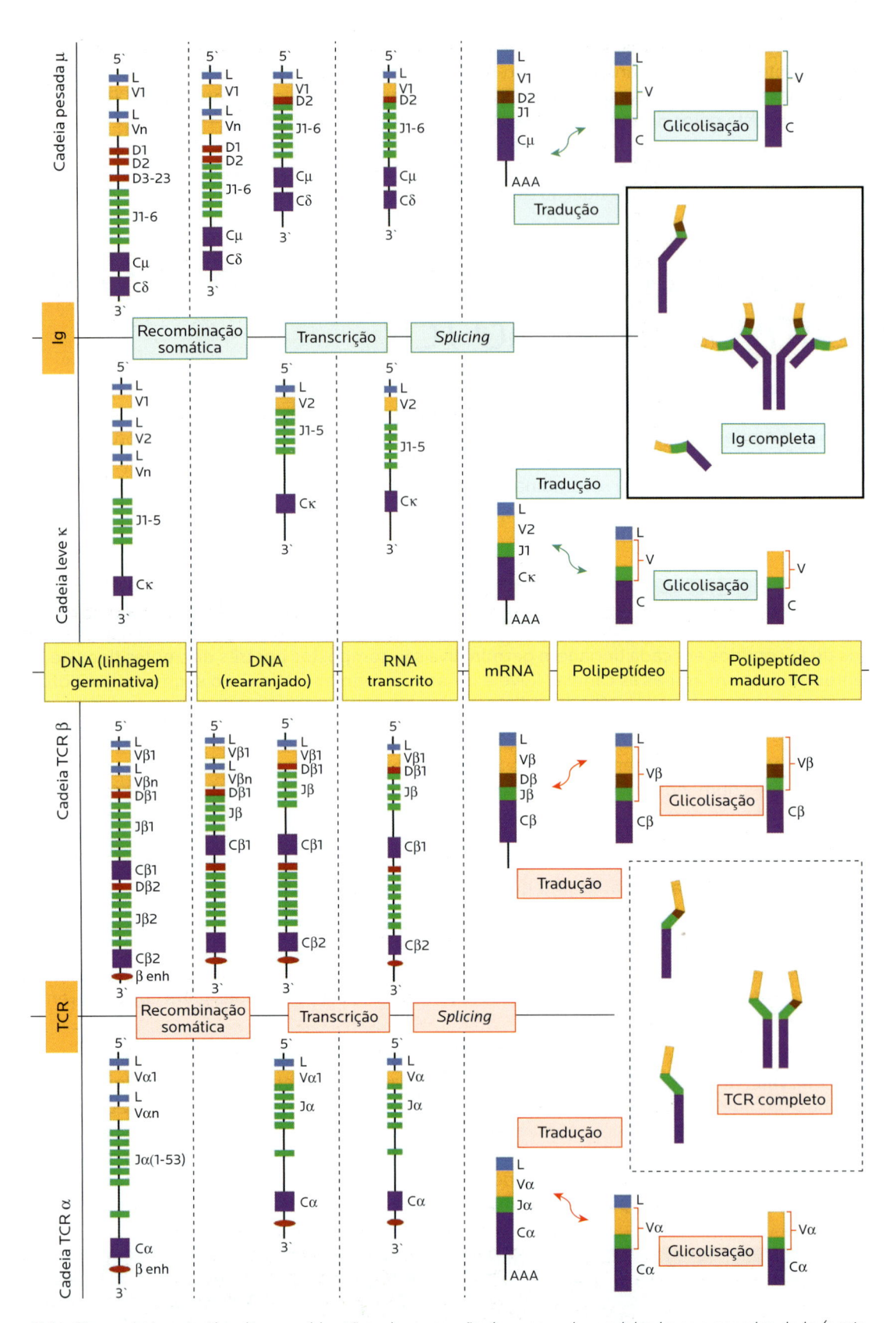

Figura 7.6 – Figura demonstrativa da recombinação e da expressão dos genes das cadeias leves e pesadas da Ig (parte superior) e das cadeias α e β do TCR (parte inferior) da linhagem germinativa até a proteína completa.

Fonte: Modificada de Abbas e Litchman.[4]

terminal 5', ambas as cadeias apresentam um segmento líder ou sinalizador L, anteriormente ao segmento V, que somente desaparecerá na fase de glicolisação. Os segmentos V, similarmente à Ig, são agrupados em famílias com bases homólogas e se apresentam em aproximadamente 45 locos nas cadeias α e δ, 50 na cadeia β e apenas 5 na cadeia γ.

Em uma posição mais para 3', estão presentes os segmentos C, sendo que em cada loco das cadeias β e δ observamos 2 segmentos C e apenas um segmento C nas cadeias α e δ, o qual posteriormente codificará a região transmembrana e a cauda citoplasmática. Entre os genes V e C, estão presentes o segmento J (em todas as cadeias de TCR) e o segmento D (nas cadeias β e δ). Diferentemente do ocorrido na disposição das Igs, cada segmento C dos TCRs apresenta seus próprios agrupamentos 5' de segmentos J e D (nos casos β e δ). Na proteína de TCR madura, percebemos que as regiões variáveis são codificadas pelos segmentos J e V (nas cadeias α e γ), J, V e D (nas cadeias β e δ) e pelo segmento C na região constante da proteína, indiferentemente da cadeia.

> Assim, toda essa diversidade ocorrida nas moléculas de TCR e de Igs, através de todos esses segmentos, gera um mecanismo extremamente eficiente no reconhecimento de antígenos específicos. Esse fato demonstra, mais uma vez, o papel da recombinação genética no sistema de defesa do organismo. Qualquer alteração, mesmo que pequena, pode gerar efeitos devastadores para o sistema imune do indivíduo, ou passar despercebida.

IMUNOGENÉTICA DOS TRANSPLANTES

Tendo elucidado anteriormente, neste capítulo, o mecanismo de reconhecimento de antígenos e a recombinação gênica por ele sofrida, podemos agora descrever uma outra situação na qual a imunogenética está presente e atuante: a **rejeição tecidual em transplantes**.

> Como definição, transplante é toda célula, tecido ou órgão que é translocado. O material transplantado é chamado de enxerto; o indivíduo ou o local de que é retirado o enxerto é chamado de doador; e o indivíduo ou local para onde o enxerto é transplantado é denominado receptor ou hospedeiro. Os transplantes podem ser enxertados em locais anatômicos iguais aos retirados, sendo chamados de ortotrópicos, ou enxertados em locais diferentes, ou pleiotrópicos.

Em qualquer tipo de transplante, o maior problema enfrentado no procedimento é a rejeição. Atualmente, como há um amplo entendimento imunológico e técnicas modernas, o índice de rejeição baixou consideravelmente. Porém, algumas décadas atrás, o ato de transplantar um órgão ou tecido apresentava um prognóstico bastante sombrio e duvidoso.

Por décadas, a humanidade sonhou com a substituição de um órgão deficiente por um novo. O primeiro transplante realizado e documentado com êxito ocorreu em 1954, pelo Dr. Joseph Murray. A cirurgia consistiu em um transplante de rins entre gêmeos monozigóticos; isso eliminava a possibilidade de rejeição, já que ambos possuíam os mesmos alelos. Apesar de a cirurgia ter sido um grande passo na história da medicina, não resolveria o problema público da época, pois dificilmente um paciente teria um irmão gêmeo que pudesse ser doador.

Alguns anos depois, no final dos anos 1960, cientistas descobriram uma maneira de realizar transplantes entre indivíduos diferentes, suprimindo o sistema imune do receptor. Diminuída a taxa de rejeição, o grande problema encontrado foi que os fármacos imunossupressores eram altamente tóxicos e, com a supressão do sistema imune, o paciente apresentava uma susceptibilidade à infecção muito alta e não resista muitos anos após a cirurgia. Somente em

Ortotrópico

Tipo de transplante em que o enxerto é colocado no mesmo local anatômico do retirado.

Pleiotrópico

Tipo de transplante em que o enxerto é colocado em um local anatômico diferente do retirado.

LEMBRETE

A grande maioria dos transplantes odontológicos é de pequeno porte, quando comparada a transplantes de órgãos realizados na medicina; além disso, o enxerto é proveniente do mesmo indivíduo. Assim, passa despercebido pelos cirurgiões-dentistas o sistema imunológico complexo por trás das rejeições e adaptações do enxerto.

Autotransplante

Transplante de tecidos do próprio indivíduo.

Transplante alogênico

Transplante realizado entre dois indivíduos da mesma espécie, mas de genética diferente.

Transplante isogênico

Transplante realizado entre dois indivíduos da mesma espécie e mesmo código genético (gêmeos monozigóticos).

Xenotransplante

Transplante realizado entre membros de espécie diferentes.

> ### SAIBA MAIS
>
> Dessa forma, foi necessário uniformizar a nomenclatura e os tipos de transplantes. Os clínicos e imunologistas dividiram os transplantes em quatro denominações, de acordo com a origem do enxerto:
> - **autotransplante** – é utilizado um enxerto do mesmo indivíduo (enxerto autógeno), não havendo problemas na rejeição;
> - **transplante isogênico** – transplante de enxerto entre indivíduos geneticamente idênticos (gêmeos monozigóticos), em que não há possibilidade de rejeição;
> - **transplante alogênico** – utilizam-se aloenxertos, de indivíduos da mesma espécie, mas com alelos diferentes, podendo ocorrer rejeição caso não sejam tomados os devidos cuidados;
> - **xenotransplante** – transplante entre espécies diferentes, sendo o tipo de transplante que mais desperta rejeição.

meados dos anos 1980, os fármacos antirrejeição melhoraram, e o procedimento de transplante tornou-se rotineiro, com protocolos uniformes de transplantes de rins, pulmão, fígado e coração em grande parte do mundo.

Na clínica odontológica, prevalece o autotransplante, mas, em estatísticas gerais, os transplantes mais realizados são os alogênicos. Nas rejeições destes, os aloantígenos (moléculas que são reconhecidas como antígenos pelo sistema imune do hospedeiro) desencadeiam uma resposta imune humoral e celular extremamente intensa, sendo as moléculas de MHC as principais responsáveis pela reação de rejeição. De fato, as moléculas de MHC alogênicas são apresentadas para os linfócitos T de maneira eficiente e por duas vias diferentes.

A primeira e mais simples é a forma direta, chamada de **alorreconhecimento direto**, em que os linfócitos T do hospedeiro reconhecem como não próprio o MHC de células do enxerto do doador, gerando uma resposta imune contra o novo tecido transplantado. A segunda forma é a via tradicional de apresentação de antígeno, chamada, neste caso, de **apresentação indireta de aloantígeno**, que consiste em APCs do hospedeiro processando e apresentando o MHC das células do enxerto (doador) via complexo TCR/MHC, gerando uma resposta imune contra o enxerto. Apesar da existência dessas duas vias de rejeição, observamos reais possibilidades de realização de transplantes alogênicos, desde que seja tomada uma série de precauções na seleção do doador.

MÉTODOS NA PREVENÇÃO DE REJEIÇÃO DE ALOENXERTOS

A estratégia fundamental para reduzir a rejeição de transplantes alogênicos é a seleção do doador. Essa seleção visa, de forma simples, minimizar as diferenças aloantigênicas entre o doador e o receptor.

A primeira atitude a ser tomada é evitar uma rejeição hiperaguda, que ocorre mediante um antígeno do grupo sanguíneo ABO. Para isso, é realizado um teste simples chamado tipagem sanguínea ABO, que consiste em misturar hemácias do paciente com soros que contenham imunoglobulinas anti-A e anti-B. Caso o paciente apresente qualquer um desses antígenos, ocorrerá uma aglutinação nas hemácias.

A segunda precaução a ser tomada é a tipagem de tecidos, que visa reduzir o número de diferenças entre os alelos HLA expressos nas células dos participantes do transplante (doador e receptor). Rotineiramente, esse teste é realizado focando apenas os HLA-A, HLA-B e HLA-DR, pois o HLA-C não é tão polimórfico quanto os outros HLAs, e o HLA-DQ apresenta compatibilidade com o HLA-DR.

Após a compatibilidade de HLA, os pacientes pré-transplante são analisados em relação a imunoglobulinas pré-formadas reativas contra o HLA alogênico, Igs formadas durante a gestação, transplantes ou transfusões de sangue anteriores, que podem gerar uma reação de rejeição hiperaguda ou vascular aguda. E, por fim, basta saber se o paciente tem Ig que possa reagir especificamente contra as células do doador, em um teste chamado de compatibilidade cruzada.

Realizados todos os testes de compatibilidade e chegando-se à conclusão de que o doador satisfaz todos os pré-requisitos, faz-se a cirurgia propriamente dita. No entanto, o sucesso do transplante ainda não está garantido. Após o transplante, é necessário o uso de fármacos imunossupressores, com a finalidade de inibir ou até mesmo destruir linfócitos T.

Atualmente, o fármaco imunossupressor mais utilizado na clínica é a **ciclosporina**. Trata-se de um peptídeo cíclico produzido por um fungo residente no solo (*Tolypocladium inflatum*), cuja principal ação é a inibição de alguns fatores de transcrição de genes relacionados a citocinas (principalmente IL-2), inibindo a ativação e a diferenciação de linfócitos T.

Pensando em reduzir e evitar todo o processo de seleção de doadores e de risco de rejeição tecidual e supressão imunológica, pesquisadores mudaram o rumo dos transplantes para novos materiais. Um exemplo muito utilizado em tratamentos de queimaduras extensas e em cirurgias periodontais é o **tecido dérmico acelular**. Esse material é obtido por remoção dos componentes celulares presentes no futuro enxerto. Uma vez retiradas as células, excluem-se também as moléculas responsáveis pela rejeição tecidual (HLAs), fazendo com que o material provoque inflamação reduzida e não sofra rejeição. Processo similar tem ocorrido com os biomateriais ósseos, muito utilizados na implantodontia e que, além de não conterem componentes celulares (não gerando resposta de rejeição tecidual), servem de carreadores para diversos fatores osteogênicos.

> **ATENÇÃO**
>
> Apesar de eficiente, a ciclosporina apresenta efeitos colaterais significativos, como nefrotoxicidade, hepatotoxicidade e aumento na suscetibilidade a infecções.

8

Genética da cárie

RENATA IANI WERNECK
MARCELO TÁVORA MIRA
PAULA CRISTINA TREVILATTO

OBJETIVOS DE APRENDIZAGEM:

- Compreender de que maneira a genética influencia na formação da cárie
- Conhecer os principais genes envolvidos na suscetibilidade à cárie

Índices CPOD (número de dentes cariados, perdidos e obturados) e CPOS (número de superfícies cariadas, perdidas e obturadas)

Os dois índices foram criados por Klein e Palmer,[1] em 1937, para serem usados tanto em dentes permanentes (CPOD/CPOS) quanto em dentes decíduos (ceod/ceos). O índice é utilizado para contar e descrever os dentes afetados pela doença cárie, tanto para medir a prevalência da doença quanto sua severidade.

A cárie dentária é uma doença bucal infecciosa, crônica e multifatorial, de alta prevalência global, com enorme impacto no sistema de saúde pública de países desenvolvidos e em desenvolvimento. Além disso, a cárie é uma das mais importantes causas de perda dentária e de dor de dente, dois problemas que estão associados tanto com o desempenho das crianças na escola como com a falta de adultos no trabalho, sendo indicativos de uma diminuição na qualidade de vida.

O índice global de dentes cariados, perdidos e restaurados (CPOD) vem sofrendo uma queda nos últimos anos, tanto em países desenvolvidos como em desenvolvimento; no entanto, a cárie continua a afetar de 60 a 90% das crianças em idade escolar e a maioria dos adultos de maneira polarizada – ou seja, a distribuição da doença não é homogênea entre indivíduos de uma população.

A doença cárie possui origem multifatorial: sua ocorrência depende tanto das variáveis ambientais (modificadoras) como de fatores relacionados ao hospedeiro (determinantes). Quando o biofilme é exposto a uma grande quantidade de carboidratos fermentáveis, são selecionadas as bactérias cariogênicas, como *Streptococcus mutans*, *Streptococcus sobrinus* e algumas espécies de *Lactobacillus*. A exposição contínua aos ácidos produzidos por essas bactérias, associada a uma capacidade limitada de corrigir o pH bucal do hospedeiro, levam a uma descalcificação do dente, processo conhecido como desmineralização.

O processo de **desmineralização** pode ser modificado por fatores ambientais, como higiene bucal e exposição ao flúor, como também por fatores socioeconômicos, como gênero, etnia e idade. Entretanto, a combinação de todos esses fatores ainda não explica completamente a doença cárie. Indivíduos expostos aos mesmos níveis de fatores de risco ambientais apresentam diferenças no índice CPOD. A explicação para esse fato talvez seja a diferença de cariogenicidade dos fatores ambientais entre indivíduos, sugerindo uma influência genética na etiopatogenia da cárie.

GENES E CÁRIE

Desde 1930, pesquisadores vêm conduzindo estudos para tentar compreender a natureza do componente genético que controla a suscetibilidade e a resistência à cárie. As pesquisas têm enfocado dois eixos principais:

- Epidemiologia molecular dos **microrganismos bucais** que colonizam o hospedeiro;
- Identificação dos **fatores de risco genéticos do hospedeiro** envolvidos no controle da suscetibilidade à cárie.

No eixo de pesquisa de fatores de risco genéticos do hospedeiro, duas linhas podem ser observadas: estudos experimentais em animais e estudos em humanos. Nos tópicos seguintes, será discutido cada um dos eixos citados.

GENES MENCIONADOS NO CAPÍTULO:

Genes humanos:

ACTN2	GNAT3	MTR
AMELX	HLA-DQB1	PRPs
CA6	HLA-DRB1	TAS1R2
CD14	LPO	TAS2R38
E2f1	MBL	TNFA
EDARADD	MRL	

Genes não humanos:

Aqp	brpA	gtfB

MICROBIOTA CARIOGÊNICA E GENÉTICA

De 1970 até 1990, a grande maioria dos estudos na área de genética da cárie pesquisava aspectos relacionados à variação genética nos microrganismos bucais. Tais trabalhos tinham como objetivo principal identificar cepas de microrganismos bucais que possuíssem maior cariogenicidade; por exemplo, colônias de microrganismos que aderiam mais facilmente à estrutura do esmalte dentário ou que produziam maior quantidade de ácido, o que acarretaria uma maior chance do desenvolvimento de lesões de cárie.

Estudos têm demonstrado a influência de diferentes cepas e genótipos do *Streptococcus mutans* no desenvolvimento da cárie. Por exemplo, variantes genéticas dos genes *gtfB* (que codifica a glucosiltransferase) e *brpA* (que codifica a proteína regulatória A do biofilme) de *Streptococcus mutans* foram capazes de modificar proteínas envolvidas no desenvolvimento do biofilme, aumentando sua cariogenicidade e modificando o impacto sobre o risco de ocorrência da cárie.

> **Genótipo**
>
> Identidade genética de um indivíduo (conjunto de dois alelos para cada gene, um vindo do pai e outro da mãe, no caso de espécies diploides, como a humana). Se os alelos (cópias dos genes) forem iguais, o indivíduo é homozigoto; se forem diferentes, o indivíduo é heterozigoto para aquele gene.

Uma linha de estudos foi iniciada tentando associar variáveis relacionadas aos microrganismos e à resposta do hospedeiro. Por exemplo, em 1999, foi observada uma relação dos alelos do sistema HLA de classe II e do gene *TNFA* com o nível de bactéria oral e o índice de número de superfícies cariadas, perdidas e obturadas (CPOS) em mulheres afro-americanas.[2] Os resultados confirmam a associação entre o perfil genético HLA e do *TNFA* do hospedeiro com a colonização específica de cepas de *Streptococcus mutans*, *Lactobacillus casei* e *Lactobacillus acidophilus*.

GENÉTICA DO HOSPEDEIRO E CÁRIE

> Tanto os estudos genéticos em modelos animais quanto os estudos em humanos vêm demonstrando o papel dos fatores genéticos na etiologia da cárie. O maior desafio é estabelecer a magnitude do efeito genético quando comparado com os fatores ambientais e outros fatores relacionados ao hospedeiro, bem como identificar os genes e a natureza das variações genéticas envolvidas.

As doenças genéticas podem ser classificadas em duas categorias: doenças mendelianas e doenças complexas. A cárie é classificada como uma doença complexa, pois resulta da interação entre fatores genéticos (em um modelo provavelmente oligogênico ou mesmo poligênico) e não genéticos (ambientais, comportamentais, socioeconômicos).

> **Fenótipo**
> Conjunto de características observáveis em um organismo no nível bioquímico, fisiológico ou morfológico. É resultado da interação entre genótipo e fatores ambientais.

Em estudos de genética de doenças complexas, usualmente o primeiro objetivo é caracterizar a existência de um componente genético que esteja controlando o fenótipo, para então prosseguir para estudos moleculares, mais complexos e caros, que visam dissecar a exata natureza desse efeito genético. Estudos comparativos[3-5] entre linhagens de modelos animais, conduzidos desde a década de 1930, inicialmente visavam provar a existência de um efeito genético de controle da doença. Como resultado, foram identificadas diferentes linhagens de camundongos que apresentavam diferenças no grau de suscetibilidade à cárie.

> **ATENÇÃO**
> A cárie é uma doença complexa, resultante da interação entre fatores genéticos (em oligogênico ou poligênico) e não genéticos (ambientais, comportamentais, socioeconômicos).

Em uma etapa seguinte, linhagens selecionadas com base no nível de suscetibilidade e resistência à cárie foram submetidas a cruzamentos controlados, e as proles obtidas foram analisadas. Por exemplo, estudos das décadas de 1950 e 1960 demonstraram que camundongos de populações geneticamente heterogêneas diferiam na experiência de cárie quando estavam sob as mesmas condições ambientais.[6-8] Demonstrou-se que certas linhagens de camundongos eram quase 10 vezes mais suscetíveis à cárie do que outras. Entretanto, se as cepas mais resistentes eram expostas a alimentos cariogênicos, a diferença no desenvolvimento da doença com animais suscetíveis reduzia, indicando a grande influência do ambiente.

> **Polimorfismos**
> Variantes genéticas presentes em uma população em frequência superior a 1%. Quando existe a possibilidade de mais de um par de alelos e estes são estáveis, diz-se que o gene é polimórfico.

Mais recentemente, investigações moleculares, ainda envolvendo modelos animais, levaram à identificação de variações de regiões e polimorfismos relacionados com a suscetibilidade/resistência à doença. Como resultado, regiões genômicas localizadas nos cromossomos 2, 8 e 17 (região MHC murina) foram descritas ligadas a fenótipos da cárie. Além disso, uma evidência positiva de associação foi descrita entre cárie e os seguintes genes:

> **Animais *knockout***
> Animais manipulados geneticamente, com modificação de seu DNA. Alguns genes são "desligados" ou inativados com a utilização de pedaços de DNA.

- *E2f1*, um fator de transcrição cuja mutação causa redução de volume de saliva;
- *Aqp*, que codifica a proteína aquaporina e que, em animais *knockout*, levou à redução de fluxo salivar; e
- *MRL*, relacionado com a resposta imune salivar.

> **Complexo principal de histocompatibilidade (MHC)**
> Região de genes ou família de genes com importante papel no sistema imune. São genes altamente polimórficos, com 150 alelos comuns ou mais, cujos produtos são expressos nas superfícies de uma variedade de células envolvidas na resposta imune.

Estudos genéticos em humanos também têm sido aplicados na investigação do componente genético associado com a suscetibilidade/resistência dos indivíduos ao desenvolvimento da cárie. Para isso, dois grandes grupos de estudos podem ser utilizados:

- **estudos observacionais**, como estudos de agregação familial, estudos com gêmeos e análises de segregação complexa;
- **estudos moleculares** de mapeamento de genes envolvidos no controle da ocorrência da doença, como análises de ligação e de associação (Fig. 8.1).

As análises de agregação familial investigam se existe agregação de casos das doenças em *pedigrees* (famílias), resultado do excesso de compartilhamento de variações genéticas (nos genes) e ambientais.

Genética odontológica

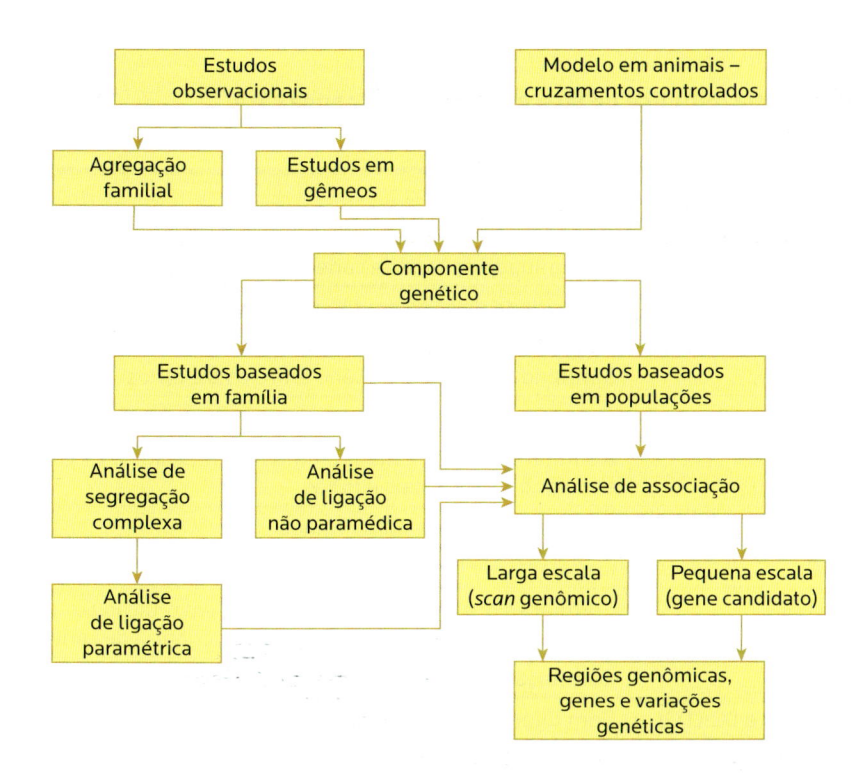

Figura 8.1 – Fluxograma sobre as estratégias para investigação genética epidemiológica.

SAIBA MAIS

A importância dos estudos observacionais com gêmeos é simples: gêmeos monozigóticos (MZ) compartilham 100% de seus alelos (cópias dos genes que vêm do pai e da mãe), ao passo que os gêmeos dizigóticos (DZ) compartilham, em média, 50%. Além disso, gêmeos normalmente compartilham os mesmos hábitos e variáveis ambientais durante os primeiros anos de vida; assim, a influência de variáveis ambientais pode ser reduzida. A proposta é comparar a taxa de ocorrência de uma doença entre pares de gêmeos MZ e DZ, pois uma concordância maior entre os primeiros em comparação com os segundos é forte argumento em favor da existência de um componente genético controlando a doença.

Tipicamente, esses estudos não buscam determinar qual a causa da agregação, mas se limitam a provar a agregação de casos *per se*. Os estudos de agregação familiar na cárie têm sido conduzidos desde 1930 (ver o Quadro 8.1) e têm produzido convincente evidência a favor da agregação de casos, levando a especulações quanto à existência de fatores genéticos controlando o desenvolvimento da doença.

Outro tipo de estudo observacional é a pesquisa com gêmeos. Vários estudos desse tipo têm reportado maior concordância entre gêmeos MZ, quando comparados com gêmeos DZ, em relação a diferentes fenótipos associados à cárie, como média de CPOD, tamanho dos dentes, dimensão das arcadas dentárias, distância intercuspidal e distância oclusal. Os valores da herdabilidade (h^2) em relação aos fatores previamente citados variam entre 94 e 61; quanto maior o valor de herdabilidade, maior o valor da característica herdada dos pais, sendo que o valor máximo é de 100.

Além dos estudos citados, a respeito da cárie, existem dois estudos envolvendo gêmeos criados separadamente, uma sofisticação do desenho original que torna a estratégia ainda mais poderosa. Um resumo dos resultados de estudos selecionados encontra-se disponível no Quadro 8.1.

Mais recentemente, estudos em humanos vêm tentando identificar **regiões genômicas** e **polimorfismos genéticos** associados com suscetibilidade e/ou resistência à cárie. Os estudos de segregação complexa ajudam a obter parâmetros de modelo genético que não são detectáveis nos estudos observacionais discutidos anteriormente. A análise busca identificar o modelo genético que melhor explica os *pedigrees* contendo indivíduos afetados, por meio da descrição de parâmetros, como o modelo de herança (monogênico/poligênico, dominante/recessivo, autossômico/ligado ao cromossomo X), as frequências alélicas e as penetrâncias.

Gêmeos monozigóticos (MZ) e dizigóticos (DZ)

Os gêmeos MZ, também chamados de idênticos ou univitelinos, são produto da fertilização de um único óvulo, com posterior divisão do zigoto. Esses gêmeos compartilham 100% dos alelos de seus genes. Os gêmeos DZ, também chamados de fraternos ou bivitelinos, são produto da fertilização de dois óvulos diferentes no mesmo ciclo ovariano. Os gêmeos DZ podem ser do mesmo sexo ou de sexos diferentes, e são tão parecidos quanto dois irmãos quaisquer. Compartilham em média 50% dos seus alelos.

QUADRO 8.1 – **Evidência da influência genética na suscetibilidade à doença cárie nos estudos observacionais**

Referência	População estudada (N)	Resultados
Klein e Palmer[9]	Irmãos (4.416)	Similaridade na taxa de cárie entre irmãos
Klein[10]	Pais e filhos (5.400)	Quantidade de cárie em filhos quantitativamente relacionada com a experiência dos pais
Klein[11]	Pais e filhos (-)	Similaridade na taxa de cárie entre pais e filhos
Book e Grahnen[12]	Pais e irmãos (317)	Correlação entre irmãos e pais sem cárie
Garn e colaboradores[13]	Pais e filhos (6.580)	A similaridade entre mães e filhos em relação ao CPOD é maior que entre pais e filhos
Garn e colaboradores[14]	Irmãos (16.000)	Correlação positiva entre irmãos
Garn e colaboradores[15]	Casais (1.800)	Correlação de CPOD positiva entre cônjuges
Maciel e colaboradores[16]	Mães e filhos (-)	Correlação positiva entre mães e filhos em relação ao padrão de preferência ao açúcar e à experiência de cárie
Bedos e colaboradores[17]	Mães e filhos (-)	Correlação positiva entre mães e filhos edêntulos
Bachrach e Young[18]	Gêmeos MZ (130) e DZ (171)	Sem diferença entre gêmeos MZ e DZ
Horowitz e colaboradores[19]	Gêmeos MZ (30) e DZ (19)	Gêmeos MZ mais similares em relação à cárie do que DZ
Mansbridge[20]	Gêmeos MZ (96) e DZ (128)	Gêmeos MZ com maior similaridade em relação à experiência de cárie
Goodman e colaboradores[21]	Gêmeos MZ (19) e DZ (19)	Variação entre gêmeos DZ maior do que MZ em relação à cárie
Finn e Caldwell[22]	Gêmeos MZ (35) e DZ (31)	Diferenças maiores entre MZ e DZ para cáries em superfícies lisas em dentes anteriores
Bordoni e colaboradores[23]	Gêmeos MZ (17) e controles não relacionados (-)	Maior similaridade entre morfologia e erupção dentária dos dentes decíduos entre MZ do que controles não relacionados
Gao[24]	Gêmeos MZ e DZ (280)	Maior correlação em MZ, mas não estatisticamente significativa
Conry e colaboradores[25]	Gêmeos MZ (46) e DZ (22) criados separadamente	MZ com maior similaridade entre pares do que DZ para presença do dente, dentes restaurados e superfícies restauradas em gêmeos criados separadamente
Boraas e colaboradores[26]	Gêmeos MZ e DZ (44) criados separadamente	Semelhança entre número de dentes presentes, porcentagem de dentes e superfícies restauradas, porcentagem de dentes e superfícies cariadas, tamanho dos dentes e mau alinhamento dos dentes em gêmeos MZ
Liu e colaboradores[27]	Gêmeos MZ e DZ (82)	Forte evidência de influência genética para presença do terceiro molar, tamanho do dente, tamanho da arcada dentária e malformação do incisivo lateral superior.
Bretz e colaboradores[28]	Gêmeos MZ (142) e DZ (246)	Para prevalência de cárie baseada em superfícies dentárias, as taxas de herdabilidade eram fortes ($h^2 = 76,3$), assim como para severidade da lesão ($h^2 = 70,6$)
Bretz e colaboradores[29]	Gêmeos MZ (112) e DZ (202)	Para prevalência de cárie nas superfícies, as taxas de herdabilidade foram moderadas ($h^2 = 30,0$) e maiores para os grupos mais velhos ($h^2 = 46,3$); para severidade das lesões, a taxa de herdabilidade também foi modesta ($h^2 = 36,1$) e maior para mais jovens ($h^2 = 51,2$).

Na cárie, apenas uma análise de segregação complexa foi conduzida e publicada em 2011. Nesse estudo,[30] dois fenótipos quantitativos foram observados em uma amostra populacional de famílias *multiplex* estendidas residentes em uma colônia isolada na Amazônia, no estado do Pará: índice CPOD e número de dentes cariados . Um efeito genético principal controlando resistência para ambos os fenótipos foi detectado, sendo que, para o fenótipo CPOD, o melhor modelo foi codominante e, para o fenótipo de dentes cariados, foi dominante. Os resultados indicam que o modelo detectado para CPOD é provavelmente o resultado da combinação de mecanismos genéticos independentes controlando os componentes do índice.

LEMBRETE

A análise de segregação complexa é o primeiro passo para a melhor descrição e compreensão da exata natureza dos fatores de risco genéticos controlando a suscetibilidade humana à doença cárie.

As estratégias de análise genético-epidemiológica molecular mais frequentes são os estudos de ligação e de associação. Os **estudos de ligação** são baseados em famílias e têm como objetivo localizar regiões cromossômicas que podem conter genes relacionados com o fenótipo estudado. O objetivo é encontrar padrões de cossegregação entre locos (locais dos cromossomos onde ficam situados os genes) e o fenótipo da doença investigada (Fig. 8.2).

A análise de ligação é uma ferramenta poderosa para localizar regiões genômicas contendo genes que exercem efeito moderado ou forte sobre o fenótipo. Sua vantagem é a possibilidade de conduzir uma busca de genoma completo com um pequeno número de marcadores. No único estudo de ligação desenvolvido em humanos,[31] um *scan* genômico envolvendo 392 marcadores, foi identificada evidência sugestiva de ligação entre cárie e cinco locos: três para baixa suscetibilidade à cárie (5q13.3, 14q11.2 e Xq27.1) e dois para alta suscetibilidade à cárie (13q31.1 e 14q24.3).

As **análises de associação** podem ser tanto baseadas em famílias como em populações e são empregadas para a identificação precisa das variações genéticas relacionadas com o desenvolvimento da doença. O objetivo dessa estratégia de análise é identificar alelos de genes que ocorrem mais frequentemente nos indivíduos com a doença. Quando essas análises são realizadas comparando-se casos *versus* controles, corre-se o risco de confusão causada por possível estratificação críptica das amostras populacionais em estudo. Tal erro pode ser evitado utilizando-se um desenho de análise de associação baseada em famílias.

Em tal desenho, a associação é identificada quando um alelo é transmitido de pais heterozigotos para um filho afetado em proporções diferentes das previstas pela lei da segregação independente, conforme detectado pelo teste de desequilíbrio de transmissão (TDT, Fig. 8.3). As análises de associação são utilizadas para identificar genes com efeitos de pequenos a moderados e podem ser conduzidas em pequena escala (estudos de genes candidatos) ou em larga escala (estudos pangenômicos de associação – GWA, do inglês *genome wide association*).

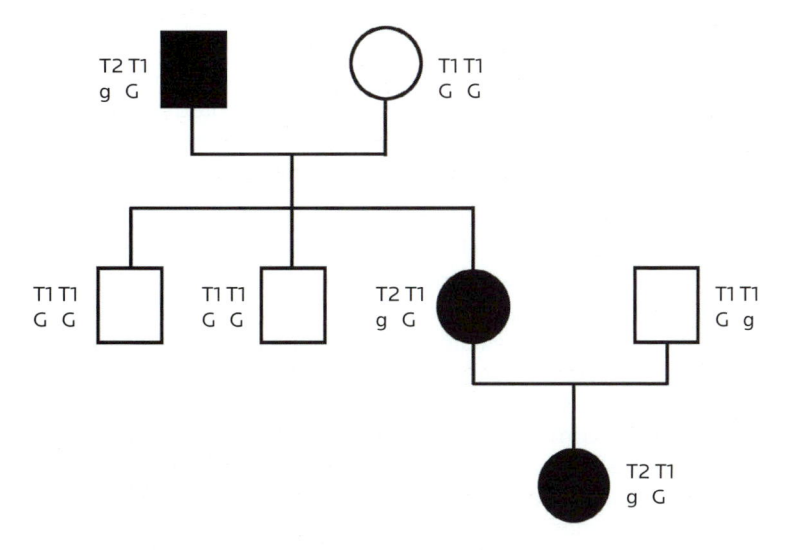

Figura 8.2 – Análise de ligação – segregação não randômica entre o loco da doença (T2) e o marcador de localização conhecida (g).

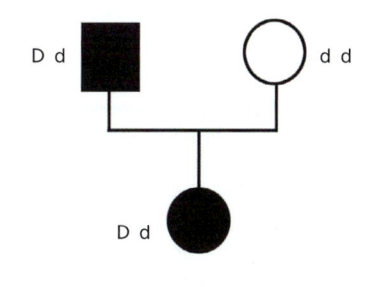

Figura 8.3 – Teste de desequilíbrio de transmissão (TDT), que observa o número de vezes que o pai heterozigoto (Dd) transmite o alelo D ou d para sua filha.

> Os primeiros estudos de associação entre variantes genéticas e cárie em humanos foram publicados em 2005. Desde então, diversos genes já foram identificados em associação com a suscetibilidade e/ou resistência à cárie, a saber:[32-42]

- genes relacionados com desenvolvimento e mineralização do esmalte – amelogenina (*AMELX*) e tuftelina (*TUFT1*);
- genes relacionados com resposta imune – *mannose-binding lectin* (*MBL*), *HLA-DRB1* e *HLA-DQB1*, *CD14* (-260);
- genes relacionados com a composição da saliva – *saliva carbonic anhydrase VI* (*CA6*) e *proline-rich protein gene* (*PRPs*);
- genes relacionados com paladar – *TAS2R38*, *TAS1R2*, *GNAT3*, único estudo conduzido utilizando a técnica TDT.

No único GWA publicado sobre a cárie até o momento,[43] realizado com 1.305 crianças americanas com idade variando entre 3 e 12 anos, nenhuma associação atingiu o nível pangenômico de significância estatística ($p<10E^{-7}$). No entanto, os autores descrevem sinais sugestivos de associação entre cárie e os seguintes genes:

- *ACTN2* – envolvido na organização dos ameloblastos durante a formação do esmalte;
- *MTR* – relacionado com a formação e a estrutura da face;
- *EDARADD* – relacionado com a displasia ectodérmica;
- *LPO* – que codifica uma enzima da saliva que tem importante papel no metabolismo das bactérias e inibe a formação da placa bacteriana.

CONCLUSÃO

A importância dos fatores ambientais e biológicos no desenvolvimento da cárie vem sendo intensamente discutida nos últimos anos. Diferentes estratégias para o controle dessas variáveis e para a prevenção da doença vêm sendo aplicadas; porém, a cárie continua sendo um importante problema de saúde pública em países desenvolvidos e em desenvolvimento.

Com um melhor entendimento da influência da genética no desenvolvimento da cárie, esperam-se avanços nas estratégias de prevenção e diagnóstico da doença. Por exemplo, uma vez conhecidos os genes envolvidos no desenvolvimento da cárie, tendo em vista que a doença é multifatorial e poligênica, testes genéticos poderão ser utilizados para identificar indivíduos mais suscetíveis a ela.

> Estudos têm demonstrado a influência sobre a ocorrência da cárie, principalmente, de genes relacionados com a formação do esmalte dentário, composição da saliva e resposta imune. Entretanto, é importante ressaltar que muitas dessas associações ainda não foram replicadas em diferentes populações, condição necessária para a confirmação dos achados.

Ainda neste sentido, pesquisas utilizando as ferramentas para estudos de associação em famílias poderiam incrementar o reconhecimento de novos genes candidatos, pois essa metodologia reduz os erros causados pela estratificação étnica da população em estudos caso-controle. Finalmente, apenas um GWA foi conduzido a respeito da cárie, mas sem resultados estatisticamente significativos.[43]

PARA PENSAR

Qual é a importância de conhecer os genes relacionados com as doenças bucais? Algum dia será possível identificar os pacientes com alto risco às doenças bucais com exames laboratoriais?

Outra discussão muito relevante na área de genética das doenças é a definição do **fenótipo ideal**. Uma pergunta relevante, nesse cenário, é a seguinte: os métodos utilizados para identificação da cárie, hoje em dia, são ideais para os estudos genéticos? Sendo a cárie uma doença multifatorial e poligênica, existe a necessidade de trabalhar com métodos que detectem o fenótipo mais preciso. Por exemplo, a seleção de indivíduos com fenótipos extremos – alta suscetibilidade (alto índice CPOD com baixo consumo de açúcar, por exemplo) ou baixa suscetibilidade (baixo CPOD com alto consumo de açúcar) – poderia contribuir para a definição de um melhor fenótipo. Além disso, estudos de coorte, nos quais pacientes são acompanhados por um longo período durante sua vida, seriam outra importante estratégia para a melhor compreensão do fenótipo da doença cárie.

Genética das periodontites

RAQUEL MANTUANELI SCAREL-CAMINAGA
MARIO TABA JR.

EVIDÊNCIAS DO COMPONENTE GENÉTICO NA PERIODONTITE

A doença periodontal, mais comumente chamada de periodontite, é uma infecção crônica e multifatorial iniciada pela presença do biofilme dental, ou seja, bactérias que se acumulam na região do sulco gengival. Esse evento pode ser entendido como um desafio microbiano ao sistema imune do hospedeiro. As bactérias do biofilme causam inflamação gengival e destruição dos tecidos de suporte, podendo resultar na perda do dente.

Embora muito prevalentes, as doenças periodontais não são uniformemente distribuídas nas populações, e apenas uma pequena porcentagem das pessoas, de 10 a 15%, desenvolve formas graves e destrutivas da doença. As doenças periodontais podem ser divididas em duas formas principais: periodontite crônica e periodontite agressiva (Figs. 9.1 a 9.3).

Como já foi dito, a destruição do periodonto causado pela doença periodontal é iniciada pelo desafio bacteriano que desencadeia a resposta imune do hospedeiro. Numerosas espécies bacterianas têm sido isoladas do biofilme subgengival, sendo algumas fortemente relacionadas à progressão da doença periodontal, como *Porphyromonas gingivalis, Tannerella forsythia, Aggregatibacter actinomycetemcomitans* e *Treponema denticola*, sendo, portanto, denominadas **periodontopatogênicas**.

A resposta do hospedeiro à infecção depende da virulência do patógeno e das espécies mais prevalentes na periodontite. No entanto, a simples presença de tais microrganismos não é suficiente para causar a doença. Isso indica que estão envolvidos fatores ambientais (biofilme subgengival) associados à resposta do

OBJETIVOS DE APRENDIZAGEM:

- Compreender de que maneira a genética influencia na formação da doença periodontal
- Conhecer os principais genes envolvidos na suscetibilidade à doença periodontal
- Entender de que maneira o conhecimento genético pode ajudar no tratamento da doença

GENES MENCIONADOS NO CAPÍTULO:

Genes humanos:

COL3A1	IL1RN	MMP9
CTSC	IL2	SLC35c1
CXCR2	IL4	TGFB
ELANE	IL6	TIMP2
GFI1	IL8	TLR4
HAX1	ITGB2 (CD18)	TNFA
IL10	LYST	TNF-α
IL1A	MMP1	TNSALP
IL1B	MMP3	VDR

Genes não humanos:

FcyRIIa	FcyRIIIa	FcyRIIIb

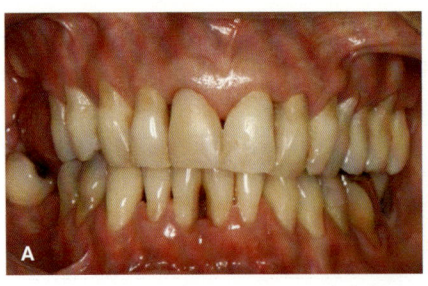

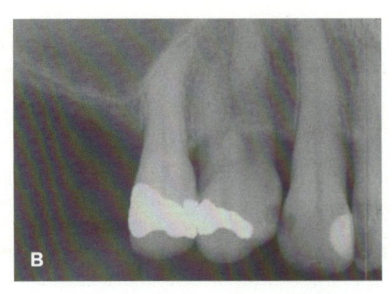

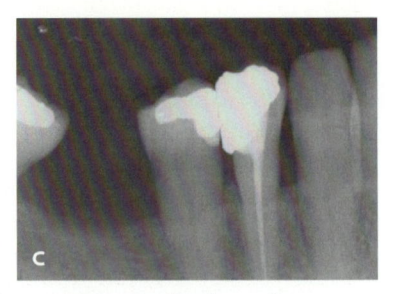

Figura 9.1 – Periodontite crônica. (A) Observar sinais clínicos da doença: perda de tecido gengival na região de papilas, alteração de forma e cor da gengiva, perda dental e retrações gengivais. (B e C) Radiografias demonstrando perda dental e perda óssea moderada compatível com aspecto clínico.

Fonte: Imagens cedidas por Dra. Ingrid W. Ribeiro.

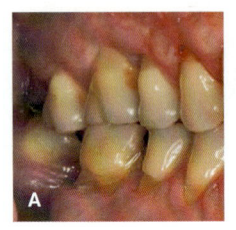

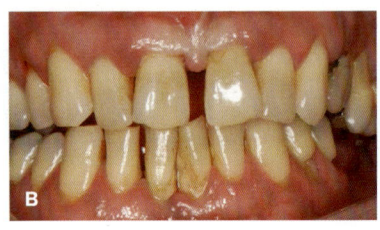

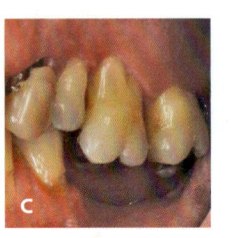

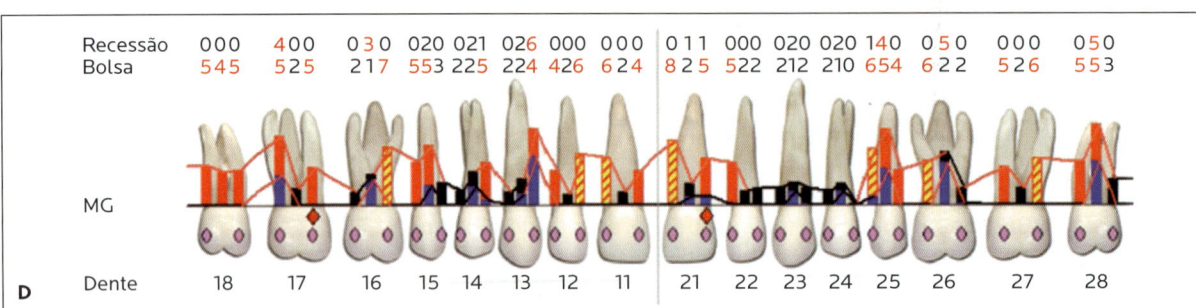

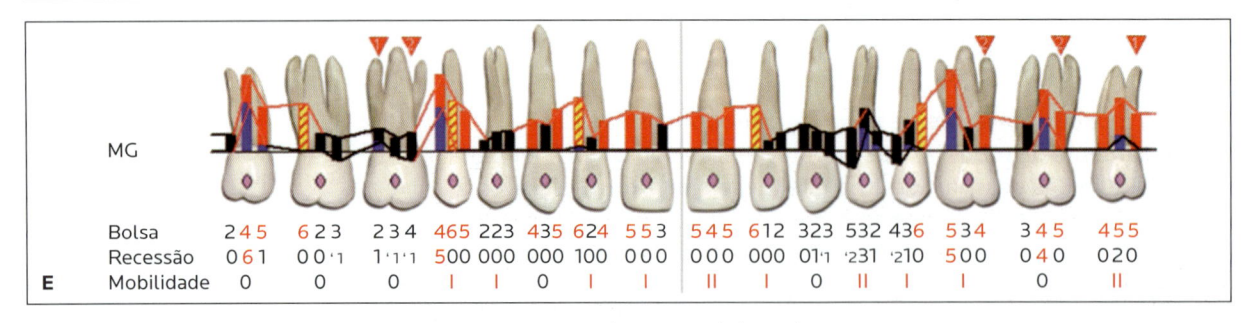

Figura 9.2 – Periodontite crônica associada a fator de risco (tabagismo). (A a C) Observar manchas nos dentes e sinais clínicos da doença: perda de tecido gengival na região de papilas, alteração de forma e cor da gengiva, migração patológica dos dentes, perda dental e retrações gengivais. (D e E) Parâmetros clínicos do arco superior demonstrando profundidade de sondagem aumentada em vários dentes, mobilidade e envolvimento de furca.

Fonte: Imagens cedidas por Dr. Danilo M. Reino.

hospedeiro (fatores genéticos). Assim, elementos hereditários de suscetibilidade contribuem fortemente para o tipo e a severidade da doença.

Muitos fatores genéticos da periodontite e da peri-implantite têm sido investigados, e alguns genes modificadores da doença têm sido relacionados à suscetibilidade. No entanto, os princípios mendelianos não explicam o desenvolvimento da doença. Considerando a etiologia multifatorial da doença periodontal, esta sofre influência da ação de vários genes (poligênica), diferenciando-se de uma doença mendeliana, que tem como causa a mutação de um único gene (monogênica).

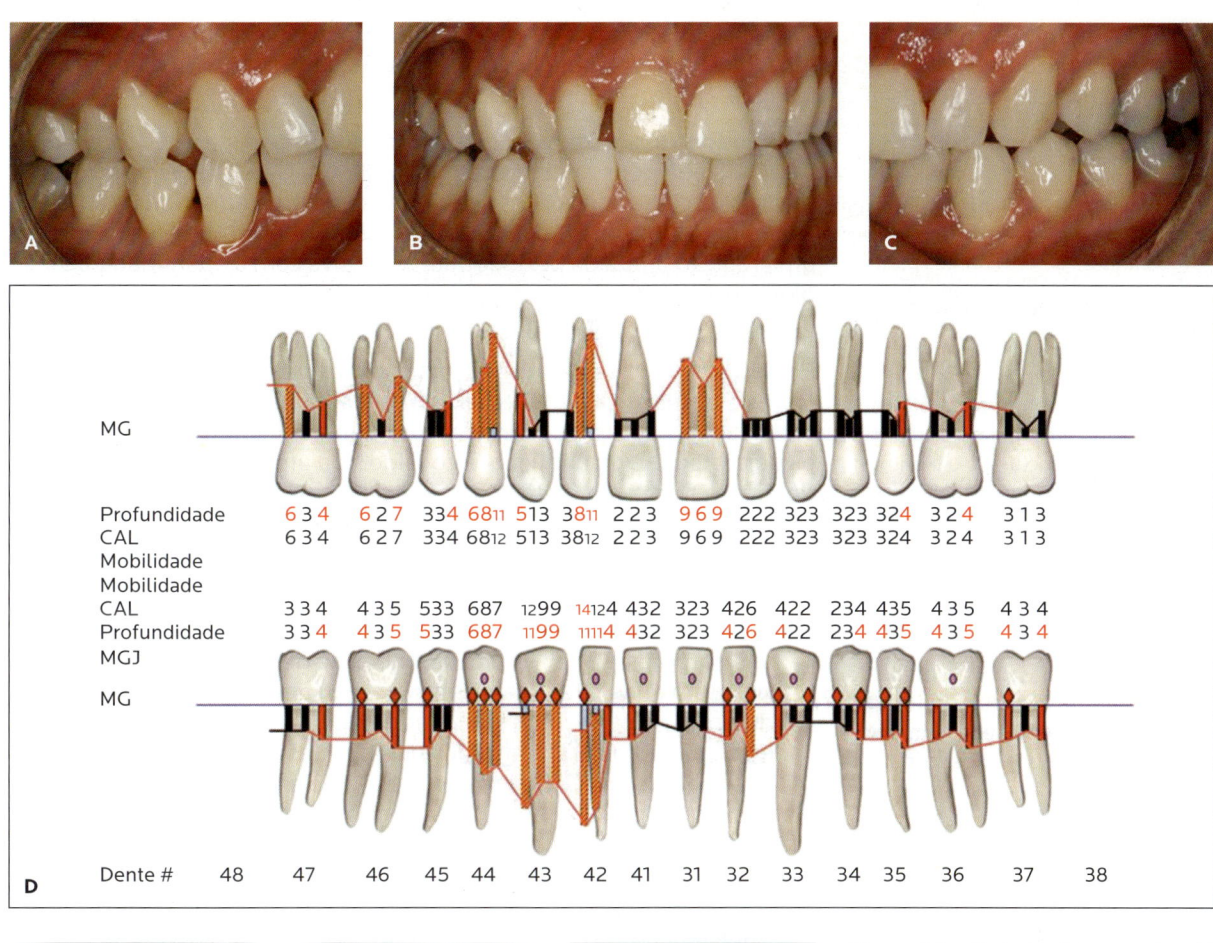

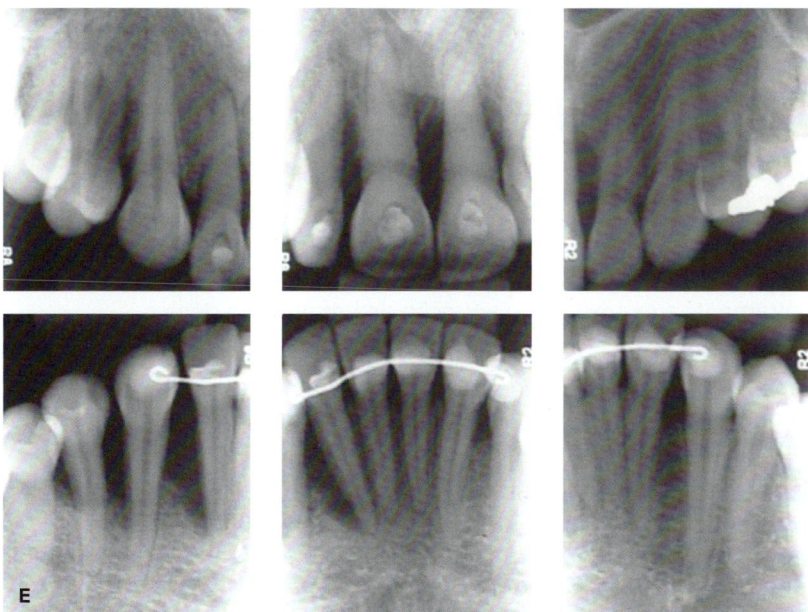

Figura 9.3 – Periodontite agressiva. (A a C) Observar alterações discretas na gengiva e ausência de sinais evidentes da presença de fatores etiológicos como biofilme e cálculo dental. (D e E) Exame periodontal e radiografias demonstrando perda óssea moderada a avançada sem relação direta com aspecto clínico.

Fonte: Imagens cedidas por Dr. André L. G. Moreira.

Geneticamente falando, a **periodontite crônica** é considerada uma doença complexa de etiologia multifatorial, apresentando quadro clínico característico: forma relativamente branda, progressão lenta e natureza crônica. Além disso, tem início relativamente tardio (na vida adulta) e é relativamente comum na população. Nessa doença complexa e multifatorial, os fatores de risco genéticos, as interações entre gene e ambiente e também os fatores comportamentais (estilo de vida, higiene oral, tabagismo, estresse e dieta) estão presentes simultaneamente (ver caso clínico na Fig. 9.2).

A **periodontite agressiva**, como o próprio nome sugere, é caracterizada por sua natureza mais violenta. Geralmente tem início mais precoce e, uma vez instalada, causa destruição tecidual rápida, levando a perdas ósseas e dentárias. Clinicamente, não parece existir uma relação direta da periodontite agressiva com a quantidade de biofilme e cálculo dental (ver caso clínico na Fig. 9.3). Esse fato sugere uma maior participação do hospedeiro e suscetibilidade genética.

É interessante observar que as duas formas de doença periodontal (crônica e agressiva) apresentam variações clínicas relacionadas à extensão da doença. A quantidade de dentes acometidos pela doença, ou seja, até 30% da dentição, é considerada uma forma localizada da doença. A forma generalizada indica que mais de 30% da dentição está afetada. Isso reforça a natureza complexa da doença. Os dentes de um mesmo indivíduo e o grau de suscetibilidade respondem diferentemente à agressão bacteriana.

Mutações genéticas específicas foram identificadas como causa de várias síndromes. Por exemplo, na síndrome de Papillon-Lefèvre, há mutações no gene *CTSC* (catepsina C); na síndrome de Chédiak-Higashi, há mutações no gene *LYST* (gene regulador do tráfego lisossomal) que codifica a proteína CHS1; na deficiência de adesão leucocitária tipo 1, há mutações no gene *ITGB2*, que codifica a cadeia beta-2 da integrina. Nessas síndromes, a característica comum é a presença de periodontite grave, indicando que a transmissão genética mendeliana de mutações em um único gene pode aumentar a suscetibilidade à periodontite nesses pacientes. No entanto, essas condições sindrômicas são raras e não caracterizam as formas mais comuns de periodontite.

> **RESUMINDO**
>
> Os fatores determinantes para os indivíduos desenvolverem periodontite parecem ser a forma como eles respondem à microbiota associada a fatores genéticos que modulam como os indivíduos interagem com fatores de risco ambientais (incluindo o biofilme). Portanto, a interação de fatores genéticos e ambientais, e não somente os genes, determina a instalação e a progressão da doença.

> **LEMBRETE**
>
> Nas formas mais comuns de periodontite, vários estudos têm indicado não apenas um único gene, mas vários (condição poligênica), como potenciais responsáveis pela suscetibilidade aumentada. Assim, os polimorfismos genéticos têm sido associados com o risco de desenvolvimento da doença.

POLIMORFISMOS GENÉTICOS E PERIODONTITE

Os principais fatores genéticos em modelos de doenças complexas não são mutações únicas que mudam radicalmente um gene ou seu produto; elas envolvem mudanças genéticas mais sutis que podem alterar ligeiramente a expressão ou a função de um produto gênico.

Lembrando que um gene pode ser definido como uma sequência de DNA que codifica uma determinada proteína, quando ocorre uma mutação em um gene, a sequência de DNA se torna alterada, levando ao surgimento de uma forma variante daquele gene. Esta é chamada de **sequência mutante**, e é diferente da sequência de DNA natural, ou seja, aquela que existia antes da mutação (**sequência selvagem**).

O tipo mais comum de polimorfismo é o de **base única** (*single nucleotide polymorphism*, ou SNP), como, por exemplo, o polimorfismo -590 (C/T) no gene interleucina-4 (*IL4*), que representa um SNP bialélico. Isso significa que, a 590 pares de bases do início do sítio de transcrição do gene (região promotora), há indivíduos que possuem o alelo C e outros o T (em homozigose ou heterozigose).

Outro tipo de polimorfismo consiste em repetições de nucleotídeos, como os mini e microssatélites. Como exemplo de minissatélite, no íntron 3 do gene *IL4*, alguns indivíduos possuem duas sequências (ou seja, uma repetição) de 70 nucleotídeos, enquanto outros possuem somente uma sequência. Isso caracteriza, respectivamente, um alelo

> **LEMBRETE**
>
> Mais de 10 milhões de SNPs foram identificados no genoma humano e têm sido investigados em associação a doenças e ao metabolismo diferencial de fármacos.

de inserção e um alelo de deleção. Os polimorfismos do tipo microssatélite são mais polimórficos, ou seja, têm geralmente vários alelos. Como exemplo, destaca-se a região promotora do gene *IL10*, onde há um número bastante variável entre os indivíduos de repetições dos nucleotídeos citosina e adenina (repetições CA). Como essas variantes gênicas (alelos) alteram a suscetibilidade à doença, elas são referidas como variantes funcionais.

Polimorfismos genéticos são muito úteis nos estudos de uma área da genética chamada genética de populações. As frequências de alelos e dos genótipos (combinação de dois alelos, um que foi herdado da mãe e outro do pai, em espécies diploides) de um dado polimorfismo podem variar entre um grupo de indivíduos com uma doença e um grupo saudável.

Se, por meio de análise estatística, um genótipo ou um alelo for associado com uma doença, ou seja, com frequência significativamente aumentada no grupo de afetados comparada ao grupo sem a doença, sugere-se que a sua presença influencie a ocorrência da doença. A partir disso, podem ser iniciados estudos que investiguem a funcionalidade desse polimorfismo, o que contribuirá para compreender o papel biológico desse gene na etiologia e patogenia da doença.

SAIBA MAIS

Quando há duas formas variantes de um gene (sequência selvagem e sequência mutante), mesmo que a diferença seja de um único nucleotídeo na sequência de DNA, diz-se que aquele gene tem dois alelos. Em outras palavras, quando em uma mesma posição na sequência de nucleotídeos de um gene (loco) há duas formas variantes, pode-se dizer que há um alelo selvagem e um alelo mutante. Quando a frequência do alelo mutante se torna superior a 1% da população, ao longo da evolução, já não se diz que há uma mutação, mas um polimorfismo genético. Assim, um polimorfismo genético surge como resultado de uma mutação. A partir disso, o ideal é denominar os alelos (ou variantes) como alelo comum e alelo raro.

ESTUDOS DESTINADOS A INVESTIGAR A HEREDITARIEDADE

Os estudos que mostram evidências de predisposição genética para a periodontite podem ser agrupados em quatro tipos de pesquisa:

- estudos com gêmeos;
- estudos com famílias;
- estudos de doenças hereditárias e síndromes genéticas; e
- estudos de população.

Tais tipos de pesquisas realizam, por exemplo, testes de hipóteses sobre hereditariedade da doença e modo de transmissão.

ESTUDOS COM GÊMEOS

Para revelar as influências genéticas e ambientais de determinada doença, são realizados estudos investigando gêmeos MZ (gerados a partir da divisão de um único zigoto) e DZ (gerados a partir de zigotos independentes). Gêmeos MZ são geneticamente idênticos e sempre do mesmo sexo, pois compartilham 100% dos alelos; gêmeos DZ compartilham 50% destes, em média.

Nos estudos envolvendo pares de gêmeos, é avaliado se uma característica (inclusive uma doença) ocorre em ambos os gêmeos (concordância) ou em somente um deles (discordância). Quanto maior a frequência dessa característica em ambos os membros dos pares MZ, em comparação aos DZ, maior a probabilidade de que a característica tenha um componente genético. Em outras palavras, para que o componente genético de uma característica (ou doença) seja considerado alto, espera-se que as taxas de concordância da característica entre gêmeos MZ sejam maiores do que em gêmeos DZ, e qualquer discordância entre gêmeos MZ deve ser atribuída a fatores ambientais. Qualquer discordância entre gêmeos DZ poderia surgir da variância ambiental e/ou genética. Portanto, a diferença de discordância entre gêmeos MZ e DZ é uma medida dos efeitos do excesso de genes compartilhados em gêmeos MZ quando a influência do ambiente é constante.

Em um estudo que investigou 110 pares de gêmeos adultos, um componente genético significativo para a ocorrência da doença periodontal foi identificado.[1] Os autores sugeriram que de 38 a 82% da variância da população para profundidade de sondagem, perda de inserção e placa bacteriana pode ser atribuída a fatores genéticos.[1] Um estudo posterior, com 117 pares de gêmeos adultos (64 MZ e 53 DZ), demonstrou haver, para todas as medidas clínicas periodontais, maior concordância entre gêmeos MZ do que entre gêmeos DZ e revelou que há 50% de hereditariedade para a periodontite crônica, mesmo após ajustes para variáveis comportamentais.[2] Isso significa que cerca da metade da variância da doença periodontal na população é atribuída à variação genética.

ESTUDOS COM FAMÍLIAS

ATENÇÃO

É importante considerar a potencial influência de fatores de risco ambientais e comportamentais compartilhados em qualquer família, como nível educacional e socioeconômico, hábitos de higiene oral, possível transmissão de bactérias, doenças como diabetes (embora a predisposição a doenças sistêmicas também apresente um componente genético), tabagismo passivo, saneamento, etc. Portanto, as interações complexas entre os genes e o ambiente também devem ser consideradas na avaliação de risco familiar para as doenças periodontais.

É bastante comum encontrar vários indivíduos de uma mesma família acometidos pela periodontite agressiva; por isso se diz que essa forma de periodontite tem agregação familial. Essa agregação dentro das famílias sugere fortemente uma predisposição genética.

Na periodontite crônica, não se observa tão evidente agregação familial e predisposição genética, diferentemente da periodontite agressiva, que apresenta grandes destruições ósseas sem relação direta com sinais clínicos da presença dos fatores etiológicos. A doença crônica, na maioria dos casos, manifesta-se de forma significativa a partir da terceira década de vida, geralmente na presença de outros fatores (higiene bucal, tabagismo, etc.) de influência que, juntos, contribuem para a complexidade da doença (ver painel de casos clínicos, casos 1, 2 e 3).

Vários estudos nos últimos anos (análises de segregação e análises de ligação) têm indicado que a periodontite agressiva não é monogênica (ou mendeliana simples), mas sim complexa e poligênica. No entanto, ainda não está claro quantos genes podem estar envolvidos na doença.

ESTUDOS DE DOENÇAS HEREDITÁRIAS E SÍNDROMES GENÉTICAS

A periodontite em grau severo é uma característica clínica importante encontrada em várias síndromes ou patologias monogênicas, como Chédiak-Higashi, Papillon-Lefèvre, Ehlers-Danlos, neutropenia crônica, acatalasia, hipofosfatasia, entre outras. O significado dessas condições para os estudos genéticos é que elas demonstram claramente que uma mutação genética em um único loco pode conferir suscetibilidade à periodontite.

LEMBRETE

Em formas não sindrômicas de periodontite (como a agressiva), os indivíduos manifestam somente as características clínicas da doença, sem outras alterações clínicas que coletivamente caracterizam uma síndrome.

SAIBA MAIS

Maiores informações sobre as doenças e os genes citados podem ser consultadas na página OMIM (*Online Mendelian Inheritance in Man*), do National Center for Biotechnology Information (NCBI).[4]

De acordo com a Academia Americana de Periodontologia,[3] reunida em 1999, a presença de periodontite como manifestação de doenças sistêmicas foi classificada da seguinte maneira:

A. Associada com distúrbios hematológicos
- Neutropenia adquirida
- Leucemias
- Outras

B. Associada com distúrbios genéticos
- Neutropenia familiar ou cíclica
- Síndrome de Down
- Deficiência na adesão de leucócitos
- Síndrome de Papillon-Lefèvre
- Síndrome de Chédiak-Higashi
- Síndromes de histiocitose

- Doenças de armazenamento de glicogênio
- Agranulocitose genética infantil
- Síndrome de Cohen
- Síndrome de Ehlers-Danlos (tipos IV e VIII)
- Hipofosfatasia
- Outras

C. Não especificadas de outra forma
Atualmente, considerando novos conhecimentos sobre a etiopatogenia de tais doenças, tem sido proposta uma nova classificação:
- Patologias relacionadas com a quantidade de neutrófilos
- Patologias relacionadas com a função (ou a qualidade) de neutrófilos
- Patologias relacionadas com alterações metabólicas, estruturais e outras alterações imunológicas

Os Quadros 9.1, 9.2 e 9.3, a seguir, apresentam, de forma resumida, características das principais doenças hereditárias e síndromes que manifestam periodontite.

ESTUDOS POPULACIONAIS

Fatores de risco ambientais e comportamentais para uma doença são frequentemente detectados pela primeira vez em grandes estudos epidemiológicos ou populacionais. Estudos sobre periodontite com enfoque genético trouxeram uma nova temática para a área, como suscetibilidade e predisposição genética para doença periodontal.

> A frequência de polimorfismos de genes candidatos, cujos produtos proteicos desempenham um papel na resposta inflamatória ou imune, podem ser comparados entre os casos (indivíduos com a doença) e os controles. Uma diferença significativa na frequência de um polimorfismo específico entre um grupo doente e um grupo-controle sugere evidência de que o gene candidato desempenha algum papel na determinação da suscetibilidade à doença. Esse método pode ajudar a elucidar a patogênese de uma doença, identificar a heterogeneidade causal e, finalmente, identificar indivíduos com maior risco para a doença. É provável que o efeito aditivo de múltiplos genes seja um fator determinante de suscetibilidade a doenças complexas, como a periodontite crônica.

Os primeiros polimorfismos investigados na doença periodontal foram nos genes que formam o *cluster*, ou agrupamento da interleucina-1 (*IL1A, IL1B, IL1RN*), além do gene do fator de necrose tumoral alfa (*TNF-α*). Observou-se correlação dos polimorfismos -889 *IL1A* e +3953*IL1B* com a severidade à doença periodontal em indivíduos não fumantes. O envolvimento do genótipo composto da IL-1 na doença periodontal foi também relacionado ao risco de perda dentária. Pacientes em manutenção do tratamento periodontal por 5 a 14 anos que apresentavam o genótipo composto da IL-1 tiveram 2,7 vezes mais risco de perder dentes do que indivíduos que não apresentavam tais polimorfismos. Quando combinado ao fumo intenso, o genótipo composto da IL-1 representou um aumento no risco de perda dental em 7,7 vezes.

Diferenças individuais nos níveis de interleucina relacionados aos diferentes graus de suscetibilidade à doença periodontal são atribuídas a polimorfismos nos genes de citocinas. Como exemplo, a frequência do alelo T do polimorfismo +3953 *IL1B* está aumentada em pacientes com doença periodontal avançada. O genótipo homozigoto (TT) nesse loco está associado a um aumento de quatro vezes na produção da proteína (IL-1β).

Alguns estudos enfocando polimorfismos mostraram associação não com a periodontite em si, mas com a severidade da doença, por exemplo, nos genes *IL2*, *IL6*, metaloproteinase 9 (*MMP9*) associada ao *TIMP2* (inibidor tecidual de MMPs), entre outros.[5,6]

> Há outra forma de analisar os polimorfismos genéticos: quando os polimorfismos estão localizados muito próximos entre si em um cromossomo, há uma tendência menor de ocorrer recombinação genética entre eles. Desse modo, o indivíduo não herda os alelos desses polimorfismos ao acaso, mas herda um bloco haplotípico. Investigando o gene *IL10*, dois polimorfismos na região promotora estão associados à doença periodontal, e foi observado que determinados haplótipos formados por tais polimorfismos aumentam a suscetibilidade à doença em até 8 vezes.

QUADRO 9.1 – Doenças hereditárias e síndromes que manifestam periodontite relacionadas com a quantidade de neutrófilos

Doença [OMIM]	Herança, localização citogenética	Gene [OMIM]	Função do gene	Características clínicas
Neutropenia congênita severa do tipo I [202700]	AD, 19p13.3	ELANE (elastase do neutrófilo) [130130]	A elastase do neutrófilo é uma protease localizada nos grânulos neutrófilos que, in vitro, degrada um componente da parede celular de bactérias gram-negativas. Também tem principal ação na inativação da antitripsina	Se não tratada, a doença pode ser letal antes dos 3 anos. Apresenta múltiplas infecções bacterianas e abscessos, podendo levar à morte por septicemia. Pacientes geralmente desenvolvem leucemia mieloide aguda ou síndrome mielodisplásica. A maioria dos pacientes é tratada com fator estimulador de colônia, um granulócito que tem diminuído a mortalidade
Neutropenia congênita severa do tipo II [613107]	AD, 1p22	GFI1 (fator de crescimento independente 1), [600871]	GFI-1 é uma oncoproteína com papel essencial na hematopoese e na diferenciação de neutrófilos. Tanto humanos quanto camundongos deficientes em GFI-1 tiveram células mieloides progenitoras com falha para diferenciar e amadurecer neutrófilos	Presença de células mieloides primitivas circulantes e diminuição de linfócitos tipo B e T (CD4)
Neutropenia congênita severa do tipo III (ou síndrome de Kostmann ou síndrome agranulocitose infantil) [610738]	AR, 1q21.3	HAX1 (proteína HS1 associada à proteína X1) [605998]	Mutações no gene HAX1 levam à deficiência do peptídeo LL-37 (que tem função bactericida) e da defensina (HNP1-3). Também ocorre inadequado desenvolvimento do neutrófilo	Pneumonia, bronquite, faringite, otite, amidalite, abscessos, úlceras orais e esplenomegalia
Neutropenia cíclica [162800]	AD, 19p13.3	ELANE (elastase do neutrófilo) [130130]	A elastase do neutrófilo é uma protease localizada nos grânulos neutrófilos que, in vitro, degrada um componente da parede celular de bactérias gram-negativas. Também tem principal ação na inativação da antitripsina	A quantidade de neutrófilos dos indivíduos com neutropenia cíclica variam de quase 0 a níveis normais a cada 21-28 dias. Febres recorrentes, infecções bacterianas e ulcerações orais geralmente ocorrem nas fases de diminuição de neutrófilos
Neutropenia crônica familiar (ou leucopenia benigna familiar) [162700]	AD e AR	Desconhecido	Desconhecida	Ulcerações orais recorrentes, hipergamaglobulinemia. As infecções são menos severas do que na forma congênita severa

AD: autossômica dominante; AR: autossômica recessiva.

QUADRO 9.2 – Doenças hereditárias e síndromes que manifestam periodontite relacionadas com a função (ou a qualidade) de neutrófilos

Doença [OMIM]	Herança, localização citogenética	Gene [OMIM]	Função do gene	Características clínicas
Deficiência na adesão de leucócitos do tipo I [116920]	AR, 21q22.3	*ITGB2* (cadeia beta-2 integrina), também designado *CD18* [600065]	Falta de adesão dos neutrófilos devido à deficiência de CD18	Infecções bacterianas recorrentes, mobilidade dos neutrófilos deficiente, perda atrasada do cordão umbilical, ulcerações orais recorrentes
Deficiência na adesão de leucócitos do tipo II [266265]	AR	*SLC35c1* (membro c1 da família 35 de carreadores de soluto)	Metabolismo da fucose	Retardo mental, estatura baixa e infecções bacterianas recorrentes, principalmente pneumonia e otite média
Síndrome de Chédiak-Higashi [214500]	AR, 1q42.3	*LYST* (regulador do tráfego lisossômico) [606897]	Mutações no gene *LYST* fazem com que os lisossomos se tornem anormalmente grandes, e isso interfere nas funções normais das células. Além disso, o conteúdo dos lisossomas não consegue ser liberado adequadamente	Lisossomos de melanócitos não conseguem liberar adequadamente a melanina; assim, os indivíduos afetados manifestam pseudoalbinismo. Nos neutrófilos, apesar de conseguirem fagocitar, eles não conseguem matar eficientemente as bactérias no fagolisossomo, ou seja, sua atividade bactericida é comprometida. Isso contribui para infecções recorrentes. Sistema nervoso: com o passar dos anos, pode haver manifestações neurológicas debilitantes

AR: autossômica recessiva.

QUADRO 9.3 – Doenças hereditárias e síndromes que manifestam periodontite relacionadas com alterações metabólicas, estruturais e outras alterações imunológicas

Doença [OMIM]	Herança, localização citogenética	Gene [OMIM]	Função do gene	Características clínicas
Síndrome de Papillon-Lefèvre [245000]	AR, 11q14.2	CTSC (catepsina C) [602365]	Mutações no gene CTSC resultam em falhas para clivar e ativar serinoproteases do neutrófilo, como elastase e catepsina G, que levam à deficiência na quimiotaxia, fagocitose e morte intracelular de microrganismos	Hiperqueratose palmoplantar, deformidades nas unhas e nos dedos e periodontite severa que afeta tanto a dentição primária quanto a secundária
Síndrome de Ehlers-Danlos do tipo IV [130050]	AD, 2q32.2	COL3A1 (Subunidade A1 do colágeno tipo 3) [120180]	Abundante no tecido conjuntivo frouxo, é encontrado nas artérias, nos pulmões, nos músculos lisos, no fígado e no útero. Constitui as fibras reticulares	Hiperextensibilidade das articulações, cicatrização anormal, fragilidade da pele e maior risco de ruptura de artérias
Síndrome de Ehlers-Danlos do tipo VIII [130080]	AD, 12p13	Desconhecido	Desconhecido	Idem ao tipo IV, mas tem periodontite mais severa
Hipofosfatasia [146300]	AD, AR, 1p36.1	TNSALP (fosfatase alcalina de tecido não específica) [171760]	A fosfatase alcalina participa da mineralização de ossos e dentes	Alterações ósseas (ossos longos arqueados, deformidades em extremidades ósseas) e atraso no crescimento

AD: autossômica dominante; AR: autossômica recessiva.

Considerando conjuntamente vários artigos científicos publicados na área, os quais investigaram genes diferentes (Quadro 9.4), observou-se que há grande variedade entre eles no que se refere a I) critérios clínicos adotados para determinar quais indivíduos manifestam doença periodontal e quais indivíduos não manifestam (grupo controle); e II) diferentes etnias investigadas.

Por outro lado, foi notada uma semelhança entre os diferentes trabalhos, isto é, número amostral pequeno, comparando-se a trabalhos de genética de populações, o que confere muitas vezes um baixo poder estatístico aos resultados. Essa pode ser uma das possíveis causas para muitos estudos falharem em associar vários polimorfismos à doença periodontal. Além disso, há a variabilidade da frequência alélica desses polimorfismos nas diferentes etnias.

Assim, conforme foram sendo realizados estudos com diferentes etnias investigando polimorfismos no mesmo gene, tornou-se possível desenvolver **estudos do tipo metanálise**. Esses estudos avaliam de forma conjunta os resultados de estudos prévios independentes sobre uma mesma questão. Portanto, inclui uma população maior na análise estatística, diminuindo a chance de erro tipo I, ou seja, ocorrência falso-negativa.

Uma metanálise indicou uma associação significativa entre os polimorfismos -889 do gene *IL1A* e +3953 do gene *IL1B* com a periodontite crônica. Outra metanálise envolvendo seis estudos prévios que investigavam polimorfismos no gene *IL6* concluiu que o SNP -174 não modifica o risco de desenvolvimento de periodontite crônica, mas sim de periodontite agressiva. Concluiu, ainda, que o SNP -572 está associado ao risco de desenvolvimento de ambos os tipos de doença periodontal.

> **ATENÇÃO**
>
> Apesar dos vários estudos existentes, nenhum dos polimorfismos até agora investigados podem ser utilizados como marcadores genéticos da doença periodontal.

QUADRO 9.4 – Alguns estudos enfocando polimorfismos genéticos que mostraram associação com a periodontite

Gene	Polimorfismo	Periodontite	Etnia dos pacientes	Referência
IL1A	-889	Crônica	Caucasianos	Laine e colaboradores[7]
IL1A	-889	Agressiva (generalizada)	Chineses	Li e colaboradores[8]
IL1A	-889	Crônica	Brasileiros	Moreira e colaboradores[9]
IL1B	-511	Agressiva (generalizada)	Chineses	Li e colaboradores[8]
IL1B	+3954	Crônica	Caucasianos	Gore e colaboradores[10]
IL1B	+3954	Agressiva	Caucasianos	Parkhill e colaboradores[11]
IL1B	+3954	Agressiva	Caucasianos	Brettet e colaboradores[12]
IL1B	+3954	Crônica	Brasileiros	Moreira e colaboradores[13]
IL1RN	VNTR	Agressiva	Caucasianos	Parkhill e colaboradores[11]
IL1RN	VNTR	Agressiva (generalizada)	Japoneses	Tai e colaboradores[14]
IL1A/IL1B (genótipo composto)	-889/+3954	Crônica	Caucasianos	Kornman e colaboradores[15]
IL1A/IL1B (genótipo composto)	-889/+3954	Crônica	Caucasianos	McGuire e Nunn[16]
IL1A/IL1B (genótipo composto)	-889/+3954	Crônica	Caucasianos	McDevitt e colaboradores[17]

continua

continuação

Gene	Polimorfismo	Periodontite	Etnia dos pacientes	Referência
IL2	-330	Crônica	Brasileiros	Scarel-Caminaga e colaboradores[18]
IL4	+33	Agressiva	Caucasianos	Gonzales e colaboradores[19]
IL4	-590, +33, VNTR	Crônica	Caucasianos	Holla e colaboradores[20]
IL4	-590, +33, VNTR	Crônica	Brasileiros	Anovazzi e colaboradores[21]
IL6	-174	Crônica	Brasileiros	Trevilatto e colaboradores[22]
IL6	-572	Crônica	Caucasianos	Holla e colaboradores[23]
IL6	-174	Crônica	Brasileiros	Moreira e colaboradores[24]
IL8	-251, +396, +781	Crônica	Brasileiros	Scarel-Caminaga e colaboradores[25]
CXCR2	+785, +1208, +1440	Crônica	Brasileiros	Viana e colaboradores[26]
IL10	-1082, -819, -592	Crônica	Brasileiros	Scarel-Caminaga e colaboradores[27]
IL10	-592	Crônica	Brasileiros	Claudino e colaboradores[28]
IL10	-592	Crônica	Turcos	Sumer e colaboradores[29]
TNFA	-1031, -863	Crônica	Japoneses	Soga e colaboradores[30]
TGFB	-509	Crônica	Brasileiros	de Souza e colaboradores[31]
MMP1	-1607	Crônica	Brasileiros	de Souza e colaboradores[32]
MMP1	-1607	Crônica	Turcos	Pirhan e colaboradores[33]
MMP3	-1612	Crônica	Brasileiros	Astolfi e colaboradores[34]
MMP9	-1562	Crônica	Turcos	Keles e colaboradores[35]
VDR	Taq1, Bsm1	Crônica	Brasileiros	de Brito Junior e colaboradores[36]
VDR	Taq1	Crônica	Caucasianos	Nibali e colaboradores[37]
FcyRIIa	131	Crônica	Caucasianos	Yamamoto e colaboradores[38]
FcyRIIIa	158	Agressiva	Caucasianos	Loos e colaboradores[39]
FcyRIIIb	NA2	Agressiva Generalizada	Japoneses	Kobayashi e colaboradores[40]
FcyRIIIb	NA2	Agressiva Localizada	Afro-americanos	Fu e colaboradores[41]
TLR4	Asp299Gli, Tre399Ile	Crônica	Caucasianos	Schröder e colaboradores[42]

IL: interleucina, IL1A: interleucina-1 alfa, IL1B: interleucina-1 beta, IL1RN: interleucina-1 antagonista do receptor; VNTR: número variável de repetições em tandem *(um seguido do outro, no caso de uma sequência de 86 pares de bases)*; Taq1: polimorfismo identificado pela enzima de restrição Taq1; Bsm1: polimorfismo designado pela enzima de restrição Bsm1; NA: antígeno neutrofílico; Asp299Gli : polimorfismo que leva à mudança do aminoácido 299 de ácido aspártico para glicina; Tre399Ile : polimorfismo que leva à mudança do aminoácido 399 de treonina para isoleucina.

APLICAÇÕES DO CONHECIMENTO GENÉTICO NA DOENÇA PERIODONTAL

Pelo menos 50% de suscetibilidade à periodontite é creditado à hereditariedade ou a fatores genéticos. Observações clínicas e estudos científicos têm mostrado que o hospedeiro apresenta um importante componente genético, ou fator de suscetibilidade, para o desenvolvimento de doenças periodontais, mas os estudos com genes ainda são inconclusivos.

Informações adicionais a partir de novas tecnologias, como microarranjos de genes (*microarrays*) e sequenciamento de DNA, deverão contribuir para a identificação de fatores genéticos específicos e permitirão relacioná-los a fatores ambientais e comportamentais que contribuem para a suscetibilidade à periodontite.

Para traduzir essas novas descobertas em protocolos clínicos para o tratamento das doenças periodontais, junto com a identificação de determinantes genéticos, devemos aprender como controlar ou modular a resposta do hospedeiro para a produção de uma resposta imunológica benéfica ou identificar vias que permitam o bloqueio da progressão da doença, "desligando" fatores de ativação de reabsorção óssea.

MODULAÇÃO DO HOSPEDEIRO COMO UMA ESTRATÉGIA DE TRATAMENTO

O melhor entendimento da inflamação e de sua resolução tem garantido o estudo de novas estratégias de tratamento periodontal baseado na resposta do hospedeiro. Pesquisas recentes têm examinado a cascata inflamatória em maior detalhe na busca por mediadores endógenos e exógenos que possam ser utilizados para modular a resposta imune do hospedeiro. Nesse sentido, o desenvolvimento de novos medicamentos parece ser uma interessante estratégia para controlar a doença periodontal farmacologicamente.

Outro avanço esperado é por meio da terapia gênica. Nessa área, os tratamentos que utilizam a tecnologia de transferência de células e genes têm o potencial para superar as limitações associadas com terapias convencionais e podem fornecer uma nova possibilidade de controlar a inflamação e até modificar o risco ou a suscetibilidade de um indivíduo.

TESTE GENÉTICO PARA DOENÇA PERIODONTAL

A periodontite crônica como doença genética complexa oferece desafios para o desenvolvimento de testes diagnósticos clinicamente relevantes. Os polimorfismos genéticos que contribuem para a suscetibilidade à doença não são individualmente determinantes da doença. Genes individuais podem contribuir para a suscetibilidade, mas, visto que há várias interações em níveis gene-gene e gene-ambiente, a contribuição real para o resultado da doença pode não ser decisiva.

Embora seja possível a realização de testes genéticos para várias formas sindrômicas de periodontite, não há evidência de que mutações nos genes responsáveis por essas condições sejam também responsáveis pelas formas mais prevalentes de periodontite agressiva ou crônica não sindrômica. Assim, como apresentado no Quadro 9.4, um número grande de polimorfismos genéticos tem sido estudado para uma associação com periodontite crônica. No entanto, nenhum provou ser fortemente previsor como marcador diagnóstico ou prognóstico para identificar quais indivíduos, na população geral, apresentam risco aumentado à doença.

SAIBA MAIS

Com as novas tecnologias disponíveis e o rápido crescimento do conhecimento, as perspectivas a respeito da doença periodontal são muito promissoras. A base de conhecimento genético está se ampliando, partindo das evidências experimentais para um campo mais aplicado, em que testes diagnósticos e o desenvolvimento de novas estratégias para modular a resposta imune do hospedeiro poderão ser incorporados na prática clínica.

PARA PENSAR

Como é a prevalência e a distribuição das doenças periodontais na população?

A doença periodontal é uma doença monogênica ou poligênica?

Quais fatores de risco estão presentes no desenvolvimento da doença periodontal?

O que é polimorfismo?

Quais tipos de estudos mostram evidências de predisposição genética para a periodontite?

Como o polimorfismo pode ser associado à suscetibilidade à doença?

É possível modificar a suscetibilidade de um indivíduo para desenvolver a periodontite?

10

Genética da perda de implante

CLAUDIA CRISTINA KAISER ALVIM-PEREIRA
FABIANO ALVIM-PEREIRA
PAULA CRISTINA TREVILATTO

OBJETIVOS DE APRENDIZAGEM:

• Compreender a técnica de implante dental osseointegrável e o processo de falha no implante
• Compreender a biologia da perda de implantes e o papel das citocinas inflamatórias e da regulação do metabolismo ósseo
• Conhecer a influência dos polimorfismos genéticos sobre a perda de implantes

SAIBA MAIS

O mercado de implantes dentais movimentou mundialmente 6,8 bilhões de dólares em 2011.

Edentulismo

Perda de dentes parcial ou total.

Doenças da boca ainda são um dos maiores problemas de saúde pública, sendo que as mais prevalentes – cárie e periodontite – apresentam como resultado final a perda de dente. A perda dental é um problema complexo que afeta desde crianças até idosos.

O edentulismo não leva à morte, mas prejudica diversas estruturas orofaciais, como tecido ósseo, nervoso e muscular. Consequentemente, as funções são diminuídas em pacientes edêntulos. O desafio da odontologia é, principalmente, melhorar o acesso e a qualidade da reabilitação oral. Porém, a pesquisa em saúde bucal ainda está sendo conduzida minimamente baseada em evidências científicas.

Uma grande variedade de tratamentos está disponível para substituir os dentes perdidos. O tratamento com implantes dentais apresenta grande nível de previsibilidade, com índice de sucesso de mais de 90%. O implante dental osseointegrável é atualmente a modalidade de tratamento de eleição para substituir dentes perdidos em termos de função e estética. A acessibilidade a esta modalidade de tratamento vem aumentando devido à diminuição dos custos e ao aumento de profissionais especializados na área.

IMPLANTE DENTAL OSSEOINTEGRÁVEL

Implantes dentais osseointegráveis consistem em um cilindro/parafuso, na maioria das vezes de titânio, que se comporta como uma raiz dentária artificial (Fig. 10.1), nos quais o contato direto entre o tecido ósseo funcional e o biomaterial titânio é denominado osseointegração.

> A osseointegração foi o termo introduzido por Brånemark para definir um contato estrutural e funcional entre a superfície de titânio e o osso. O sucesso da osseointegração tem sido definido como uma associação de aspectos funcionais e estéticos. As diretrizes básicas para a implantologia moderna foram propostas e aceitas na Conferência de Toronto em Odontologia Clínica, em 1982, e desde então permanece inalterada em sua essência.[1]

Resumidamente, a técnica de implante osseointegrável se apresenta da seguinte maneira:

- O parafuso de titânio é inserido cirurgicamente no alvéolo previamente preparado, aguardando-se, então, a osseointegração primária; nesse período, que varia de 3 a 4 meses para a maxila e de 5 a 6 meses para a mandíbula, recomenda-se imobilidade na superfície implante-osso, visando favorecer o crescimento ósseo nos sulcos/ranhuras do parafuso;
- A conexão transmucosa (*abutment*) é inserida, a qual receberá a prótese logo após a cicatrização da mucosa, que ocorre em 15 dias, em média;
- A prótese fica instalada sobre o implante, sendo implantossuportada (Fig. 10.2).

A mudança principal do protocolo original ocorre no tempo para carga (imediata e precoce). Se os pacientes apresentam elevado grau de estabilidade primária do implante (alto valor do torque de inserção), os dois protocolos podem apresentar resultados satisfatórios. Modificações no formato ou na superfície do implante não demonstram substancial melhora clínica.

GENES MENCIONADOS NO CAPÍTULO

BMP4	IL1RN	TGFB
CTR	IL2	TNFA
IL1	IL6	VDR
IL1A	MMP1	
IL1B	MMP9	

Implante dental osseointegrável

Cilindro de titânio que se comporta como uma raiz dentária artificial. Geralmente apresenta rosca interna e externa. A externa é para aumentar a área de integração com o osso, e a interna, para suportar a futura prótese.

Osseointegração

União estável e funcional entre o osso e uma superfície de titânio.

Conexão transmucosa (*abutment*)

Um dos componentes do implante dental, o qual atravessa a mucosa.

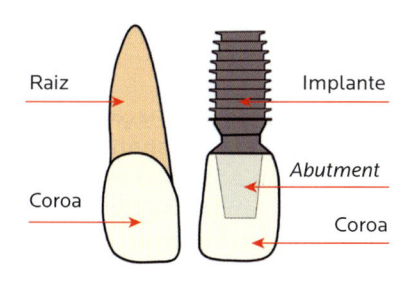

Figura 10.1 – Estrutura de um dente e de um implante dental osseointegrável.
Fonte: Bicon Dental Implants.[2]

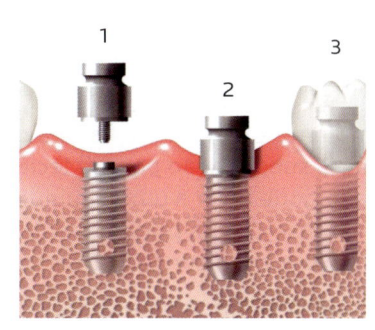

Figura 10.2 – Etapas da técnica de implante osseointegrável.
Fonte: Hill.[3]

PROCESSO DE FALHA NOS IMPLANTES DENTAIS

Apesar da alta taxa de sucesso, o número absoluto de insucesso do implante dental torna-se significativo e causa impacto econômico e social para os pacientes e profissionais de odontologia.

Clinicamente, uma redução significativa no contato entre osso e implante pode comprometer o processo de osseointegração e levar à perda do implante. O processo pode, didaticamente, ser dividido em precoce e tardio. A falha precoce ocorre antes de o implante ser submetido à carga oclusal, ao passo que a falha tardia ocorre após o implante receber a carga.

Falhas precoces têm sido relacionadas a tabagismo, envelhecimento, doenças sistêmicas, quantidade e qualidade óssea, trauma cirúrgico e contaminação durante o procedimento cirúrgico. As falhas tardias têm sido relacionadas à peri-implantite e à sobrecarga oclusal.

SAIBA MAIS

A literatura demonstra também a classificação dos fatores relacionados à perda em exógenos (relacionados ao operador ou ao biomaterial) e endógenos (relacionados ao hospedeiro, sendo subdivididos em locais ou sistêmicos). Falhas em implantes dentais podem ser resultantes de complicações cirúrgicas e estéticas ou da incapacidade funcional da prótese instalada sobre o implante.

Embora muitos estudos tenham proporcionado importante contribuição para a compreensão do processo de falha do implante, em algumas situações, fatores clínicos, isoladamente, não explicam por que algumas perdas de implantes ocorrem. Podem ocorrer falhas mesmo se forem seguidas as indicações clínicas ideais e a excelência nas técnicas cirúrgicas e protéticas relacionadas ao implante.

A compreensão do processo de falha do implante pode fornecer novos *insights* para os mecanismos subsequentes à osseointegração. A implantodontia moderna deve ter como meta o desenvolvimento de ferramentas capazes de prever a resposta biológica do paciente ao tratamento, mesmo antes da intervenção cirúrgica de instalação do implante dental.

BIOLOGIA DA PERDA DE IMPLANTES

A estabilidade entre os pinos de implante e o osso circundante é mandatória para alcançar o sucesso da osseointegração. A estabilidade primária é uma característica mecânica alcançada durante a colocação do implante cirúrgico, o que ajuda a estabilidade em fases iniciais, levando à osseointegração.

Após a cirurgia, a estabilidade do implante em relação ao osso circundante tende a declinar, alcançando os menores valores de quociente de estabilidade de implantes aproximadamente 21 dias após a cirurgia. Depois do processo de regeneração óssea, a estabilidade atinge o valor máximo, quando, então, a osseointegração é alcançada (Fig. 10.3).

> Os dois principais fatores que afetam a previsibilidade de sucesso dos implantes são a falta de estabilidade inicial e micromovimentos nas etapas iniciais de cicatrização.

A inflamação na área ao redor do implante é o processo fisiopatológico que permite a eliminação do tecido local danificado pela cirurgia e a substituição por um tecido viável, denominado **regeneração**. Um processo inflamatório exacerbado pode levar a uma diminuição na estabilidade do implante. Micromovimentos de implantes nessa fase crucial podem resultar na formação de um tecido conjuntivo entre o implante e o osso circundante, processo conhecido como encapsulamento do implante.

Processo multifatorial
Processo decorrente da combinação de vários fatores, como ambientais, genéticos, sociais, fisiológicos, entre outros.

A falha de implantes dentais osseointegráveis é um processo complexo e multifatorial. Além disso, evidências demonstram que a ocorrência de insucesso na colocação de implantes dentais não está distribuída de forma aleatória na população: verifica-se a presença de múltiplas perdas de implantes em grupos de indivíduos suscetíveis, sugerindo que as falhas biológicas dos implantes podem estar fisiologicamente associadas a aspectos da resposta do hospedeiro.

ATENÇÃO
Implantes dentais encapsulados não se integram ao osso e, assim, não atingem uma estabilidade suficiente, às vezes causando dor local. Esses implantes não podem ser utilizados como suporte para prótese dentária, sendo necessária a sua remoção, o que representa a maior causa direta de falha precoce do implante. Ainda um processo inflamatório crônico, a peri-implantite – processo análogo à periodontite –, decorrente de infecção bacteriana, pode resultar na reabsorção óssea marginal ao redor dos implantes, levando à perda prematura do implante.

Estudos mostraram que indivíduos com um implante falho são mais propensos a sofrer outras falhas. Esse fato aponta a existência de grupos de risco para a perda de implantes (fenômeno conhecido como clusterização), sugerindo que fatores genéticos podem estar envolvidos nos insucessos.[5-7]

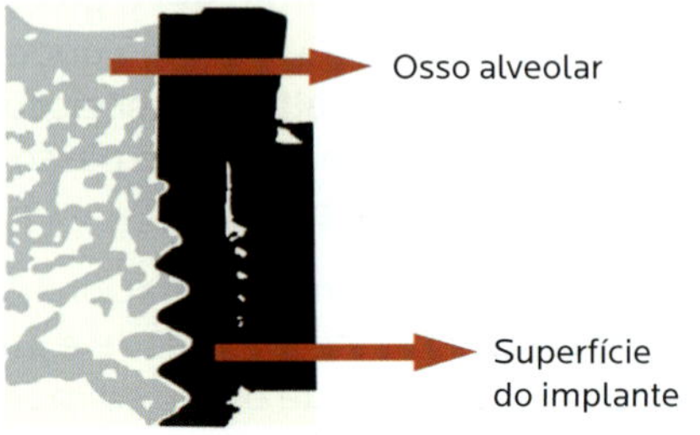

Figura 10.3 – Quando o implante está osseointegrado, há 100% de contato entre o osso e o implante, e o implante não está somente fixo no osso. Esse contato tende a aumentar nos implantes funcionais na mandíbula. O corte foi corado com azul de toluidina.

Fonte: Clínica Prof. Dr. Sergio Lima.[4]

→ Osso alveolar
→ Superfície do implante

A FUNÇÃO DAS CITOCINAS INFLAMATÓRIAS

Estudos têm demonstrado que o material de revestimento dos implantes, considerado inócuo, pode estimular células imunogênicas a produzir mediadores inflamatórios (Fig. 10.4).[8,9] Esses mediadores são polipeptídeos de pequena massa molecular, conhecidos como citocinas. O grupo das citocinas inclui as ILs, mediadoras-chave do processo inflamatório, pois modulam a degradação de componentes da matriz extracelular e osso que compõem os tecidos do organismo.

A **lesão cirúrgica**, em decorrência da inserção do implante, envolve interações complexas entre macrófagos, linfócitos e outras células do sistema imunológico. Uma resposta inflamatória aguda é desencadeada, na qual inúmeras citocinas e fatores de crescimento servem de mediadores, podendo promover regeneração ou reparo.

Nessa etapa, níveis elevados de citocinas pró-inflamatórias, como as ILs e o TNF, entre outras, podem prejudicar o estabelecimento da osseointegração do implante. A principal atividade da IL-1 é mediar a inflamação. Associada ao TNF, a IL-1 induz a resposta da fase aguda à infecção ou agressão tecidual. Elas podem inclusive proporcionar a indesejável reabsorção óssea marginal ao redor dos implantes, o que pode acarretar prejuízos funcionais e estéticos.

A IL-1 é um mediador pró-inflamatório com importância central na iniciação e na manutenção da reação inflamatória aguda. É responsável por sinalizar a invasão do microrganismo agressor e estimular respostas que favorecem sua eliminação. Porém, níveis elevados de IL-1 podem contribuir para o desenvolvimento de processos patológicos. Além de atuar como mediadora da inflamação local, a IL-1 pode apresentar efeitos sistêmicos.

As atividades pró-inflamatórias da IL-1 são exercidas por dois tipos de polipeptídeos: IL-1α e IL-1β, que possuem um amplo espectro de propriedades fisiológicas, inflamatórias, metabólicas, hematopoéticas e imunológicas. A IL-1α parece se concentrar na membrana celular, ao passo que a IL-1β é secretada para o meio extracelular e parece ser a principal responsável pelas atividades da IL-1. A IL-1β tem sido particularmente estudada como um determinante crítico da destruição tecidual, devido às suas propriedades pró-inflamatórias e de reabsorção óssea. Níveis crescentes de IL-1β no fluido crevicular gengival foram correlacionados com a gravidade da doença periodontal.

A IL-1 atua ainda sobre os fibroblastos, estimulando sua proliferação e a transcrição de colágeno dos tipos I, III e IV. Acredita-se que a produção de IL-1 em tecidos possa contribuir para efeitos locais, como fibrose e desagregação da matriz do tecido, além do influxo de células inflamatórias. As citocinas IL-1α, IL-1β e TNF-α foram observadas nos fibroblastos que induzem a produção de MMPs, que promovem a degradação da matriz extracelular de tecido conjuntivo e ósseo.

Os níveis circulantes de IL-1 são elevados em várias situações clínicas e, em conjunto com níveis elevados de TNF, correlacionam-se com a gravidade de algumas doenças, sugerindo que essas citocinas participam na resposta do hospedeiro ou no desenvolvimento de doenças. Há um aumento drástico na produção de IL-1 por uma variedade de células em resposta a infecção, toxinas microbianas, agentes inflamatórios, produtos de linfócitos ativados, sistema complemento e componentes de coagulação.

No local da inflamação, a IL-1 atua sobre os macrófagos, aumentando ainda mais a produção de IL-1, e induz a síntese de outra citocina pró-inflamatória, a IL-6. Em células endoteliais, aumenta a expressão de moléculas de superfície que medeiam a adesão leucocitária.

Polipeptídeo

Polímero linear de mais de 20 aminoácidos que estabelecem ligações peptídicas entre si.

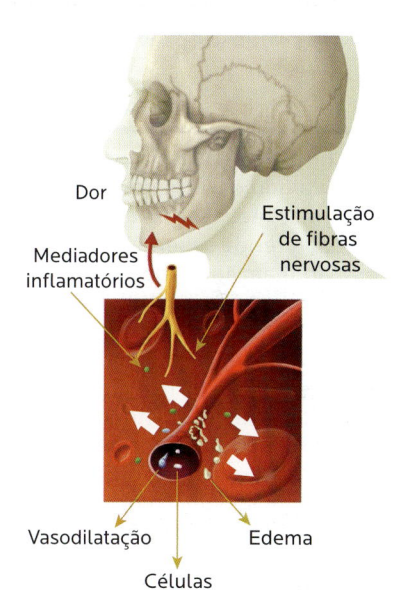

Figura 10.4 – Papel dos mediadores inflamatórios.

Fonte: Tolentino.[10]

Fluido crevicular

Líquido encontrado em quantidades minúsculas no sulco gengival, exsudato inflamatório, contendo proteínas plasmáticas. Apresenta propriedades antimicrobianas e anticorpos.

Expressão gênica

Processo pelo qual a informação hereditária contida em um gene, como a sequência de DNA, é processada em um produto gênico funcional, como uma proteína ou RNA.

SAIBA MAIS

Embora as duas formas de IL-1 sejam produtos de genes distintos, elas reconhecem os mesmos receptores de superfície celular e compartilham atividades biológicas diversas. A família da IL-1 ainda é constituída por um terceiro polipeptídeo, denominado antagonista do receptor da IL-1 (IL-1ra). O IL-1ra compete com a IL-1 pela ocupação de receptores de superfície celular, funcionando como um inibidor competitivo do desenvolvimento de funções mediadas pela IL-1, constituindo um importante regulador endógeno do processo inflamatório. Hoje em dia, a família IL-1 é composta por 11 membros, que desempenham funções específicas em aspectos imunoinflamatórios da resposta do hospedeiro.

Foi demonstrada, recentemente, a presença de níveis mais elevados de IL sem sítios de implantes falhos do que em implantes saudáveis. Estudos sugerem que o monitoramento dos níveis de IL-1β em sítios de implantes falhos seja mais efetivo no controle da peri-implantite em relação a outros mediadores inflamatórios, ou seja, o monitoramento das concentrações da IL-1β poderia auxiliar no diagnóstico precoce de doença ativa ao redor de implantes.[11,12]

Estudos *in vitro* e *in vivo* indicam que esta citocina desempenha potente atividade na reabsorção óssea, podendo, em certas condições, estimular a formação de osso, além de modular a expressão gênica de diversas outras citocinas.[13-15] Dessa forma, sugere-se que a IL-1 participe da patogênese de doenças que envolvem o tecido ósseo. A IL-1 tem também efeitos significativos sobre o osso, aumentando a ligação do ligante do receptor ativador do fator nuclear kappa B (RANKL) ao receptor RANK, promovendo a reabsorção óssea.

O TGF-β é membro de uma grande família de fatores de crescimento e citocinas, os quais são sintetizados por uma vasta gama de células e, portanto, são distribuídos em muitos tecidos diferentes. O TGF-β possui algumas atividades principais: inibe a proliferação da maioria das células, mas pode estimular o crescimento de algumas células mesenquimais; exerce efeitos imunossupressores e atua na redução da inflamação; está envolvido na deposição de matriz extracelular e na promoção da cura da ferida.

No organismo saudável, o TGF-β está envolvido nos processos de reparação e no início das reações inflamatórias e, em seguida, na sua resolução. Nas doenças periodontais, sua concentração foi diretamente associada com o índice de placa e profundidade de sondagem. Além disso, também foram encontrados níveis diminuídos de concentração no fluido crevicular e gengival após tratamento cirúrgico de sítios de periodontite. As citocinas, como o TGF-β e as MMPs, podem afetar a atividade de osteoblastos e causar a redução da matriz óssea e deposição mineral.

A REGULAÇÃO DO METABOLISMO ÓSSEO

Turnover ósseo

Renovação óssea; quantidade de osso metabolizado, geralmente, em determinado período.

LEMBRETE

Embora seja importante estudar os fatores extrínsecos que possam prejudicar ou acelerar a osseointegração, há ainda uma falta de compreensão sobre as diferenças interindividuais na resposta fisiológica do hospedeiro.

Há um tempo médio para que ocorra a reparação dos danos teciduais ósseos resultantes da cirurgia de implante e, assim, para a formação de um novo tecido mineralizado ao redor dos implantes. A reparação não tem igual velocidade entre os pacientes submetidos ao tratamento, pois estes apresentam diferentes taxas de *turnover* ósseo. Essa variável, apesar de importante, não é avaliada clinicamente e pode ter impacto sobre a osseointegração.

A parte cortical do osso fornece as funções mecânicas e de proteção, ao passo que o osso esponjoso está principalmente envolvido em funções metabólicas (por exemplo, homeostase do cálcio). Os aspectos estruturais e metabólicos estão intimamente relacionados às características da matriz extracelular mineralizada em superfícies de implantes.

O osso trabecular preenche a abertura inicial e arranja-se em uma rede tridimensional no décimo quarto dia. A formação de novo osso esponjoso oferece não só uma fixação biológica para assegurar a estabilidade secundária do implante, mas também um andaime biológico para a ligação celular e a deposição de osso. Após 28 dias, a área interfacial tem o trabelulado ósseo mais denso e, após 8 a 12 semanas, aparece completamente substituída por osso lamelar maduro em contato direto com titânio.

O osso é um dos tecidos-alvo clássicos para a ação da vitamina D. A vitamina D regula a homeostase do cálcio, influenciando a absorção intestinal e a reabsorção renal desse mineral, além de seu metabolismo nos ossos. A obtenção da vitamina D se dá por ingesta ou por ativação cutânea, produzida por exposição à radiação ultravioleta B em uma forma inativa. Para ser ativada, a vitamina D é transportada no sangue ligada a uma proteína de ligação de vitamina D, hidroxilada no fígado, e o metabólito resultante é ainda novamente hidroxilado principalmente no rim, resultando na forma ativa da vitamina D, chamada 1,25-di-hidroxi-vitamina D3 [1,25-(OH) 2D3].

Em tecidos-alvo, acredita-se que a 1,25-(OH) 2D3 exerce suas ações por meio de uma ligação ao receptor de vitamina D (VDR), um membro da superfamília de receptores de esteroide hormonal nuclear, por meio da regulação da transcrição de genes-alvo da vitamina D. O VDR também desempenha um papel complexo no controle da homeostase dos ossos e recruta correguladores, que podem ativar ou reprimir seus efeitos.

Em ratos knockout VDR, que se encontram em crescimento, o defeito primário do metabolismo do cálcio está no intestino; a perda de VDR provoca má absorção de cálcio e raquitismo, problemas que podem ser contornados por uma dieta com concentração de cálcio elevada. Observações sugerem que a integração óssea ao redor dos implantes possa ser criticamente prejudicada pela deficiência de vitamina D.

Outra proteína com uma variedade de funções no desenvolvimento e reparação de tecido ósseo é a chamada proteína óssea morfogenênica (BMP), membro da superfamília de TGF-β. O principal papel das BMPs é a capacidade de induzir a formação óssea in vivo, promovendo a diferenciação dos osteoblastos. Em vários estudos em animais, foi demonstrado que a BMP-2 tem importância no estímulo ao crescimento ósseo, na cicatrização da lacuna e na fixação do implante.[16,17] A aplicação clínica da proteína recombinante BMP-2 em humanos mostrou um bom potencial em termos de regeneração e diminuição da morbidade em comparação com enxertos autógenos, sugerindo também um papel importante na regulação óssea de reparo intrabucal.

Camundongos knockout

Camundongos geneticamente modificados nos quais foram desativados genes (knocked out). A perda da atividade desses genes leva frequentemente a alterações no fenótipo, alterando a aparência e o comportamento ou gerando doenças.

Hormona peptídica

Classe de peptídeos secretados para a corrente sanguínea com função endócrina.

A calcitonina é uma hormona peptídica que rápida e reversivelmente inibe a reabsorção óssea mediada por osteoclastos e também modula a excreção de íons cálcio pelo rim. Os efeitos fisiológicos da calcitonina são especificamente mediados por receptores de elevada afinidade à calcitonina (CTR). O efeito das drogas na calcitonina durante o período de maturação óssea em torno de implantes de titânio foi investigada em modelo animal, e um efeito positivo foi verificado no aumento da massa óssea. Além disso, demonstrou-se que modificações na superfície do implante podem alterar a expressão do gene do receptor à calcitonina em osteoclastos.

O sistema RANK / RANKL / OPG tem sido descrito como um regulador central do metabolismo ósseo. O RANKL mostrou ligar-se ao seu receptor, RANK, em células da linhagem de osteoclastos para induzir osteoclastogênese. A molécula bloqueada pelo receptor solúvel da OPG foi identificada como mediador-chave da osteoclastogênese, tanto ligado à membrana em células pré-osteoblásticas e células do estroma, bem como na forma solúvel.

O sistema regulador RANK / RANKL / OPG também está envolvido na destruição óssea inflamatória induzida por citocinas pró-inflamatórias, como a prostaglandina E2 (PGE2), a IL-1β, a IL-6 e o TNF-α. Além disso, outros mediadores do metabolismo ósseo, como o TGF-β, o paratormônio (PTH), a 11,25-(OH) 2D3, os glicocorticoides e o estrógeno, exercem seus efeitos sobre a osteoclastogênese na regulação osteoblástica. Concentrações de RANKL e OPG foram significativamente maiores nas amostras de fluido crevicular em sítios com peri-implantite, sugerindo um aumento no risco de perda de osso alveolar em torno dos implantes dentários.

FERRAMENTAS DE INVESTIGAÇÃO DE FATORES GENÉTICOS ASSOCIADOS À PERDA DE IMPLANTES DENTAIS OSSEOINTEGRÁVEIS

Análises genéticas aplicadas a implantes dentais começaram a ser realizadas no final dos anos 1990. Desde então, vem sendo demonstrado um interesse crescente em vários estudos.[18,19]

LEMBRETE

Estudos genéticos para esclarecer a suscetibilidade a traços complexos são baseados na escolha de genes candidatos em análises de associação.

As doenças ou traços complexos (como a perda de implantes) resultam da interação de um ou mais fatores genéticos e ambientais. Quando se estudam traços complexos, é esperada a existência de múltiplos genes afetando tal condição. Classicamente, o primeiro objetivo de estudos genéticos em traços complexos é a detecção de um componente genético por dados observacionais (evidência de clusterização); porém, a simples identificação do componente genético não revela quais e quantos genes estão envolvidos na determinação da suscetibilidade individual.

A análise de associação caso-controle é baseada na comparação de variantes genéticas (polimorfismos) entre indivíduos com e sem falhas de implantes. A variante (alelo polimórfico) é dita associada à falha se ocorrer em uma frequência significativamente maior na população afetada em comparação à não afetada. Geralmente são escolhidos genes candidatos que tenham algum envolvimento no processo fisiopatológico do objeto de estudo.

Nessa linha, vem-se tentando identificar variantes polimórficas como marcadores de risco à perda de implantes dentais. A análise de *scan* genômico caso-controle poderia representar um método de maior abrangência na detecção de polimorfismos para o estudo da influência genética na perda de implantes. Dessa forma, as chances da determinação de marcadores ligados à perda de implantes aumentariam.

Avanços na elucidação da influência de fatores genéticos na perda de implantes dentais osseointegráveis podem, no futuro, contribuir tanto para a detecção de indivíduos de maior risco à perda de implantes, quanto para o tratamento individualizado e melhor prognóstico.

POLIMORFISMOS GENÉTICOS E A PERDA DE IMPLANTES

Polimorfismos são variações genéticas que ocorrem com frequência maior do que 1% em uma população, diferentemente das mutações, que são raras. Além do mais, as mutações apresentam impactos no fenótipo, ao passo que os polimorfismos modulam a suscetibilidade a traços ou doenças complexas.

Os polimorfismos mais estudados no campo da genética de falha do implante são os funcionais. Polimorfismos nos genes que codificam citocinas inflamatórias alteram sua taxa de expressão (funcionais), potencializando a sua ação. Existem inúmeros polimorfismos no conjunto de genes que regulam a produção de IL-1.

São conhecidos três genes reguladores da produção da IL-1. Os genes *IL1A* e *IL1B* produzem a IL-1a e a IL-1b, respectivamente. Já o terceiro gene, *IL1RN*, codifica o IL-1ra. Esses genes estão próximos e localizados no braço longo do cromossomo 2.

Polimorfismos nesses genes, em indivíduos fumantes, foram associados a uma maior perda óssea marginal em implantes em função por pelo menos um ano. O genótipo 2/2 do polimorfismo *IL1RN* foi significativamente mais frequente em pacientes que apresentaram perdas múltiplas de implantes.

A importância dessas citocinas é relevante, como tem sido demonstrado pelas elevadas concentrações em sítios periodontalmente comprometidos e de implantes falhos. A propriedade de indução da reabsorção óssea demonstrada pela IL-1 e pela IL-6 e a presença de níveis elevados no fluido gengival de implantes infeccionados sugerem que essas citocinas, bem como seus polimorfismos, podem ter influência na perda de implantes e em casos de peri-implantite.

Mediadores pró-inflamatórios parecem impactar a resposta do hospedeiro na destruição tecidual ao redor de implantes, afetando a osseointegração, intensificando a peri-implantite e promovendo perdas ósseas marginais indesejáveis.

> Como a IL-1 apresenta propriedades pró-inflamatórias e uma importante participação na reabsorção óssea, tem sido sugerido para essa citocina um papel no controle do risco genético de falha do implante.

Mesmo que o conjunto de genes *IL1* seja analisado mais frequentemente como genes candidatos de respostas inflamatórias, os resultados são divergentes e ainda não conclusivos, e geralmente não replicados.

Alguns outros polimorfismos funcionais em genes candidatos da resposta inflamatória foram também analisados: *IL2, IL6* e *TNFA*. Além disso, genes envolvidos no *turnover* da matriz extracelular, como *TGFB, MMP1* e *MMP9*, foram investigados, estando alguns associados, e outros não, a falhas de implantes.

Tem sido sugerido que os polimorfismos no gene *VDR* (receptor da vitamina D) podem alterar significativamente sua expressão e/ou função, podendo influenciar a densidade mineral óssea. Até agora, apenas um trabalho investigou a associação de polimorfismos no gene *VDR* com a perda de implantes dentais, sem associação evidenciada.

A expressão do gene da proteína morfogenética óssea 4 (*BMP4*) foi demonstrada aumentada durante a osseointegração e o processo de regeneração do osso, e um polimorfismo no gene foi associado com a perda óssea marginal em torno dos implantes dentários. Outro polimorfismo, no gene receptor da calcitonina (*CTR*), também foi associado com a perda óssea marginal na mandíbula, mas não na maxila. Polimorfismos no gene *CTR* também foram associados com a regulação do metabolismo ósseo em mulheres na pós-menopausa.

> Além de identificar fatores de risco para falha de implantes, a busca de marcadores genéticos que permitam a detecção de indivíduos que produzem mais citocinas inflamatórias diante de estímulos mecânicos ou infecciosos e, portanto, mais suscetíveis à ocorrência de perdas e falhas nos implantes dentais, podem permitir ao profissional uma adequada seleção do paciente, além de melhor planejamento do caso, estabelecimento de prognóstico seguro e instauração de terapêutica individualizada. Assim, pode-se proporcionar o aumento do índice de sucesso dos implantes, tornando essa alternativa de tratamento cada vez mais previsível e confiável.

CONCLUSÃO

Mesmo seguidas as indicações clínicas ideais e a excelência nas técnicas cirúrgicas e protéticas relacionadas ao implante, podem ocorrer falhas. A falha de implantes dentais osseointegráveis é um processo complexo e multifatorial.

Fatores clínicos sozinhos parecem não explicar totalmente o processo de perda de implantes. Além disso, evidências demonstram que a ocorrência de insucesso na colocação de implantes dentais não está distribuída de forma aleatória na população, verificando-se a presença de múltiplas perdas de implantes em grupos de indivíduos (clusterização). Esses dois fatos somados sugerem que as falhas biológicas dos implantes podem estar fisiologicamente associadas a aspectos da resposta do hospedeiro.

LEMBRETE

Estudos mostraram que indivíduos com um implante falho são mais propensos a sofrer outras falhas, apontando a existência de grupos de risco para a perda de implantes e sugerindo que fatores genéticos possam estar envolvidos nesses insucessos.

Apesar das dificuldades, a motivação para continuar a aplicar as abordagens tradicionais e novos estudos para análise genética é grande, no sentido de um melhor entendimento dos mecanismos da fisiologia e do fracasso do implante dentário. Os estudos genéticos podem lançar novos conceitos, não só sobre a fisiopatologia da perda de implantes dentários, mas também em processos relacionados, como a consolidação óssea. Além disso, um resultado direto de tais estudos pode ser a definição de alvos potenciais para o rastreamento eficaz, a prevenção e a manutenção dos implantes dentários.

11

Genética das fissuras labiopalatinas

SALMO RASKIN
JOSIANE DE SOUZA

OBJETIVOS DE APRENDIZAGEM:

- Compreender os diferentes tipos de fissuras orais e sua classificação
- Conhecer a etiologia das fissuras orais e o papel genético nesse processo
- Identificar as principais síndromes associadas às fissuras orais

Congênita
Característica presente ao nascimento.

Morfogênese
Processo de formação dos organismos.

As fissuras orais englobam um grupo de malformações paramedianas de lábio superior, alvéolo dentário e palato que se dividem basicamente em fissura labiopalatal e fissura palatal. Há evidências de que esses fenótipos são distintos etiologicamente, baseados em diferenças embriológicas e epidemiológicas.[1] A fissura oral é uma das malformações mais comuns entre as crianças nascidas vivas, com frequência populacional em torno de 1 a 2 a cada mil recém-nascidos vivos.[2]

A formação normal das estruturas faciais é um dos processos de desenvolvimento embriológico mais dinâmicos e complexos do ser humano. Por isso, há grande suscetibilidade a erros na morfogênese, levando a um número considerável de anomalias congênitas no complexo craniofacial.[3]

O palato primário é a chave para o desenvolvimento do lábio superior e da porção anterior do palato, anterior ao forame incisivo (ponto de união entre processos e divisão entre palato secundário e primário – Figs. 11.1 e 11.2). Sua formação é fundamental para o desenvolvimento

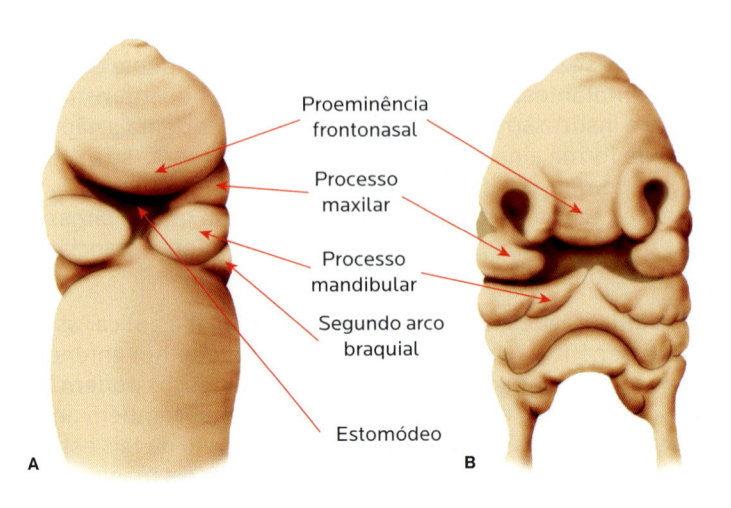

Figura 11.1 – (A) Embrião com quatro semanas: início do crescimento da proeminência frontonasal e dos processos maxilar e mandibular. (B) Embrião com cinco semanas: crescimento medial dos processos para formação do estomódeo.

Fonte: Wyszynski e colaboradores.[2]

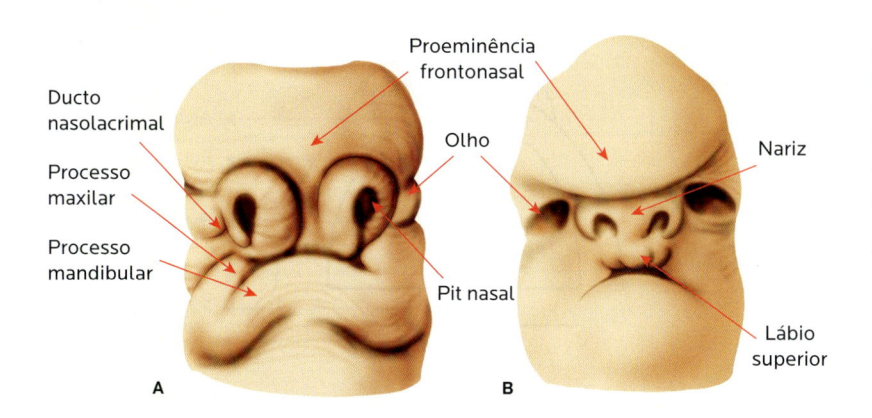

Figura 11.2 – (A) Embrião com seis semanas: fusão do processo maxilar e nasal lateral formando o sulco nasolacrimal. (B) Embrião com sete semanas: fusão completa dos processos maxilar e mandibular.

Fonte: Wyszynski e colaboradores.[2]

normal da face média. O palato secundário forma a porção posterior do palato duro e o palato mole; tem esse nome porque tem sua formação posterior ao palato primário. A formação da cavidade bucal se dá a partir da quarta semana de gestação e tem fim com cerca de nove semanas.[4]

CLASSIFICAÇÃO DAS FISSURAS ORAIS

Vários sistemas de classificação das fissuras orais têm sido sugeridos ao longo dos anos. Eles se baseiam em aspectos embriológicos, anatômicos e cirúrgicos. Além da subdivisão entre fissura labiopalatal e palatal, não há uma classificação usada universalmente para a fissura oral. A classificação do Código Internacional de Doenças (CID-10)[5] está apresentada no Quadro 11.1.

A classificação elaborada por Victor Spina e colaboradores,[6] em 1972, é uma das classificações mais utilizadas no Brasil. Ela também usa o critério do forame incisivo palatal como referência divisória entre a região labial e o palato, ou palato primário e secundário (Figs. 11.3 e 11.4).

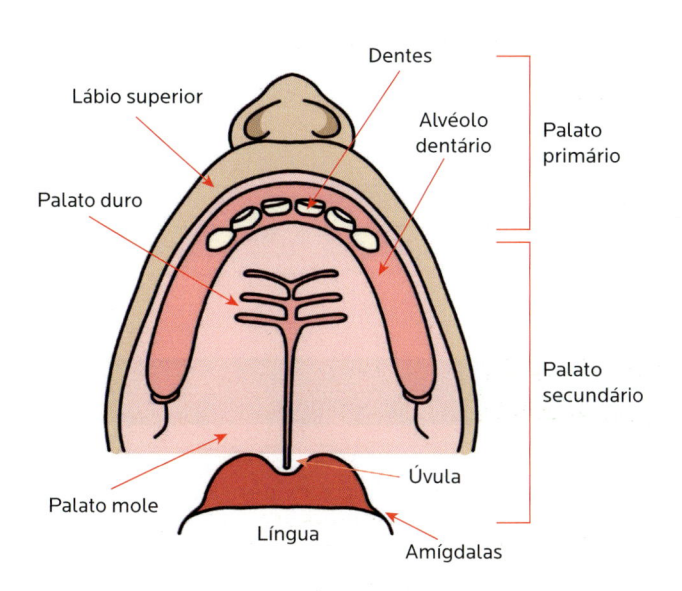

GENES MENCIONADOS NO CAPÍTULO

ADH1C	GLI2	PVRL1
ALX3	GSTT1	RARA
AXIN2	IRF6	SATB2
BMP4	JAG2	SKI
CRISPLD2	LHX8	SPRY2
ETV5	MAFB	SUMO1
FGF12	MKX	TBX10
FGF8	MSX1	TBX22
FGFR1	MSX2	TGFA
FGFR2	MTHFR	TGFB3
FOXE1	MYH9	VAX1
GABRB3	PDGFC	

Figura 11.3 – Anatomia normal da cavidade bucal em corte transversal.

Figura 11.4 – Anatomia normal da cavidade bucal em corte transversal – representação esquemática.

Fonte: Adaptado de Freitas e colaboradores.[7]

Fissura mediana
Forma atípica de malformação, do tipo fissura ou fenda, em lábio superior. Ocorre na linha mediana do lábio.

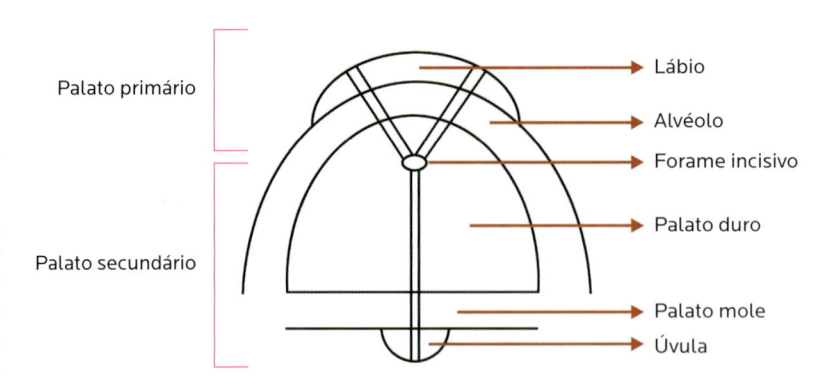

QUADRO 11.1 – Classificação das fissuras orais pelo CID-10

Tipo de Fissura	Classificação
FISSURA LABIAL	**Q36**
Fissura labial bilateral	Q36.0
Fissura labial mediana	Q36.1
Fissura labial unilateral	Q36.9
FISSURA PALATINA	**Q35**
Fissura de palato duro	Q35.1
Fissura de palato mole	Q35.3
Fissura de palato duro e mole	Q35.5
Fissura de úvula	Q35.7
Fissura de palato não especificada	Q35.9
FISSURA DE PALATO COM FISSURA LABIAL	**Q37**
Fissura de palato duro com fissura labial bilateral	Q37.0
Fissura de palato duro com fissura labial unilateral	Q37.1
Fissura de palato mole com fissura labial bilateral	Q37.2
Fissura de palato mole com fissura labial unilateral	Q37.3
Fissura dos palatos duro e mole com fissura labial bilateral	Q37.4
Fissura dos palatos duro e mole com fissura labial unilateral	Q37.5
Fissura de palato com fissura labial bilateral, não especificada	Q37.8
Fissura de palato com fissura labial unilateral, não especificada	Q37.9

Fonte: Organização Mundial da Saúde.[5]

FISSURA LABIOPALATAL

A fissura labiopalatal é o subgrupo mais comum entre as fissuras orais, acometendo cerca de 70% dos indivíduos com fissura oral. Estudos epidemiológicos evidenciam que a incidência da fissura labiopalatal varia de acordo com a etnia, o sexo e fatores socioeconômicos e geográficos.[8,9]

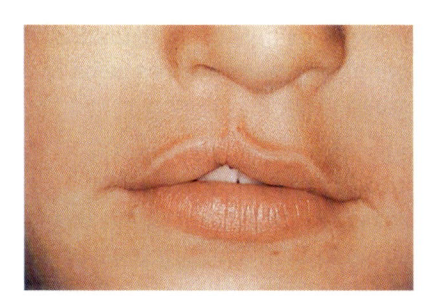

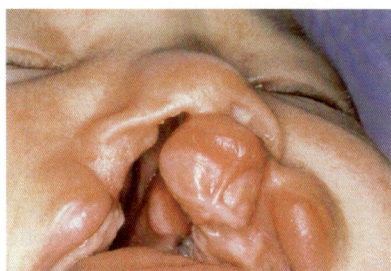

Figura 11.5 – Pacientes com fissura labial e com fissura labiopalatal unilateral.

Fonte: Laskaris.[10]

O grupo da fissura labiopalatal pode ser subdividido em fissura labial sem o palato acometido (fissura labial) e fissura labial com o palato acometido (fissura labiopalatal propriamente dita – Fig. 11.5). Esses grupos geralmente são associados por serem considerados de etiopatogenia similar, mas algumas evidências clínicas e genéticas, como a diferença entre o número de defeitos unilaterais ou bilaterais (Fig. 11.6), assim como a presença de associação a outras anomalias congênitas e a genes diferentes, têm apontado que tais alterações poderiam ter origem diferente.[9,11]

A unilateralidade da fissura labiopalatal é mais comum, sendo o lado esquerdo o mais acometido. Além disso, a maior parte dos pacientes com fissura labiopalatal é do sexo masculino, na proporção de 2:1; no entanto, o motivo de tal predileção não é totalmente conhecido.[9,12,13]

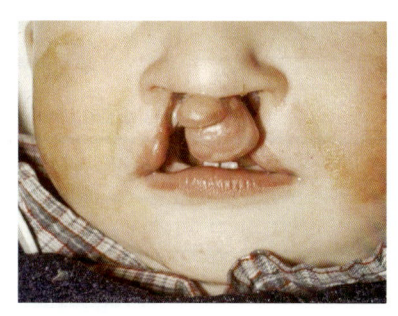

Figura 11.6 – Paciente com fissura labiopalatal bilateral.

Fonte: Gettyimages.

FISSURA PALATINA

A fissura palatina (ver Fig. 11.7) pode acometer somente o palato mole, ou o palato mole e o palato duro simultaneamente. Sua forma mais comum é a que envolve o palato duro. Ela é considerada fissura palatina completa quando a fissura atinge o forame incisivo.

A incidência da fissura palatina acomete cerca de 1 a cada 2 mil nascidos vivos, e sua prevalência parece não ser dependente da etnia e nem fatores demográficos, como a fissura labiopalatal. Em contraste com a fissura labiopalatal, há um predomínio da fissura palatal entre o sexo feminino, na proporção de 3:2.[9,13]

Um estudo realizado no centro de referência ao tratamento da fissura oral no estado do Paraná (Centro de Atendimento Integral ao Fissurado Labiopalatal – CAIF) observou que cerca de 20% dos pacientes apresentavam fissura palatina; 25%, fissura labial; e 55%, fissura labiopalatina. Para a fissura labiopalatina e a labial, o sexo masculino, a unilateralidade e o lado esquerdo acometido preponderaram. Em relação à fissura palatina, o que preponderou foi a fissura incompleta e o sexo feminino.[14]

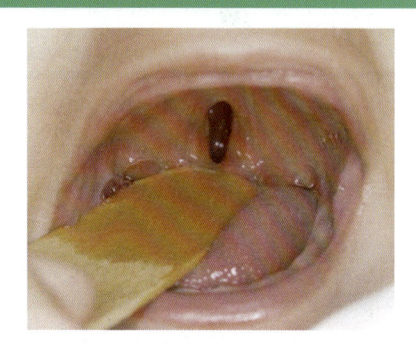

Figura 11.7 – Fissura palatal.

Fonte: Gettyimages.

ETIOLOGIA

A etiologia das fissuras orais vem sendo cada vez mais investigada, e várias descobertas têm sido feitas nesse âmbito, não só em humanos. A definição e a seleção de pacientes para pesquisas científicas – em

LEMBRETE

Definir a etiologia de uma anomalia é um fator fundamental, pois altera o prognóstico, o manejo clínico, o tratamento e o aconselhamento genético do paciente e de sua família. Além disso, interfere também nas políticas de ação pública para a prevenção de defeitos congênitos.

Alterações disruptivas

Alterações que ocorrem no desenvolvimento normal de um feto ou embrião e provocam rompimento da normalidade.

Prognóstico

Previsão do provável curso e resultado de uma doença.

Teratógeno

Qualquer agente que perturbe o desenvolvimento normal de um embrião ou feto. Pode ser medicamento, droga, infecção materna, radiação.

Dismorfologia

Estudo de malformações congênitas em humanos, particularmente as dismorfias ou alterações menores.

especial aquelas que visam identificar os genes que, quando unidos, predispõem a essas malformações – contêm importante viés se os casos de fissuras orais não forem adequadamente avaliados.

O papel do médico geneticista na equipe de tratamento parece essencial para a definição do diagnóstico, da classificação, do aconselhamento genético e de pesquisas científicas da etiologia das fissuras orais. Um médico geneticista treinado em dismorfologia pode diferenciar a importância de características faciais, hábitos corporais e desenvolvimento em um paciente, o que aumenta o diagnóstico de casos com anomalias congênitas múltiplas.[14]

Para definição da etiologia da fissuras orais, devemos primeiramente subdividir a fissura oral entre dois principais grupos:[13,15]

- fissura oral isolada – sem associação a outra anomalia maior;
- fissura oral não isolada – associada a outra anomalia maior.

Uma **malformação maior** é aquela que proporciona alteração funcional ou estética significativa para o indivíduo. **Malformações menores** são aquelas com mínimas alterações funcionais ou estéticas, que geralmente não necessitam de intervenção médica para tratamento.[16] A presença de três ou mais anomalias menores é um preditor para a presença de uma malformação maior.[17] Por conta disso, a avaliação genético-clínica deve ser minuciosa, com especial atenção para a identificação de casos sindrômicos.

Na maioria dos casos, a fissura oral é isolada e tem causa multifatorial. No entanto, em considerável proporção dos afetados, esta se associa a outras anomalias congênitas. A etiologia dos casos sindrômicos inclui anomalias cromossômicas, doenças mendelianas, exposição a teratógenos, alterações disruptivas, sequências e associações de anomalias. É observado que a fissura palatal está mais associada a outras anomalias do que a fissura labiopalatal, sendo a proporção de casos de 50 e 30%, respectivamente,[2,14] com alguma variação entre diferentes estudos.

FISSURAS ORAIS ISOLADAS

A maior parte das fissuras orais faz parte deste grupo. A interação de fatores genéticos e ambientais, agindo independentemente ou em combinação, parece ser responsável pela fissura oral, caracterizando uma doença de herança multifatorial. A observação de concordância entre gênero e recorrência dentro de uma família dá fortes evidências da contribuição genética na etiologia da fissura oral.

Nos últimos anos, a lista de genes identificados relacionados à fissura oral não sindrômica vem aumentando rapidamente. O primeiro gene relatado como associado à geração da fissura oral não sindrômica foi o gene *TGFA* (*transforming growth factor-alpha*), em 1989.[18] Esse gene codifica uma proteína com função de fator de crescimento e é responsável pela diferenciação, pelo crescimento e pelo desenvolvimento celular. Uma lista de genes descritos até o momento em associação com as fissuras orais se encontra no Quadro 11.2.[19,20] Apesar dos avanços, os genes até então identificados representam menos que 10% do total de casos.

Um componente ambiental nas fissuras foi relatado associado à deficiência nutricional, ao uso de medicamentos como fenitoína, ácido valproico, talidomida, benzodiazepínicos e à exposição da gestante a teratógenos mais comuns, como álcool e tabaco. Hipóteses sobre o efeito da suplementação vitamínica diminuindo a incidência das fissuras orais têm sido relatadas.[21-23] O papel do ácido fólico e dos

QUADRO 11.2 – Genes relacionados à fissura oral

Símbolo	Loco	Descrição do nome do gene	OMIM
ADH1C	4q21-q23	Alcohol dehydrogenase 1C (class I), gamma polypeptide	103730
ALX3	1p21-p13	Aristaless-like homeobox 3	606014
AXIN2	17q24.1	Axin-related protein	604025
BMP4	14q22-q23	bone morphogenetic protein 4	112262
CRISPLD2	16q24.1	Cysteine-rich secretory protein, lccl domain-containing, 2	612434
ETV5	3q28	Ets variant gene 5 (ets-related molecule)	601600
FGF8	10q24.32	Fibroblast growth factor 8 (androgen-induced)	600483
FGF12	3q28	Fibroblast growth factor 12	601513
FGFR1	8p12	Fibroblast growth factor receptor 1 (fms-related tyrosine kinase 2, Pfeiffer syndrome)	136350
FGFR2	10q26.13	Fibroblast growth factor receptor 2	176943
FOXE1	9q22	Forkhead box E1 (thyroid transcription factor 2)	602617
GABRB3	15q12	Gamma-aminobutyric acid (GABA) A receptor, beta 3	137192
GLI2	2q14.2	GLI-Kruppel family member GLI2	165230
GSTT1	22q11.2	Glutathione S-transferase, Theta 1	600436
IRF6	1q32.2	Interferon regulatory factor 6	607199
JAG2	14q32.33	Jagged 2	602570
LHX8	1p31.1	LIM homeobox 8	604425
MAFB	20q11.2-q13.1	v-maf musculoaponeurotic fibrosarcoma oncogene homolog B	608968
MKX	10p12.1	Mohawk homeobox (also known as C10 or f48)	601332
MSX1	4p16.3-p16.1	msh homeobox 1	142983
MSX2	5q34-35	msh homeobox 2	123101
MTHFR	1p36.3	5,10-methylenetetrahydrofolate reductase (NADPH)	607093
MYH9	22q11.2	Myosin, heavy chain 9, nonmuscle	160775
PDGFC	4q32	Platelet derived growth factor C	608452
PVRL1	11q23	Poliovirus receptor-related	600644
RARA	17q21	Retinoic acid receptor, alpha	180240
SATB2	2q33.1	SATB homeobox 2	608148
SKI	1p36.33	v-ski sarcoma viral oncogene homolog	164780
SPRY2	13q31.1	Sprouty homolog 2	602466
SUMO1	2q32.2-q33	Small Ubiquitin-like modifier 1	601912
TBX10	11q13.1	T-box 10	604648
TBX22	Xq21.1	T-box 22	300307
TGFA	2p13	Transforming growth factor, alpha	190170
TGFB3	14q24	Transforming growth factor, beta 3	190230
VAX1	10q26.1	Ventral anterior homeobox 1	604294

Fonte: Jugessur e colaboradores[19] e Dixon e colaboradores.[20]

multivitamínicos na prevenção dessa malformação é ainda debatido, embora sua eficácia tenha sido comprovada na prevenção de defeitos de fechamento do tubo neural.[23,24]

No entanto, nem todas as mães que se expõem a fatores de risco têm filhos com fissuras orais. Também, nem todas as mulheres que usam multivitamínicos têm filhos sem fissuras orais. Assim, é provável que certos genes tenham interação com fatores ambientais e que a variação nesses genes altere o risco de ocorrência de fissura oral, o que caracteriza a interação genético-ambiental.[20,25,26]

FISSURAS ORAIS NÃO ISOLADAS

Este grupo corresponde a cerca de 30% dos casos de fissura labiopalatina e a 50% dos casos de fissura palatina. Quanto ao tipo de anomalia associada, os sistemas orgânicos mais acometidos são o sistema cardiovascular, os membros, o sistema nervoso central e o sistema musculoesquelético.[2,9,12] O atraso de desenvolvimento neuropsicomotor é observado em cerca de 10% dos pacientes com fissura oral,[27] mas geralmente na presença da fissura oral sindrômica. Cerca de 50% dos pacientes com fissura oral sindrômica apresentam algum grau de deficiência intelectual.[28]

Existem várias síndromes associadas às fissuras orais. A seguir, serão descritas as mais comuns.

CROMOSSOMOPATIAS

O estudo dos cromossomos é mandatório quando se suspeita que um paciente apresente algum tipo de distúrbio cromossômico ou quando ele é portador de deficiência mental ou de malformações maiores de etiologia desconhecida.

As anomalias cromossômicas mais observadas associadas à fissura oral ao nascimento são as trissomias do cromossomo 13 (Síndrome de Patau), do cromossomo 18 (síndrome de Edwards) e do cromossomo 21 (síndrome de Down).[29] Várias outras cromossomopatias estruturais foram associadas à fissura oral sindrômica.[30,31] O cariótipo é limitado para investigação de alterações menores que 5 megabases, o limite de resolução da microscopia óptica.

Novas técnicas diagnósticas têm se desenvolvido rapidamente para detecção de anomalias cromossômicas menores, como a hibridização genômica comparativa (CGH).[32,33] Assim, a etiologia da fissura oral passou a ser esclarecida em casos em que o cariótipo era normal.[34,35]

SÍNDROME VELOCARDIOFACIAL

A síndrome velocardiofacial é uma das síndromes mais associadas à fissura palatal, com incidência de 1/2.000 a 1/4.000 nascimentos. As principais características clínicas dessa condição são anomalias palatais, aparência facial típica, anomalias cardíacas e renais, baixa estatura e atraso no desenvolvimento neuropsicomotor.

A síndrome velocardiofacial também pode estar associada à fissura labiopalatal, apesar de o acometimento palatal ser o mais comum, sendo observadas também a insuficiência velofaríngea e a fissura submucosa em grande número de casos.

Estudos qualitativos de neuroimagem revelaram diversas anomalias cerebrais nos indivíduos portadores da síndrome velocardiofacial. Microdeleções cromossômicas no braço longo do cromossomo 22, na região q11.2, são responsáveis pela etiologia da síndrome.[36,38] A maioria dos pacientes apresenta uma deleção de 3 megabases não observável ao microscópio óptico ou por cariótipo convencional. O exame mais usado para diagnóstico é o FISH.

SÍNDROME DE VAN DER WOUDE

A Síndrome de Van der Woude é também uma das principais síndromes associadas à fissura labiopalatina (Fig. 11.8).[39] É caracterizada basicamente por apresentar fissura oral (tanto labiopalatina como palatina)

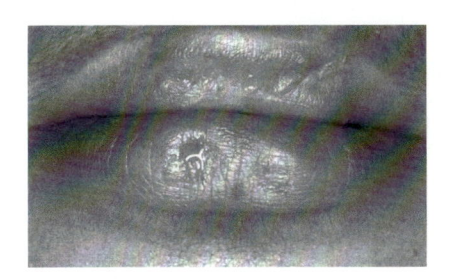

Figura 11.8 – Paciente com síndrome de Van der Woude em que se notam fístulas em lábio inferior.

Fonte: Sandrini.[44]

associada a fístulas em lábio inferior (*pits*) e oligodontia (ver O). Está relacionada a mutações do gene *IRF6*, apresentando herança autossômica dominante e penetrância alta, com expressão muito variável. A forma mais comum de manifestação da síndrome é a presença apenas de *pits* em lábio inferior; as fissuras orais acontecem em 50% dos casos. Alterações polimórficas desse gene também foram associadas à fissura oral isolada.[40]

SEQUÊNCIA DA HOLOPROSENCEFALIA

A sequência da holoprosencefalia é decorrente de alteração da formação e clivagem bilateral do prosencéfalo, levando à apresentação de graus variáveis de fusão entre os hemisférios cerebrais. Esta pode estar associada à fissura oral típica (fissura labiopalatina paramediana ou palatina) ou fissura labiopalatina mediana. Tal tipo de alteração apresenta, além da fissura mediana, hipoplasia nasal e hipotelorismo de graus variáveis.

Geralmente a sequência da holoprosencefalia é acompanhada de microcefalia, atraso de desenvolvimento neuropsicomotor e crises convulsivas. Pode levar desde a manifestações leves, como o incisivo central único, à ciclopia e ao probóscito nasal. A incidência é de cerca de 1 caso a cada 8 mil nascimentos e tem etiologia variável, podendo ser associada a cromossomopatia (como a síndrome de Patau ou a trissomia do cromossomo 13), a alterações gênicas e a causas multifatoriais.[41-43]

SEQUÊNCIA DE PIERRE ROBIN (SPR)

A sequência de Pierre Robin (SPR) é caracterizada pela tríade micro e/ou retrognatia, fissura palatal e glossoptose. A fissura de palato na SPR está presente em 90% dos casos, sendo 70% fissuras amplas em forma de "U". Em virtude de tais alterações, os sintomas observáveis no paciente são obstrução das vias aéreas e dificuldades alimentares, principalmente no período neonatal.[45]

A SPR tem etiologia diversa, podendo ser associada a síndromes cromossômicas, gênicas, ambientais, ou ter origem multifatorial. A síndrome genética que mais se apresenta com a SPR é a síndrome de Stickler, também chamada artro-oftalmopatia hereditária, uma doença que apresenta alterações displásicas ósseas associadas a fissura palatina, perda auditiva e alta miopia.

SÍNDROME DA BRIDA AMNIÓTICA

A síndrome da brida amniótica (SBA) corresponde a um espectro de alterações decorrentes da constrição de partes do corpo pelas bridas

Ciclopia
Malformação congênita caracterizada pela formação de apenas um globo ocular mediano.

Microcefalia
Condição em que o diâmetro da cabeça ou perímetro cefálico é menor do que o esperado para a idade.

Probóscito nasal
Geralmente observado juntamente com a ciclopia e a holoprosencefalia, é uma estrutura mediana, tubular, localizada logo acima do olho, em região mediana.

Retrognatia
Mandíbula ou maxilar inferior posicionado posteriormente.

Hipotelorismo
Malformação craniofacial caracterizada pela aproximação das órbitas oculares.

Hipoplasia
Hipodesenvolvimento de um órgão ou tecido.

Glossoptose
Posicionamento anormal da língua, com queda posterior em orofaringe.

Fissura paramediana
Forma típica de malformação, do tipo fissura ou fenda, em lábio superior. Ocorre na região lateral do lábio, podendo ser uni ou bilateral.

Probóscito
Apêndice tubular.

Displasia óssea
Grupo de doenças caracterizado pelo desenvolvimento ósseo anormal, normalmente de causa genética.

amnióticas, bandas provenientes do rompimento da membrana amniótica. As alterações que podem se manifestar vão desde a presença de anéis de constrição ao redor de dígitos, braços e pernas, chegando até a amputações de membros ou parte de membros, pé torto congênito uni ou bilateral, fissura labiopalatina, fissura facial e malformações de sistema nervoso central. O prognóstico depende da localização e da complexidade das malformações.[46]

SÍNDROME ALCOÓLICA FETAL (SAF)

O consumo de álcool durante a gestação é um fator de risco ao desenvolvimento do feto, podendo resultar na síndrome alcoólica fetal (SAF). A SAF é uma embriopatia causada pelo consumo de álcool durante a gestação caracterizada por deficiência de crescimento pré e pós-natal, atraso de desenvolvimento neuropsicomotor, microcefalia, malformação cerebral e/ou de outros sistemas. Sua frequência nos Estados Unidos é estimada em 0,5 a 2 casos a cada mil nascimentos; no Brasil, é cerca de 1,5 casos a cada mil nascimentos.[47] A maioria dos pacientes com SAF não apresenta fissura oral, mas a condição pode estar associada tanto à fissura labiopalatina quanto à palatina.[48]

TRATAMENTO

A complexidade do tratamento necessário aos pacientes com fissura oral determina que eles sejam tratados em centros especializados. O tratamento deve ser multidisciplinar, envolvendo várias especialidades. De acordo com os critérios internacionais de cuidado ao paciente com fissura oral, o tratamento deve englobar atendimento por cirurgião, odontologista, fonoaudiólogo, psicólogo, assistente social, pediatra, enfermeiro e geneticista clínico.[49]

Os pacientes com fissura oral têm um tratamento prolongado que geralmente necessita de vários procedimentos cirúrgicos, os quais se iniciam no primeiro ano de vida e podem continuar até os 18 ou 20 anos. Frequentemente, é necessário um tratamento extenso ortodôntico e odontológico, terapia auditiva e de fala, assim como psicoterapia e aconselhamento genético.

PERSPECTIVAS FUTURAS

Com o avanço da tecnologia utilizada para análise de material genético, já é possível, em um único experimento, analisar a sequência de DNA codificadora de proteína de todos os 20 a 25 mil genes humanos. O sequenciamento do "exoma" humano trará grande contribuição, nos próximos anos, à compreensão da complexa etiologia das fissuras orais. Esse conhecimento abrirá novas portas para tratamento, informação prognóstica e aconselhamento genético.

Referências

Capítulo 1 – Introdução ao Estudo da Genética

1. Nature. News specials: DNA anniversary [Internet]. London: NPG; c2013 [capturado em 10 ago. 2013]. Disponível em: http://www.nature.com/news/specials/dna50/index.html.
2. Watson JD. DNA: o segredo da vida. São Paulo: Companhia das Letras; 2005.
3. Watson JD, Crick FHC. A structure for deoxyribose nucleic acid. Nature. 1953;171(4356):737-8.
4. Matthaei JH, Jones OW, Martin RG, Nirenberg MW. Characteristics and composition of RNA coding units. Proc Natl Acad Sci U S A. 1962;48:666-77.
5. Souza CM, Trevilatto PC, Pecoits Filho R. Análise da associação entre polimorfismos no gene do receptor da vitamina D (VDR) e a suscetibilidade à doença renal crônica e à doença periodontal [tese]. Curitiba: Pontifícia Universidade Católica do Paraná; 2007.
6. Saiki RK, Scharf S, Faloona F, Mullis KB, Horn GT, Erlich HA, et al. Enzymatic amplification of beta-globin genomic sequences and restriction site analysis for diagnosis of sickle cell anemia. Science. 1985;230(4732):1350-4.
7. Sanger F, Coulson AR. A rapid method for determining sequences in DNA by primed synthesis with DNA polymerase. J Mol Biol. 1975;94(3):441-8.
8. Sanger F, Nicklen S, Coulson AR. DNA sequencing with chain-terminating inhibitors. Proc Natl Acad Sci U S A. 1977;74(12):5463-7.

Capítulo 2 – Regulação epigenética

1. Bird A. Perceptions of epigenetics. Nature. 2007;447(7143):396-8.
2. Watson JD, Crick FHC. A structure for deoxyribose nucleic acid. Nature. 1953;171(4356):737-8.
3. Waddington CH. Selection of the genetic basis for an acquired character. Nature. 1952;169(4302):625-6.
4. Griffith JS, Mahler HR. DNA ticketing theory of memory. Nature. 1969;223(5206):580-2.
5. Riggs AD. X inactivation, differentiation, and DNA methylation. Cytogenet Cell Genet. 1975;14(1):9-25.
6. Holliday R, Pugh JE. DNA modification mechanisms and gene activity during development. Science. 1975;187(4173):226-32.
7. Ohi T, Uehara Y, Takatsu M, Watanabe M, Ono T. Hypermethylation of CpGs in the promoter of the COL1A1 gene in the aged periodontal ligament. J Dent Res. 2006;85(3):245-50.

Capítulo 3 – Leis de Mendel e padrões de herança das doenças genéticas

1. Bearn AG. Archibald Edward Garrod, the reluctant geneticist. Genetics. 1994;137(1):1-4.
2. OMIM: online Mendelian Inheritance in Man [Internet]. Bethesda: NCBI; c2013 [capturado em 10 ago. 2013]. Disponível em: http://www.ncbi.nlm.nih.gov/omim.

Capítulo 4 – Fatores genéticos relacionados à evolução, desenvolvimento e gênese das anomalias da face e dentição

1. Depew MJ, Lufkin T, Rubenstein JL. Specification of jaw subdivisions by Dlx genes. Science. 2002;298(5592):381-5.
2. OMIM: online Mendelian Inheritance in Man [Internet]. Bethesda: NCBI; c2013 [capturado em 10 ago. 2013]. Disponível em: http://www.ncbi.nlm.nih.gov/omim.

Capítulo 5 – Síndromes Genéticas relacionadas à Odontologia

1. Beiguelman B. Citogenética humana. Rio de Janeiro: Guanabara Koogan; 1982.
2. Jones KL. Smith´s recognizable patterns of human malformation. 6th ed. Philadelphia: Saunders; 2005.
3. OMIM: online Mendelian Inheritance in Man [Internet]. Bethesda: NCBI; c2013 [capturado em 10 ago. 2013]. Disponível em: http://www.ncbi.nlm.nih.gov/omim.
4. Hennekan RCM, Krantz ID, Allanson JE, editors. Gorlin´s syndromes of the head and neck. New York: Oxford; 2010.

Capítulo 6 – Câncer bucal e genética

1. Barnes L, Eveso JW, Reichart P, Sidransky D, editors. World Health Organization classification of tumours: pathology and genetics of head and neck tumours [Internet]. Lyon: IARC; 2005 [capturado em 10 ago. 2013]. Disponível em: http://www.iarc.fr/en/publications/pdfs-online/pat-gen/bb9/index.php.

2. Angadi PV, Savitha JK, Rao SS, Sivaranjini Y. Oral field cancerization: current evidence and future perspectives. Oral Maxillofac Surg. 2012;16(2):171-80.

3. Somoza-Martín JM, García-García A, Barros-Angueira F, Otero-Rey E, Torres-Español M, Gándara-Vila P, et al. Gene expression profile in oral squamous cell carcinoma: a pilot study. J Oral Maxillofac Surg. 2005;63(6):786-92.

Capítulo 7 – Imunogenética

1. Quintana-Murci L, Alcais A, Abel L, Casanova JL. Immunology in natura: clinical, epidemiological and evolutionary genetics of infectious diseases. Nat Immunol. 2007;8(11):1165-71.

2. Misch EA, Hawn TR. Toll-like receptor polymorphisms and susceptibility to human disease. Clin Sci (Lond). 2008;114(5):347-60.

3. Abbas AK, Lichtman AH. O complexo de histocompatibilidade (MHC). In: Abbas AK, Lichtman AH. Imunologia celular e molecular. 5. ed. Rio de Janeiro: Elsevier; 2005. p. 65-81.

4. Abbas AK, Lichtman AH. Imunologia celular e molecular. 5. ed. Rio de Janeiro: Elsevier; 2005.

Capítulo 8 – Genética da cárie

1. Klein H, Palmer CE. Dental caries in American Indian children. Public Health Bull. 1937;239:1-53.

2. Acton RT, Dasanayake AP, Harrison RA, Li Y, Roseman JM, Go RC, et al. Associations of MHC genes with levels of caries-inducing organisms and caries severity in African-American women. Hum Immunol. 1999;60(10):984-9.

3. Hunt HR, Hopper CA, Erwin WG. Inheritance of susceptibility to caries in albino rats (Mus norvegicus). J Dental Res. 1944;23(3):385-401.

4. Hunt HR, Hopper CA, Rosen S. Genetic factors in experimental rat caries. In: Sognnaes RF, editors. Advances in experimental caries research. Washington: American Association for the Advancement of Science; 1955. p. 66-81.

5. Steggerda M, Hill TJ. Incidence of dental caries among Maya and Navajo Indians. J Dental Res. 1936;15:233-42.

6. Willett N, Resnick J, Shaw J. A comparison of the salivary protease activity in the Harvard and Hunt-Hoppert caries-resistant and caries-susceptible rats. J Dental Res. 1958;37(5):930-7.

7. Larson RH. Response of Harvard caries-susceptible and caries-resistant rats to a severe cariogenic challenge. J Dental Res. 1965;44(5):1402.

8. Larson RH, Keyes PH, Goss BJ. Development of Caries in the Hunt-Hoppert. Caries-Susceptible and Caries-Resistant Rats Under Different Experimental Conditions. J Dental Res. 1968;47:704-9.

9. Klein H. Dental caries (DMF) experienced by relocated children exposed to water containing fluorine. J Am Dent Assoc. 1946;33:1136-41.

10. Klein H, Palmer C. Studies on dental caries V. Familial resemblance in the caries experience of siblings. Public Health Rep. 1938;53:1353-64.

11. Klein H, Palmer C. Studies on dental caries: X. A procedure for the recording and statistical processing of dental examination findings. J Dent Res. 1940;19:243-56.

12. Böök JA, Grahnén H. Clinical and genetical studies of dental caries. II. Parents and sibs of adult highly resistant (caries-free) propositi. Odontol Revy. 1953;4:1-53.

13. Garn S, Rowe N, Cole P. Sibling similarities in dental caries. J Dental Res. 1976;55(5):914.

14. Garn SM, Rowe NH, Clark DC. Parent-child similarities in dental caries rates. J Dental Res. 1976;55(6):1129.

15. Garn SM, Rowe NH, Cole PE. Husband-wife similarities in dental caries experience. J Dent Res. 1977;56(2):186.

16. Maciel SM, Marcenes W, Sheiham A. The relationship between sweetness preference, levels of salivary mutans streptococci and caries experience in Brazilian pre-school children. Int J Paediatr Dent. 2001;11(2):123-30.

17. Bedos C, Brodeur JM, Arpin S, Nicolau B. Dental caries experience: a two-generation study. J Dent Res. 2005;84(10):931-6.

18. Bachrach F, Young M. A comparison of the degree of resemblance in dental characters shown in pairs of twins of identical and fraternal types. Brit Dental J. 1927;81:1293-304.

19. Horowitz S, Osborne R, DeGeorge F. Caries experience in twins. Science. 1958;128(3319):300-1.

20. Mansbridge JN. Heredity and dental caries. J Dent Res. 1959;38(2):337-47.

21. Goodman HO, Luke JE, Rosen S, Hackel E. Heritability in dental caries, certain oral microflora and salivary components. Am J Hum Genet. 1959;11:263-73.

22. Finn S, Caldwell R. Dental caries in twins - I. A comparison of the caries experience of monoygotic twins, dizigotic twins and unrelated children. Arch Oral Biol. 1963;8:571-85.

23. Bordoni N, Doño R, Manfredi C, Allegrotti I. Prevalence of dental caries in twins. ASDC J Dent Child. 1973;40(6):440-3.

24. Gao XJ. Dental caries in 280 pairs of same-sex twins. Zhonghua Kou Qiang Yi Xue Za Zhi. 1990;25(1):18-20,61.

25. Conry JP, Messer LB, Boraas JC, Aeppli DP, Bouchard TJJ. Dental caries and treatment characteristics in human twins reared apart. Arch Oral Biol. 1993;38(11):937-43.

26. Boraas JC, Messer LB, Till MJ. A genetic contribution to dental caries, occlusion, and morphology as demonstrated by twins reared apart. J Dent Res. 1988;67(9):1150-5.

27. Liu H, Deng H, Cao CF, Ono H. Genetic analysis of dental traits in 82 pairs of female-female twins. Chin J Dent Res. 1998;1(3):12-6.

28. Bretz WA, Corby PM, Hart TC, Costa S, Coelho MQ, Weyant RJ, et al. Dental caries and microbial acid production in twins. Caries Res. 2005;39(3):168-72.

29. Bretz WA, Corby PM, Schork NJ, Robinson MT, Coelho M, Costa S, et al. Longitudinal analysis of heritability for dental caries traits. J Dent Res. 2005;84(11):1047-51.

30. Werneck RI, Lázaro FP, Cobat A, Grant AV, Xavier MB, Abel L, et al. A major gene effect controls resistance to caries. J Dent Res. 2011;90(6):735-9.

31. Vieira AR, Marazita ML, Goldstein-McHenry T. Genome-wide scan finds suggestive caries loci. J Dent Res. 2008;87(5):435-9.

32. Deeley K, Letra A, Rose EK, Brandon CA, Resick JM, Marazita ML, et al. Possible association of amelogenin to high caries experience in a Guatemalan-Mayan population. Caries Res. 2008;42(1):8-13.

33. Patir A, Seymen F, Yildirim M, Deeley K, Cooper ME, Marazita ML, et al. Enamel formation genes are associated with high caries experience in Turkish children. Caries Res. 2008;42(5):394-400.

34. Slayton R, Cooper M, Marazita M. Tuftelin, mutans streptococci and dental caries susceptibility. J Dent Res. 2005;84(8):711-4.

35. Kang SW, Yoon I, Lee HW, Cho J. Association between AMELX polymorphisms and dental caries in Koreans. Oral Diseases. 2012;17(4):399-406.

36. Olszowski T, Adler G, Janiszewska-Olszowska J, Safranow K, Kaczmarczyk M. MBL2, MASP2, AMELX, and ENAM gene polymorphisms and dental caries in Polish children. Oral Diseases. 2012;18(4):389-95.

37. Pehlivan S, Koturoglu G, Ozkinay F, Alpoz AR, Sipahi M, Pehlivan M. Might there be a link between mannose-binding lectin polymorphism and dental caries? Mol Immunol. 2005;42(9):1125-7.

38. De Soet JJ, van Gemert-Schriks MC, Laine ML, van Amerongen WE, Morre SA, van Winkelhoff AJ. Host and microbiological factors related to dental caries development. Caries Rese. 2008;42(5):340-7.

39. Peres RCR, Camargo G, Mofatto LS, Cortellazzi KL, Santos MCLG, Santos MN, et al. Association of polymorphisms in the carbonic anhydrase 6 gene with salivary buffer capacity, dental plaque pH, and caries index in children aged 7-9 years. Pharmacogenomics J. 2010 Apr;10(2):114-9

40. Yu PL, Bixler D, Goodman PA, Azen EA, Karn RC. Human parotid proline-rich proteins: correlation of genetic polymorphisms to dental caries. Genet Epidemiol. 1986;3(3):147-52.

41. Zakhary GM, Clark RM, Bidichandani SI, Owen WL, Slayton RL, Levine M. Acidic proline-rich protein Db and caries in young children. J Dental Res. 2007;86(12):1176-80.

42. Wendell S, Wang X, Brown M, Cooper ME, DeSensi RS, Weyant RJ, et al. Taste genes associated with dental caries. J Dental Res. 2010;89(11):1198-202.

43. Shaffer JR, Wang X, Feingold E, Lee M, Begum F, Weeks DE, et al. Genome-wide association scan for childhood caries implicates novel genes. J Dent Res. 2011;90(12):1457-62.

Capítulo 9 – Genética das Periodontites

1. Michalowicz BS, Aeppli D, Virag JG, Klump DG, Hinrichs JE, Segal NL, et al. Periodontal findings in adult twins. J Periodontol. 1991;62(5):293-9.

2. Michalowicz BS, Diehl SR, Gunsolley JC, Sparks BS, Brooks CN, Koertge TE, et al. Evidence of a substantial genetic basis for risk of adult periodontitis. J Periodontol. 2000;71(11):1699-707.

3. Armitage GC. Development of a classification system for periodontal diseases and conditions. Ann Periodontol. 1999;4(1):1-6.

4. OMIM: online Mendelian Inheritance in Man [Internet]. Bethesda: NCBI; c2013 [capturado em 10 ago. 2013]. Disponível em: http://www.ncbi.nlm.nih.gov/omim.

5. de Souza AP, Trevilatto PC, Scarel-Caminaga RM, de Brito RB Jr, Barros SP, Line SR. Analysis of the MMP-9 (C-1562 T) and TIMP-2 (G-418C) gene promoter polymorphisms in patients with chronic periodontitis. J Clin Periodontol. 2005;32(2):207-11.

6. Campos MI, Godoy dos Santos MC, Trevilatto PC, Scarel-Caminaga RM, Bezerra FJ, Line SR. Interleukin-2 and interleukin-6 gene promoter polymorphisms, and early failure of dental implants. Implant Dent. 2005;14(4):391-6.

7. Laine ML, Farre MA, Gonzalez G, van Dijk LJ, Ham AJ, Winkel EG, et al. Polymorphisms of the interleukin-1 gene family, oral microbial pathogens, and smoking in adult periodontitis. J Dent Res. 2001;80(8):1695-9.

8. Li QY, Zhao HS, Meng HX, Zhang L, Xu L, Chen ZB, et al. Association analysis between interleukin-1 family polymorphisms and generalized aggressive periodontitis in a chinese population. J Periodontol. 2004;75(12):1627-35.

9. Moreira PR, Costa JE, Gomez RS, Gollob KJ, Dutra WO. The IL1A (-889) gene polymorphism is associated with chronic periodontal disease in a sample of Brazilian individuals. J Periodontal Res. 2007;42(1):23-30.

10. Gore EA, Sanders JJ, Pandey JP, Palesch Y, Galbraith GM. Interleukin-1beta+3953 allele 2: association with disease status in adult periodontitis. J Clin Periodontol. 1998;25(10):781-5.

11. Parkhill JM, Hennig BJW, Chapple ILC, Heasman PA, Taylor JJ. Association of interleukin-1 gene polymorphisms with early-onset periodontitis. J Clin Periodontol. 2000;27(9):682-9.

12. Brett PM, Zygogianni P, Griffiths GS, Tomaz M, Parkar M, D'Aiuto F, et al. Functional gene polymorphisms in aggressive and chronic periodontitis. J Dent Res. 2005;84(12):1149-53.

13. Moreira PR, De Sá AR, Xavier GM, Costa JE, Gomez RS, Gollob KJ, et al. A functional interleukin-1β gene polymorphism is associated with chronic periodontitis in a sample of Brazilian individuals. J Periodontal Res. 2005;40(4):306-11.

14. Tai H, Endo M, Shimada Y, Gou E, Orima K, Kobayashi T, et al. Association of interleukin-1 receptor antagonist gene polymorphisms with early onset periodontitis in Japanese. J Clin Periodontol. 2002;29(10):882-8.

15. Kornman KS, Page RC, Tonetti MS. The host response to the microbial challenge in periodontitis: assembling the players. Periodontol 2000. 1997;14:33-53.

16. McGuire MK, Nunn ME. Prognosis versus actual outcome. IV. The effectiveness of clinical parameters and IL-1 genotype in accurately predicting prognoses and tooth survival. J Periodontol. 1999;70(1):49-56.

17. McDevitt MJ, Wang H-Y, Knobelman C, Newman MG, di Giovine FS, Timms J, et al. Interleukin-1 genetic association with periodontitis in clinical Practice. J Periodontol. 2000;71(2):156-63.

18. Scarel-Caminaga RM, Trevilatto PC, Souza AP, Brito RB, Line SR. Investigation of an IL-2 polymorphism in patients with different levels of chronic periodontitis. J Clin Periodontol. 2002;29(7):587-91.

19. Gonzales JR, Mann M, Stelzig J, Bodeker RH, Meyle J. Single-nucleotide polymorphisms in the IL-4 and IL-13 promoter region in aggressive periodontitis. J Clin Periodontol. 2007;34(6):473-9.

20. Holla LI, Fassmann A, Augustin P, Halabala T, Znojil V, Vanek J. The association of interleukin-4 haplotypes with chronic periodontitis in a Czech population. J Periodontol. 2008;79(10):1927-33.

21. Anovazzi G, Kim YJ, Viana AC, Curtis KM, Orrico SR, Cirelli JA, et al. Polymorphisms and haplotypes in the interleukin-4 gene are associated with chronic periodontitis in a Brazilian population. J Periodontol. 2010;81(3):392-402.

22. Trevilatto PC, Scarel-Caminaga RM, de Brito RB Jr., de Souza AP, Line SR. Polymorphism at position -174 of IL-6 gene is associated with susceptibility to chronic periodontitis in a Caucasian Brazilian population. J Clin Periodontol. 2003;30(5):438-42.

23. Holla LI, Fassmann A, Stejskalová A, Znojil V, Vaněk J, Vacha J. Analysis of the interleukin-6 gene promoter polymorphisms in Czech patients with chronic periodontitis. J Periodontol. 2004;75(1):30-6.

24. Moreira PR, Lima PM, Sathler KO, Imanishi SA, Costa JE, Gomes RS, et al. Interleukin-6 expression and gene polymorphism are associated with severity of periodontal

disease in a sample of Brazilian individuals. Clin Exp Immunol. 2007;148(1):119-26.

25. Scarel-Caminaga RM, Kim YJ, Viana AC, Curtis KM, Corbi SC, Sogumo PM, et al. Haplotypes in the interleukin 8 gene and their association with chronic periodontitis susceptibility. Biochem Genet. 2011;49(5-6):292-302.

26. Viana AC, Kim YJ, Curtis KM, Renzi R, Orrico SR, Cirelli JA, et al. Association of haplotypes in the CXCR2 gene with periodontitis in a Brazilian population. DNA Cell Biol. 2010;29(4):191-200.

27. Scarel-Caminaga RM, Trevilatto PC, Souza AP, Brito RB, Camargo LE, Line SR. Interleukin 10 gene promoter polymorphisms are associated with chronic periodontitis. J Clin Periodontol. 2004;31(6):443-8.

28. Claudino M, Trombone APF, Cardoso CR, Ferreira SB, Martins W, Assis GF, et al. The broad effects of the functional IL-10 promoter-592 polymorphism: modulation of IL-10, TIMP-3, and OPG expression and their association with periodontal disease outcome. J Leukoc Biol. 2008;84(6):1565-73.

29. Sumer AP, Kara N, Keles GC, Gunes S, Koprulu H, Bagci H. Association of Interleukin-10 Gene Polymorphisms With Severe Generalized Chronic Periodontitis. J Periodontol. 2007;78(3):493-7.

30. Soga Y, Nishimura F, Ohyama H, Maeda H, Takashiba S, Murayama Y. Tumor necrosis factor-alpha gene (TNF-alpha) -1031/-863, -857 single-nucleotide polymorphisms (SNPs) are associated with severe adult periodontitis in Japanese. J Clin Periodontol. 2003;30(6):524-31.

31. de Souza AP, Trevilatto PC, Scarel-Caminaga RM, de Brito RB, Line SR. Analysis of the TGF-beta1 promoter polymorphism (C-509T) in patients with chronic periodontitis. J Clin Periodontol. 2003;30(6):519-23.

32. de Souza AP, Trevilatto PC, Scarel-Caminaga RM, Brito RB, Line SR. MMP-1 promoter polymorphism: association with chronic periodontitis severity in a brazilian population. J Clin Periodontol. 2003;30(2):154-8.

33. Pirhan D, Atilla G, Emingil G, Sorsa T, Tervahartiala T, Berdeli A. Effect of MMP-1 promoter polymorphisms on GCF MMP-1 levels and outcome of periodontal therapy in patients with severe chronic periodontitis. J Clin Periodontol. 2008;35(10):862-70.

34. Astolfi CM, Shinohara AL, Da Silva RA, Santos MCLG, Line SRP, De Souza AP. Genetic polymorphisms in the MMP-1 and MMP-3 gene may contribute to chronic periodontitis in a Brazilian population. J Clin Periodontol. 2006;33(10):699-703.

35. Keles GC, Gunes S, Sumer AP, Sumer M, Kara N, Bagci H, et al. Association of matrix metalloproteinase-9 promoter gene polymorphism with chronic periodontitis. J Periodontol. 2006;77(9):1510-4.

36. de Brito Júnior RB, Scarel-Caminaga RM, Trevilatto PC, de Souza AP, Barros SP. Polymorphisms in the vitamin D receptor gene are associated with periodontal disease. J Periodontol. 2004;75(8):1090-5.

37. Nibali L, Donos N, Brett PM, Parkar M, Ellinas T, Llorente M, et al. A familial analysis of aggressive periodontitis - clinical and genetic findings. J Periodontal Res. 2008;43(6):627-34.

38. Yamamoto K, Kobayashi T, Grossi S, Ho AW, Genco RJ, Yoshie H, et al. Association of Fcgamma receptor IIa genotype with chronic periodontitis in Caucasians. J Periodontol. 2004;75(4):517-22.

39. Loos BG, Leppers-Van de Straat FGJ, Van de Winkel JGJ, Van der Velden U. Fcgamma receptor polymorphisms in relation to periodontitis. J Clin Periodontol. 2003;30(7):595-602.

40. Kobayashi T, Sugita N, Pol WLvd, Nunokawa Y, Westerdaal NAC, Yamamoto K, et al. The Fcgamma receptor genotype as a risk factor for generalized early-onset periodontitis in Japanese patients. J Periodontol. 2000;71(9):1425-32.

41. Fu Y, Korostoff JM, Fine DH, Wilson ME. Fc gamma receptor genes as risk markers for localized aggressive periodontitis in African-Americans. J Periodontol. 2002;73(5):517-23.

42. Schröder NWJ, Meister D, Wolff V, Christan C, Kaner D, Haban V, et al. Chronic periodontal disease is associated with single-nucleotide polymorphisms of the human TLR-4 gene. Genes Immun. 2005;6(5):448-51.

Capítulo 10 – Genética da perda de implante

1. Zarb GA, editor. Proceedings of the Toronto conference on osseointegration in clinical dentistry, may 1982. Mosby: St. Louis; 1983.

2. Bicon Dental Implants [Internet]. Boston: Bicon; c2013 [capturado em 10 ago. 2013]. Disponível em: http://www.bicon.com/

3. Hill T. Dental implants [Internet]. Hobart: Tony Hill Dental; c2013[capturado em 10 ago. 2013]. Disponível em: http://tonyhilldental.com.au/pages/dental-implants.php.

4. Clínica Sergio Lima. Implantes dentários [Internet]. Ribeirão Preto: Clínica Sérgio Lima; c2013 [capturado em 10 ago. 2013]. Disponível em: http://www.clinicasergiolima.com.br/oqimplantedental.htm.

5. Weyant RJ, Burt BA. An assessment of survival rates and within-patient clustering of failures for endosseous oral implants. J Dent Res. 1993;72(1):2-8.

6. Hutton JE, Heath MR, Chai JY, Harnett J, Jemt T, Johns RB, et al. Factors related to success and failure rates at 3-year follow-up in a multicenter study of overdentures supported by Brånemark implants. Int J Oral Maxillofac Implants. 1995;10(1):33-42.

7. Tonetti MS. Determination of the success and failure of root-form osseointegrated dental implants. Adv Dent Res. 1999;13:173-80.

8. Perala DG, Chapman RJ, Gelfand JA, Callahan MV, Adams DF, Lie T. Relative production of IL-1 beta and TNF alpha by mononuclear cells after exposure to dental implants. J Periodontol. 1992;63(5):426-30.

9. Harada Y, Watanabe S, Yssel H, Arai K. Factors affecting the cytokine productionof human Tcells stimulated by different modes of activation. J Allergy Clin Immunol. 1996;98(6 Pt 2):S161-73.

10. Tolentino F. Diferentes patologias pulpares [Internet]. Moema: Odontologia sem Dúvidas; 2011 [capturado em 10 ago. 2013]. Disponível em: http://odontologiatolentino.blogspot.com.br/2011/11/diferentes-patologias-pulpares.html.

11. Salcetti JM, Moriarty JD, Cooper LF, Smith FW, Collins JG, Socransky SS, et al. The clinical, microbial, and host response characteristics of the failing implant. Int J Oral Maxillofac Implants. 1997;12(1):32-42.

12. Laine ML, Leonhardt A, Roos-Jansåker AM, Peña AS, van Winkelhoff AJ, Winkel EG, et al. IL-1RN gene polymorphism is associated with peri-implantitis. Clin Oral Implants Res. 2006;17(4):380-5.

13. Polzer K, Joosten L, Gasser J, Distler JH, Ruiz G, Baum W, et al. Interleukin-1 is essential for systemic inflammatory bone loss. Ann Rheum Dis. 2010;69(1):284-90.

14. Masada MP, Persson R, Kenney JS, Lee SW, Page RC, Allison AC. Measurement of interleukin-1 alpha and -1 beta in

gingival crevicular fluid: implications for the pathogenesis of periodontal disease. J Periodontal Res. 1990;25(3):156-63.

15. Tatakis DN. Interleukin-1 and bone metabolism: a review. J Periodontol. 1993;64(5 Suppl):416-31

16. Cochran DL, Schenk R, Buser D, Wozney JM, Jones AA. Recombinant human bone morphogenetic protein-2 stimulation of bone formation around endosseous dental implants. J Periodontol. 1999;70(2):139-50.

17. Sumner DR, Turner TM, Urban RM, Turek T, Seeherman H, Wozney JM. Locally delivered rhBMP-2 enhances bone ingrowth and gap healing in a canine model. J Orthop Res. 2004;22(1):58-65.

18. Wilson TG Jr, Nunn M. The relationship between the interleukin-1 periodontal genotype and implant loss. Initial data. J Periodontol. 1999;70(7):724-9.

19. Alvim-Pereira F, Montes CC, Mira MT, Trevilatto PC. Genetic susceptibility to dental implant failure: a critical review. Int J Oral Maxillofacial Implants. 2008;23(3):409-16.

Capítulo 11 – Genética das Fissuras Labiopalatais

1. Murray JC. Gene/environment causes of cleft lip and/or palate. Clin Genet. 2002;61(4):248-56.

2. Wyszynski DF, Sarkozi A, Czeizel AE. Oral clefts with associated anomalies: methodological issues. Cleft Palate Craniofac J. 2006;43(1):1-6.

3. Ferguson MW. Palate development. Development. 1988;103 Suppl:41-60.

4. Sperber GH. Formation of the primary palate and palatogenesis closure of the secondary palate. In: Wyszynski DF, editor. Cleft lip and palate: From origin to treatment. New York: Oxford University; 2002. p. 5-13.

5. Organização Mundial da Saúde. Classificação estatística internacional de doenças e problemas relacionados à saúde [Internet]. São Paulo: Centro Brasileiro de Classificação de Doenças; 1998 [capturado em 10 ago. 2013]. Disponível em: http://www.datasus.gov.br/cid10/V2008/cid10.htm.

6. Spina V, Psillakis JM, Lapa FS, Ferreira MC. Classification of cleft lip and cleft palate. Suggested changes. Rev Hosp Clin Fac Med Sao Paulo. 1972;27(1):5-6.

7. Freitas JA, Dalben Gda S, Santamaria M Jr, Freitas PZ. Current data on the characterization of oral clefts in Brazil. Braz Oral Res. 2004;18(2):128-33.

8. Croen LA, Shaw GM, Wasserman CR, Tolarova MM. Racial and ethnic variations in the prevalence of orofacial clefts in California, 1983-1992. Am J Med Genet. 1998;79(1):42-7.

9. Genisca AE, Frias JL, Broussard CS, Honein MA, Lammer EJ, Moore CA, et al. Orofacial clefts in the National Birth Defects Prevention Study, 1997-2004. Am J Med Genet A. 2009;149A(6):1149-58.

10. Laskaris G. Atlas colorido de doenças da boca. 3. ed. Porto Alegre: Artmed; 2004.

11. Harville EW, Wilcox AJ, Lie RT, Vindenes H, Abyholm F. Cleft lip and palate versus cleft lip only: are they distinct defects? Am J Epidemiol. 2005;162(5):448-53.

12. Stoll C, Alembik Y, Dott B, Roth MP. Associated malformations in cases with oral clefts. Cleft Palate Craniofac J. 2000;37(1):41-7.

13. Saal HM. Classification and description of nonsyndromic clefts. In: Wyszynski DF, editor. Cleft lip and palate: from origin to treatment. Boston: Oxford University; 2002.

14. Souza J. Caracterização clínica e epidemiológica das fissuras orais em uma amostra de pacientes nascidos no Paraná [dissertação]. Curitiba: PUCPR; 2011.

15. Rasmussen SA, Olney RS, Holmes LB, Lin AE, Keppler-Noreuil KM, Moore CA. Guidelines for case classification for the National Birth Defects Prevention Study. Birth Defects Res A Clin Mol Teratol. 2003;67(3):193-201.

16. Spranger J, Benirschke K, Hall JG, Lenz W, Lowry RB, Opitz JM, et al. Errors of morphogenesis: concepts and terms. Recommendations of an international working group. J Pediatr. 1982;100(1):160-5.

17. Leppig KA, Werler MM, Cann CI, Cook CA, Holmes LB. Predictive value of minor anomalies. I. Association with major malformations. J Pediatr. 1987;110(4):531-7.

18. Ardinger HH, Buetow KH, Bell GI, Bardach J, VanDemark DR, Murray JC. Association of genetic variation of the transforming growth factor-alpha gene with cleft lip and palate. Am J Hum Genet. 1989;45(3):348-53.

19. Jugessur A, Shi M, Gjessing HK, Lie RT, Wilcox AJ, Weinberg CR, et al. Genetic determinants of facial clefting: analysis of 357 candidate genes using two national cleft studies from Scandinavia. PLoS One. 2009;4(4):e5385.

20. Dixon MJ, Marazita ML, Beaty TH, Murray JC. Cleft lip and palate: understanding genetic and environmental influences. Nat Rev Genet. 2011;12(3):167-78.

21. Tolarova M. Periconceptional supplementation with vitamins and folic acid to prevent recurrence of cleft lip. Lancet. 1982;2(8291):217.

22. Johnson CY, Little J. Folate intake, markers of folate status and oral clefts: is the evidence converging? Int J Epidemiol. 2008;37(5):1041-58.

23. Lopez-Camelo JS, Castilla EE, Orioli IM. Folic acid flour fortification: impact on the frequencies of 52 congenital anomaly types in three South American countries. Am J Med Genet A. 2010;152A(10):2444-58.

24. Berry RJ, Li Z, Erickson JD, Li S, Moore CA, Wang H, et al. Prevention of neural-tube defects with folic acid in China. China-U.S. Collaborative Project for Neural Tube Defect Prevention. N Engl J Med. 1999;341(20):1485-90.

25. Vieira AR. Unraveling human cleft lip and palate research. J Dent Res. 2008;87(2):119-25.

26. Skare O, Jugessur A, Lie RT, Wilcox AJ, Murray JC, Lunde A, et al. Application of a Novel Hybrid Study Design to Explore Gene-Environment Interactions in Orofacial Clefts. Ann Hum Genet. 2012;76(3):221-36.

27. Strauss RP, Broder H. Children with cleft lip/palate and mental retardation: a subpopulation of cleft-craniofacial team patients. Cleft Palate Craniofac J. 1993;30(6):548-56.

28. Souza J, Raskin S. Clinical and epidemiological study of orofacial clefts in Parana, a southern state of Brazil: I International Meeting on Craniofacial Anomalies: clinical phenotype, genes related and new perspectives; 2011 Apr 27-30 Bauru, São Paulo; 2011.

29. Tolarova MM, Cervenka J. Classification and birth prevalence of orofacial clefts. Am J Med Genet. 1998;75(2):126-37.

30. Zellweger H, Bardach J, Bordwell J, Williams K. The short arm deletion syndrome of chromosome 4 (4p- syndrome). Arch Otolaryngol. 1975;101(1):29-32.

31. Schinzel A, Hayashi K, Schmid W. Structural aberrations of chromosome 18. II. The 18q- syndrome. Report of three cases. Humangenetik. 1975;26(2):123-32.

32. Stankiewicz P, Beaudet AL. Use of array CGH in the evaluation of dysmorphology, malformations, developmental delay, and idiopathic mental retardation. Curr Opin Genet Dev. 2007;17(3):182-92.

33. Osoegawa K, Vessere GM, Utami KH, Mansilla MA, Johnson MK, Riley BM, et al. Identification of novel candidate genes associated with cleft lip and palate using array comparative genomic hybridisation. J Med Genet. 2008;45(2):81-6.

34. Peredo J, Quintero-Rivera F, Bradley J, Tu M, Dipple KM. Cleft lip and palate in a patient with 5q35.2-q35.3 microdeletion: the importance of chromosomal microarray testing in the Craniofacial Clinic. Cleft Palate Craniofac J. No prelo 2012.

35. Sahoo T, Theisen A, Sanchez-Lara PA, Marble M, Schweitzer DN, Torchia BS, et al. Microdeletion 20p12.3 involving BMP2 contributes to syndromic forms of cleft palate. Am J Med Genet A. 2011;155A(7):1646-53.

36. Shprintzen RJ. Velo-cardio-facial syndrome: 30 years of study. Dev Disabil Res Rev. 2008;14(1):3-10.

37. McDonald-McGinn DM, Sullivan KE. Chromosome 22q11.2 deletion syndrome (DiGeorge syndrome/velocardiofacial syndrome). Medicine (Baltimore). 2011;90(1):1-18.

38. Oh AK, Workman LA, Wong GB. Clinical correlation of chromosome 22q11.2 fluorescent in situ hybridization analysis and velocardiofacial syndrome. Cleft Palate Craniofac J. 2007;44(1):62-6.

39. Stuppia L, Capogreco M, Marzo G, La Rovere D, Antonucci I, Gatta V, et al. Genetics of syndromic and nonsyndromic cleft lip and palate. J Craniofac Surg. 2011;22(5):1722-6.

40. Zucchero TM, Cooper ME, Maher BS, Daack-Hirsch S, Nepomuceno B, Ribeiro L, et al. Interferon regulatory factor 6 (IRF6) gene variants and the risk of isolated cleft lip or palate. N Engl J Med. 2004;351(8):769-80.

41. Raam MS, Solomon BD, Muenke M. Holoprosencephaly: a guide to diagnosis and clinical management. Indian Pediatr. 2011;48(6):457-66.

42. Mercier S, Dubourg C, Belleguic M, Pasquier L, Loget P, Lucas J, et al. Genetic counseling and "molecular" prenatal diagnosis of holoprosencephaly (HPE). Am J Med Genet C Semin Med Genet. 2010;154C(1):191-6.

43. Solomon BD, Mercier S, Velez JI, Pineda-Alvarez DE, Wyllie A, Zhou N, et al. Analysis of genotype-phenotype correlations in human holoprosencephaly. Am J Med Genet C Semin Med Genet. 2011;154C(1):133-41.

44. Sandrini FAL. Estudo familiar de pacientes com anomalias associadas às fissuras labiopalatinas no serviço de defeitos de face da Pontifícia Universidade Católica do Rio Grande do Sul [dissertação]. Porto Alegre: PUCRS; 2003.

45. Marques IL, de Sousa TV, Carneiro AF, Peres SP, Barbieri MA, Bettiol H. Robin sequence: a single treatment protocol. J Pediatr (Rio J). 2005;81(1):14-22.

46. Gorlin RJ, Cohen MM Jr, Hennekam RCM. Syndromes of the head and neck. 4th ed. New York: Oxford University; 2001.

47. Mesquita MA, Segre CAM. Frequência dos efeitos do álcool no feto e padrão de consumo de bebidas alcoólicas pelas gestantes de maternidade pública da cidade de São Paulo. Rev Bras Crescimento Desenvolv Hum. 2009;19(1):63-77.

48. Pensiero S, Manna F, Michieletto P, Perissutti P. Cleft palate and keratoconus in a child affected by fetal alcohol syndrome: an accidental association? Cleft Palate Craniofac J. 2007;44(1):95-7.

49. World Health Organization. Global strategies to reduce the health care burden of craniofacial anomalies: report of WHO meetings on international collaborative research on craniofacial anomalies. Cleft Palate Craniofac J. 2004;41(3):238-43.

Leituras Recomendadas

Alvim-Pereira F, Montes CC, Thomé G, Olandoski M, Trevilatto PC. Analysis of association of clinical aspects and vitamin D receptor gene polymorphism with dental implant loss. Clin Oral Implants Res. 2008;19(8):786-95.

Bhatavadekar NB, Williams RC. New directions in host modulation for the management of periodontal disease. J Clin Periodontol. 2009;36(2):124-6.

Bloch-Zupan A, Sedano HO, Scully C. Dento/oro/craniofacial anomalies and genetics. London: Elsevier; 2012.

Burton P, Tobin M, Hopper J. Key concepts in genetic epidemiology. Lancet. 2005;366(9489):941-51.

Butler WT. Dentin matrix proteins. Eur J Oral Sci. 1998;106 Suppl 1:204-10.

Cohn MJ. Evolutionary biology: lamprey Hox genes and the origin of jaws. Nature. 2002;416(6879):386-7.

Cordell H, Clayton D. Genetic association studies. Lancet. 2005;366(9491):1121-31.

Dawn Teare M, Barrett J. Genetic linkage studies. Lancet. 2005;366(9490):1036-44.

de Queiroz AC, Taba M Jr, O'Connell PA, da Nobrega PB, Costa PP, Kawata VK, et al. Inflammation markers in healthy and periodontitis patients: a preliminary data screening. Braz Dent J. 2008;19(1):3-8.

Esposito M, Hirsch JM, Lekholm U, Thomsen P. Biological factors contributing to failures of osseointegrated oral implants. (I). Success criteria and epidemiology. Eur J Oral Sci. 1998;106(1):527-51.

Esteller M. Cancer epigenomics: DNA methylomes and histone-modification maps. Nat Rev Genet. 2007;8(4):286-98.

Fejerskov O. Changing paradigms in concepts on dental caries: consequences for oral health care. Caries Res. 2004;38(3):182-9.

Ferreira SB Jr, Trombone AP, Repeke CE, Cardoso CR, Martins W Jr, Santos CF, et al. An interleukin-1beta (IL-1beta) single-nucleotide polymorphism at position 3954 and red complex periodontopathogens independently and additively modulate the levels of IL-1beta in diseased periodontal tissues. Infect Immun. 2008;76(8):3725-34.

Fraga MF, Agrelo R, Esteller M. Cross-talk between aging and cancer: the epigenetic language. Ann N Y Acad Sci. 2007;1100:60-74.

Garlet GP. Destructive and protective roles of cytokines in periodontitis: a re-appraisal from host defense and tissue destruction viewpoints. J Dent Res. 2010;89(12):1349-63.

Gasche JA, Hoffmann J, Boland CR, Goel A. Interleukin-6 promotes tumorigenesis by altering DNA methylation in oral cancer cells. Int J Cancer. 2011;129(5):1053-63.

Görögh T, Beier UH. Gene alterations in head and neck carcinomas and their role in promoting malignant behavior. Int J Oncol. 2010;36(3):525-32.

Griffiths AJF, Miller JH, Suzuki DT, Lewontin RC, Gelbart WM. An introduction to genetic analysis. 9th ed. New York: W. H. Freeman; 2008.

Hassel T. Genetic influences in caries and periodontal diseases. Crit Rev Oral Biol Med. 1995;6(4):319-42.

Jernvall J, Thesleff I. Reiterative signaling and patterning during mammalian tooth morphogenesis. Mech Dev. 2000;92(1):19-29.

Kelly JD, Grandis JR. The molecular pathogenesis of head and neck cancer. Cancer Biol Ther. 2010,9(1):1-7.

Kemp TS. Mammal-like reptiles and the origin of mammals. New York: Academic; 1982.

Kim JW, Lee SK, Lee ZH, Park JC, Lee KE, Lee MH, et al. FAM83H mutations in families with autosomal-dominant hypocalcified amelogenesis imperfecta. Am J Hum Genet. 2008;82(2):489-94.

Kim MM, Califano JA. Molecular pathology of head-and-neck cancer. Int J Cancer. 2004;112(4):545-53.

Kim YJ, Viana AC, Scarel-Caminaga RM. Influência de fatores genéticos na etiopatogênese da doença periodontal. Rev Odontol UNESP. 2007;36(2):175-80.

Lane JA. History of genetics timeline [Internet]. Princeton: Woodrow Wilson National; 1994 [capturado em 10 ago. 2013]. Disponível em: http://www.accessexcellence.org/AE/AEPC/WWC/1994/geneticstln.php.

Lewin B. Genes IX. 9th ed. Boston: Jones & Bartlett; 2007.

Lin Z, Rios HF, Volk SL, Sugai JV, Jin Q, Giannobile WV. Gene expression dynamics during bone healing and osseointegration. J Periodontol. 2011;82(7):1007-17.

Line SR. Variation of tooth number in mammalian dentition: connecting genetics, development, and evolution. Evol Dev. 2003;5(3):295-304.

Lukacs J. Sex differences in dental caries experience: clinical evidence, complex etiology. Clin Oral Investig. 2011;15(5):649-56.

Marr JS, Cathey JT. New hypothesis for cause of epidemic among native Americans, New England, 1616-1619. Emerg Infect Dis. 2010;16(2):281-6.

Montes CC, Alvim-Pereira F, de Castilhos BB, Sakurai ML, Olandoski M, Trevilatto PC. Analysis of the association of IL1B (C+3954T) and IL1RN (intron 2) polymorphisms with dental implant loss in a Brazilian population. Clin Oral Implants Res. 2009;20(2):208-17.

Montes CC, Pereira FA, Thomé G, Alves ED, Acedo RV, de Souza JR, et al. Failing factors associated with osseointegrated dental implant loss. Implant Dent. 2007;16(4):404-12.

Mullis KB, Smith M. Decisive progress in gene technology through two new methods: the polymerase chain reaction (PCR) method and site-directed mutagenesis (press release Nobel prize in chemistry) [Internet]. Stockholm: Nobel Foundation; 1993 [capturado em 10 ago. 2013]. Disponível em: http://www.nobelprize.org/nobel_prizes/chemistry/laureates/1993/press.html

Napimoga M, Höfling J, Klein M, Kamiya R, Gonçalves R. Transmission, diversity and virulence factors of Streptococcus mutans genotypes. J Oral Sci. 2005;47(2):59-64.

Nikolopoulos GK, Dimou NL, Hamodrakas SJ, Bagos PG. Cytokine gene polymorphisms in periodontal disease: a meta-analysis of 53 studies including 4178 cases and 4590 controls. J Clin Periodontol. 2008;35(9):754-67.

Nussbaum RL, Mclnnes RR, Willard HF. Thompson e Thompson: genética médica. 7. ed. Rio de Janeiro: Elsevier; 2008.

Pal GP, Mahato NK. Genetics in dentistry. New Delhi: Jaypee; 2010.

Pérez-Sayáns M, Somoza-Martín JM, Barros-Angueira F, Reboiras-López MD, Rey JMG, García-García A. Genetic and molecular alterations associated with oral squamous cell cancer. Oncol Rep. 2009;22(6):1277-82.

Portela A, Esteller M. Epigenetics modifications and human disease. Nat Biotechnol. 2010;28(10):1057-68.

Repeke CE, Ferreira SB Jr, Claudino M, Silveira EM, de Assis GF, Avila-Campos MJ, et al. Evidences of the cooperative role of the chemokines CCL3, CCL4 and CCL5 and its receptors CCR1+ and CCR5+ in RANKL+ cell migration throughout experimental periodontitis in mice. Bone. 2010;46(4):1122-30.

Rios HF, Lin Z, Oh B, Park CH, Giannobile WV. Cell-and gene-based therapeutic strategies for periodontal regenerative medicine. J Periodontol. 2011;82(9):1223-37.

Rodrigues FV, Monção FRCM, Moreira MBR, Motta AR. Variabilidade na mensuração das medidas orofaciais. Rev Soc Bras Fonoaudiol. 2008;13(4):332-7.

Sachidanandam R, Weissman D, Schmidt SC, Kakol JM, Stein LD, Marth G, et al. A map of human genome sequence variation containing 1.42 million single nucleotide polymorphisms. Nature. 2001;409(6822):928-33.

Schafer AS, Jepsen S, Loos BG. Periodontal genetics: a decade of genetic association studies mandates better study designs. J Clin Periodontol. 2011;38(2):103-7.

Schilling TF. Genetic analysis of craniofacial development in the vertebrate embryo. Bioessays. 1997;19(6):459-68.

Scully C, Bagan J. Oral squamous cell carcinoma overview. Oral Oncol. 2009;45(4-5):301-8.

Scully C. Oral cancer aetiopathogenesis; past, present and future aspects. Med Oral Patol Oral Cir Bucal. 2011;16(3):306-11.

Shao MY, Huang P, Cheng R, Hu T. Interleukin-6 polymorphisms modify the risk of periodontitis: a systematic review and meta-analysis. J Zhejiang Univ Sci B. 2009;10(12):920-7.

Simmer JP, Fincham AG. Molecular mechanisms of dental enamel formation. Crit Rev Oral Biol Med. 1995;6(2):84-108.

Snustad P, Simmons MJ. Principles of genetics. 6th ed. Hoboken: John Wiley and Sons; 2011.

Stephanopoulos G, Garefalaki ME, Lyroudia K. Genes and related proteins involved in amelogenesis imperfecta. J Dent Res. 2005;84(12):1117-26.

Taba M Jr, Jin Q, Sugai JV, Giannobile WV. Current concepts in periodontal bioengineering. Orthod Craniofac Res. 2005;8(4):292-302.

Taba M Jr, Kinney J, Kim AS, Giannobile WV. Diagnostic biomarkers for oral and periodontal diseases. Dent Clin North Am. 2005;49(3):551-71.

Teles R, Sakellari D, Teles F, Konstantinidis A, Kent R, Socransky S, et al. Relationships among gingival crevicular fluid biomarkers, clinical parameters of periodontal disease, and the subgingival microbiota. J Periodontol. 2010;81(1):89-98.

Townsend G, Hughes T, Luciano M, Bockmann M, Brook A. Genetic and environmental influences on human dental variation: A critical evaluation of studies involving twins. Arch Oral Biol. 2009;54 Suppl 1:S45-51

Trevilatto PC, de Souza Pardo AP, Scarel-Caminaga RM, de Brito RB Jr, Alvim-Pereira F, Alvim-Pereira CC, et al. Association of IL1 gene polymorphisms with chronic periodontitis in Brazilians. Arch Oral Biol. 2011;56(1):54-62.

Trombone AP, Cardoso CR, Repeke CE, Ferreira SB Jr, Martins W Jr, Campanelli AP, et al. Tumor necrosis factor-alpha -308G/A single nucleotide polymorphism and red-complex periodontopathogens are independently associated with increased levels of tumor necrosis factor-alpha in diseased periodontal tissues. J Periodontal Res. 2009;44(5):598-608.

Werneck RI, Lázaro FP, Cobat A, Grant AV, Xavier MB, Abel L, et al. A major gene effect controls resistance to caries. J Dent Res. 2011;90(6):735-9.